皮肉兼用狐狸的养殖与产品加工技术

主　编　金春光　王　波
副主编　李　欣　白大伟
编　委　韩少平　亢松涛　王文科
　　　　翼　军　晁国鹏　张　朋
　　　　付雪健　甄文军　钟西龙
　　　　吴艳辉

科学技术文献出版社
Scientific and Technical Documents Publishing House
北　京

(京)新登字130号

内容简介

在国内外裘皮市场上，北极狐除狐皮具有皮板轻便、毛绒丰厚、色泽美观和御寒性强等特点而受到消费者的喜爱外，近年来北极狐肉的食用价值也得到了开发，已成为宾馆、饭店山珍野味的高档菜肴，是近年来大力发展的皮肉兼用狐狸品种。本书详细介绍了北极狐这种皮肉兼用狐狸的特征、养殖场地选择、笼舍建造、繁殖技术、营养需要、饲养管理方法、疫病及其防治技术、取皮及初步加工和胴体的去腥加工方法。本书可供北极狐养殖者及有关科技人员阅读，亦可供相关大专院校师生参考。

前 言

北极狐是珍贵的毛皮动物，毛长绒厚，色泽美观，保暖耐磨，软轻华贵，深受人们的喜爱，是制作围脖、大衣领和高级裘皮服装的上等原料，在国际毛皮市场上一直看好，售价很高，是世界裘皮市场的三大支柱之一。北极狐肉含有蛋白质、脂肪、多种矿物质等营养成分，近年来其食用价值得到了开发，已成为宾馆、饭店的高档山珍野味菜肴。

目前，我国狐养殖主要分布在黑龙江、辽宁、吉林、山东、河北、天津、北京、陕西、山西、内蒙古等省、市、自治区，成为我国北方经济动物饲养产业的主导产品之一。随着我国经济的发展和人们对高档裘皮服装需求的日益增加，作为为高档裘皮制品提供原料的狐养殖业有着广阔的市场前景。

为把养狐场办好，必须有一个详细的计划。初养狐时，养殖者需收集相关的书籍和到有经验的养狐场现场参观、学习，对市场要求、饲料条件、产品价格和饲养成本等进行多方面预测，制定饲养目标，如：饲养多大规模，一年出多少种狐，多少皮张，产品质量达到什么标准，皮张能达到多大尺寸。狐的繁殖季节性强，繁殖期集中，各种小杂鱼和动物性饲料应备足，流动资金也应备足。哪一方面存在问题，均影响养狐效果和经济效益。因此，只有狐场各个环节都做好，才能保证养狐生产的顺利进行。

本书针对当前我国狐养殖业的生产现状，参考了国内外有关毛皮动物养殖的相关技术资料及科研成果，结合我国北极狐饲养方式及生产实际进行科学、通俗、系统的阐述，内容新颖、实用、通俗易懂，适合北极狐养殖者及有关科技人员阅读，亦可供相关大专院校师生参考。

本书在编写过程中得到参考资料的原作者的支持，在此表示衷心的感谢。因编者水平所限，加之时间仓促，不当之处，敬请读者批评指正。

编　者

目　录

第一章　北极狐养殖概述

狐狸是人们对所有狐的总称，在分类学上属哺乳纲，食肉目，犬科，是一种绒毛型毛皮动物。因其生长的地区不同，毛色、形态各异，总体可分为狐属和北极狐属(北极狐属因其生长在北极圈附近而得名)。

北极狐有两种毛色，一种黑眼睛、黑鼻子、黑爪子，夏季毛色呈深褐色，冬季毛色为浅蓝色，名为蓝狐。另一种鸳鸯眼、红鼻子、红爪子，夏季毛色为灰褐色，冬季毛色为纯白色，又名白狐、雪狐。蓝狐与白狐交配，能产下白色仔狐，也能产下蓝色仔狐，两种毛色的成年狐都可做种狐用。

北极狐毛皮价值昂贵，经过人工饲养可见到大量的毛色突变品种，如影狐、北极珍珠狐、北极蓝宝石狐、北极白金狐和白色北极狐等，统称为彩色北极狐，因为北极狐个大，体长，毛绒色好，特别是浅蓝色北极狐，在国际市场上最有经济价值，被视为珍品。

北极狐的毛皮可加工制成各种高档的裘皮大衣及帽、围巾和各种高级装饰品。北极狐肉质细嫩，处理后无异味，易消化，味可口，近年来其食用价值得到了开发，已成为宾馆、饭店山珍野味的高档菜肴。

我国是传统的毛皮原料生产和出口国。经过近 50 年的探索和快速发展，我国毛皮动物养殖业已经具有相当规模，在全国十几个省、市、自治区分布有数万个养殖场，毛皮总产量约占全世界总产量的 1/4。狐养殖业作为毛皮动物养殖业中的核心产业之一，近些年来也取得了长足发展，现已发展到黑龙江、辽宁、吉林、山东、河北、天津、北京、陕西、山西等18个省、市、自治区的多个市县乡镇。

由于养狐具有占地面积小、食性广泛、繁殖率高和劳动强度小等特点，很适宜家庭养殖，已经成为广大农民、下岗职工脱贫致富的优选项目之一。同时，北极狐养殖又是一个劳动密集型产业，可以充分发挥我国劳动力资源丰富的优势，也是我国具有比较优势和国际市场竞争力的产业。因此，北极狐养殖业已经成为许多地区开展农业产业结构调整和带动农民致富的项目之一。

第一节　人工饲养的北极狐品种

1. 北极狐

北极狐中无论白狐、蓝狐还是彩狐，嘴都短粗，耳小而圆，体较胖。成年公北极狐体长65～75厘米，尾长28～32厘米，体重7.5～11.5千克，有非常稠密的短绒和不太发达的柔软针毛。公狐比母狐大10%左右。北极狐有两种基本颜色，一是白色，一是浅蓝色。白色北极狐随季节不同，毛色深浅也有变化，冬天是白色，夏天色变深。浅蓝色北极狐，终年都有较深的毛色。

2. 彩色北极狐

彩色北极狐实际上是北极狐在人工饲养过程中或野生状态下的毛色变种。这些变种狐有的色型经过选育提高扩繁，形成了新的色型；有些色型目前数量还很少；有的色型则由于毛色差或毛绒品质低劣而逐步被淘汰。

目前银黑狐、赤狐的毛色变种以及不同色型交配所产生的新色型共有20多个，北极狐的变种色型有近10个。北极狐的毛色变种狐除毛色与野生型的有差异外,其余的特征也同样近似于野生型。

(1)大理石狐:大理石狐是一种有花斑纹的狐。花纹主要分布在脊部、前额、耳郭、眼睛周围。又可根据花斑纹颜色的不同分为黑色大理石、咖啡色大理石、珍珠大理石等。

(2)白金狐:是培育较早的一种彩狐,曾一度主宰彩狐皮市场,皮张最高售价达到银黑狐皮张的8倍。白金狐携带致死基因,纯合时在胚胎期死亡,所以白金狐都是杂合子。白金狐纯种繁育时产仔数下降。

(3)湖泊狐:被毛呈棕色,针毛顶端为淡棕色,中部白色,基部为淡棕色,绒毛为淡棕色,白尾尖,体形近于银黑狐。

(4)巧克力狐:此狐色毛近似巧克力色。

(5)蓝宝石狐:是近几年培育的新色型,它以毛色美观、毛绒品质优良而深受欢迎。蓝宝石狐被毛除腹部、尾尖外均呈淡蓝色。

(6)雪光狐:全身背体侧毛呈白色,耳背、四肢毛褐色,尾毛微黄灰色,白尾尖。

(7)希望狐:全身毛色呈淡粉色,白胡须,白尾尖,性情凶猛。

(8)银蓝狐:是银黑狐和北极狐的杂交所获得,毛色属银黑狐特点,体形和毛质趋于北极狐。此狐后代不育,毛皮价格高于北极狐。

第二节 北极狐的形态特征与生态习性

北极狐因种属不同而毛色和形态也有所不同。

1. 形态特征

北极狐形态似犬,两耳直立,小而圆,嘴巴短粗,体胖腿短,被毛丰厚，尾巴蓬松；前肢长 25～27 厘米，后肢长 29～31 厘米，尾巴长 28～32 厘米，耳长 4～5 厘米；成年公狐体重 7.5～11.5 千克，体长 65～75 厘米，母狐体重为 5.5～8.5 千克，体长为 55～70 厘米，尾根背侧有一明显的尾根腺毛旋。

2. 生态习性

北极狐虽是食肉性动物，但食性也比较杂。野生北极狐原栖息于北极地带的森林、草原和丛林有水源的地方。白天常卧于洞穴中，夜间出来活动觅食。多采用偷袭的方式猎取食物，主要以鼠、蛙、鱼、虫等小动物为食，有时也能捕捉到鸟类，在食物缺乏的寒冬季节也采食各种植物的根、茎、叶、果、种子等充饥。

野生北极狐会游泳，性机警，抗寒力强，但不耐热，喜欢在安静、潮湿的环境中生活，有雌雄共同抚育后代的特性。

北极狐每年两次脱换毛。春季脱冬毛换夏毛，夏季绒毛稀疏，利于散热降温；秋季脱夏毛换冬毛，冬季绒毛稠密防寒保暖，属于周期性换毛。初生幼狐长有胎毛，15 日龄胎毛长齐，60 日龄脱换夏毛，8 月末开始慢慢长出冬毛。11 月中旬冬毛成熟，形成便于伪装和冬季保暖需要的丰厚浅蓝色被毛。

北极狐寿命一般为 8～10 年，繁殖年限为 5～6 年，最佳繁殖期为 3～4 年，每年春季繁殖 1 次，发情期 10～12 天，妊娠期为 50～58 天，平均为 51～52 天，51～53 天的占 85％，50～54 天的占 94％。一般每胎产仔 8～12 只，有的母狐 1 胎产仔多达 20 只。

成年北极狐正常体温为 38.8～39.6℃，幼狐和壮年狐正常体温为 39.8℃。正常呼吸频率为每分钟 25～30 次，心跳次数为每分钟 60～110 次。

第三节　发展养狐业的意义

1. 满足人们日益增长的物质生活需要

裘皮制品美观大方，结实耐用，不仅能保暖防寒，还有较好的装饰性，给人一种雍容华贵之感，历来是人们向往的高档服装和服饰。随着我国经济的不断发展，城乡居民的生活质量逐年提高，国内市场对裘皮制品需求量大幅度增加。

我国畜牧业的养殖品种，长期以来以猪、鸡、牛、羊等为主，品种单一。随着社会主义市场经济的稳步发展，人们消费日趋多元化，发展养狐业，可以满足不同消费群体的消费需要。

2. 发展区域经济，带动农民脱贫致富

农业的发展，对解决我国13亿人口的吃饭问题、提供工业所需的原料起到了重要作用。但是，也应看到农民“增产不增收”的现象依然存在，严重挫伤了农民种田的积极性；随着人口的增长，不少农村出现农业劳动力过剩；发展养狐业，可提供就业机会，分流农村劳动力，解决农村人口的失业问题。此外，养狐业的经济收益比其他传统养殖项目要高，发展养狐产业能够增加农民的经济收入，使农民尽快脱贫致富。

3. 有效利用饲料和环境资源

统计资料表明，自20世纪80年代以来，我国畜、禽、水产养殖业得到了快速发展。我国人均肉、蛋占有量已达到世界平均水平，水产品产量已超过3000万吨。畜、禽、水产养殖业以及畜、禽、水产加工业的发展，给养狐业的发展提供了丰富的饲料资源。

我国北方大部分地区冬季时间长，气温低，适合狐的毛绒生长和毛皮质量的提高，发展养狐业可有效地利用我国北方的气候资源。

4. 出口创汇，参与国际市场竞争

20 世纪 50 年代以来，毛皮产品一直是我国重要的出口商品，多年来，为国家换取了大量的外汇和国家发展急需的仪器、设备以及工农业原料，有力地支持了国家建设。

美国、加拿大、芬兰、丹麦、挪威等国家的毛皮动物养殖业有较长的发展历史，并且有一套成功的管理经验，具有较强的国际竞争力。目前，国外毛皮动物产品销售的重点正转向中国市场，把开辟中国裘皮市场作为今后几年的战略重点。资料显示，国外一些大的毛皮生产商已经开始研究适合我国市场销售的毛皮动物品种、产品类型、市场需求量以及有效的营销手段等。发展我国养狐业，不仅可以抵御国外狐皮及其制品的大举进攻，还可以扩大出口，参与国际市场竞争。

5. 保护珍贵的野生狐资源

由于人口的增加，野生狐的栖息环境不断地遭到侵袭，再加之人为的滥捕、过猎，野生资源越来越少，已接近濒危边缘。发展养狐业，可满足人们对狐皮的需要，有效地保护野生狐资源，维持生态平衡。

第四节　我国养狐业现状及发展方向

近年来，我国的狐皮价格下滑，除受亚洲金融危机影响外，另一个主要原因是毛皮质量与发达国家的狐皮相比存在着较大差距，表现在毛皮的尺码小，毛绒质量差，其价格仅为发达国家产品的1/3～1/2，缺乏竞争力。

究其原因，一是种狐品质差，生产不出高质量的毛皮，这主要是前些年“狐狸热”时期炒种的结果，几乎见母狐就留来作种，不注意出生早晚和亲缘血统，近亲繁殖，致使种狐品质退化；二是不重视科学饲养，营养达不到种狐标准，导致越养越小。目前也有很多养殖者，为了节约成本，或由于流动资金不足，仍在低标准进行饲养，满足不了狐生产所需要的营养水平，就是用优良芬兰狐杂交改良的后代也显现不出杂种优势；三是世界发达的养狐国家，如北欧、北美及俄罗斯等国家均在寒冷的北方高纬度地区，而我国在养狐热时期，全国遍地开花，甚至海南、川滇等南方地区也养狐，这种做法违背狐本身生态规律，必然导致毛皮质量下降。因此，养狐不能在全国盲目发展，应该很好地发挥我国北方寒冷资源优势。

人工授精技术是狐育种、杂交改良、属间或种间杂交不可缺少的技术手段之一，褪黑激素能促进雄狐睾丸发育及提早冬毛生长，这些先进技术在全国尚未完全普及应用，今后应当重视新技术和新成果的应用和普及。

除上述问题外，全国各地养狐场饲养品种普遍单一，一旦这一品种因某种原因皮张价格下滑，便不具备抗风险能力。倘若银、北极狐及各种彩狐多品种饲养，可以迅速转向饲养，减少损失。同时亦可开展种间或属间杂交，生产市场所需要的各种高档毛皮商品，如蓝霜狐皮、影蓝霜狐皮就很受国内外皮货商欢迎，而且价格不低。

当前，养狐业在国际和国内狐皮行情看好情况下，一定要抓住机遇，迎接挑战，坚持以提高毛皮质量为主攻方向，加强育种及品种改良，进行科学饲养，不断创新，因地制宜地发展我国养狐业。相信这一农村致富项目，在不远的将来一定会赶上或超过发达国家。

第二章　狐狸养殖场地及设备

狐养殖场址及其他各种条件，要适宜北极狐的生物学特性，在饲养管理上要实用方便，有利于北极狐正常生长发育、繁殖的需要。养殖北极狐的笼舍要设计合理，经济耐用，笼舍与产仔箱的配置要科学合理。养殖北极狐所需要的其他设施、各种器材、用具等要基本完备。因此，在种狐引进之前，要完成养殖场的各种设施的建造、维修，笼舍的焊接、安置，以及购置各种必需的设备、饲养用具等各项准备工作。

第一节　场址的选择

场址的各种条件要适应北极狐的生物学特性，使北极狐在人工饲养管理条件下，能正常的生长发育、繁殖和生产毛皮产品，同时还应对长远的发展有所规划。

1. 自然条件

个体养狐数量少的，可充分利用现在条件和房前屋后的土地，但要离喧闹的公路、铁路、工厂、牲畜圈远些（50 米以上），场地应保证冬季背风防寒，夏季阴凉防暑。

养殖规模较大的场址，一般要求地势较高、向阳、通风条件好，周围平坦，半沙性土壤，容易排水，地面干燥的地方。

在北方山区、半山区建场，应将养殖场建在南侧向阳坡，保证阳光充足，少受北风侵袭。在山坡下建场，要注意避开山洪冲刷和山口风的袭扰。南方建立养殖场，要注意防洪排涝，也不能在经常云雾弥漫的地方选择场址。

养殖场要注意周围的卫生防疫条件，养狐场应与畜牧场、养禽场和居民区保持1000米以上的距离，防止畜禽的某些传染病感染北极狐。

养殖场应尽量离公路、铁路远一些，尽量远离工矿企业，防止受到较强的噪声惊扰，较强的噪声不利于狐狸的正常饲养和繁殖。

养殖场还要离住宅区远一些；如果在庭院内饲养狐，必须保证通风良好，并且距离住人的地方6～10米远。这不仅是卫生防疫的需要，而且有利于人的健康。据研究，长期受狐气味熏染，会损害人的神经系统。

狐养殖场的外部一般应设防疫沟或围墙，将狐狸与外界隔离，防止猪、狗等其他动物惊吓狐和传播疾病。堆粪场也要远离狐养殖场和狐笼舍。

在建狐场同时，还应考虑饲料加工室的地点，饲料加工室应在狐场住宅建筑的旁边，至少要在20～30米以外。饲料加工室内，应设有上、下水道，特别是下水管子要粗，便于排出污杂物，地面最好是水泥地面，可便于清洗，从生产角度考虑，应设置医疗室、皮张加工室和饲料仓库等。

2. 饲料条件

在选择场址的时候，还要考虑到水源、饲料等方面的问题。如养殖场所在地的水源必须充足，水质清洁干净，被污染的河水、池塘水不能供狐饮用。

如果饲养狐的数量较大，那么饲料（特别是动物性饲料）的来源、运输和加工等因素也必须充分考虑。例如要想饲养100只种狐(公母的比例为 1∶3),全群母狐平均产仔成活 5 只,那么下半年的饲养数量为 500 只左右,全年需要的动物性饲料为 20～25 吨,谷物性饲料为 15～20 吨,蔬菜类饲料为 8～10 吨;与此相关的饲料运输、加工等因素也必须重视。若养殖场所在地区有乳品厂、畜禽肉联厂或距离海滨、内陆的渔产区较近,则对狐养殖非常有利,因为这些地方的动物性饲料往往来源广泛,价格便宜,便于运输。

3. 社会环境条件

规模化养殖场址应选在交通方便,环境安静的地方。养狐场应具有可靠供电来源,以保证场内饲料加工、饲料贮藏、饲养管理、日常生产等用电。

另外,养狐场使用面积要留有余地,能向周围扩大,以适应将来狐场生产发展的需要。

第二节 狐场的建筑分布及基本设备

狐的笼舍是狐日常活动、生育繁殖和休息的地方。在设计和修建笼舍时,要尽量适应北极狐的生活习性,保证其安全(并防止逃跑)、健康,方便饲养管理;同时,还要本着因地制宜,因陋就简、就地取材、经济实用的原则,尽量降低饲养管理的成本,力争获得较高的经济效益。

一、场地规划与布局

在计划狐场布局时除着重考虑风向(特别是夏、冬季的主导风向)、地形与各建筑物的朝向及距离的问题外,更要考虑生产作业的流程,以便提高劳动生产率,节省投资费用。同时要考虑卫生防疫条件,防止疫病传播。还要照顾各区间的相互联系,便于管理。因此,狐场布局应进行全面考虑,不能只顾一方面,而忽视其他方面。

1. 布局原则

场区规划要本着有利于防疫、便于饲养管理、提高生产效率和优化场区小气候等原则进行。在规划中,要考虑狐场的发展、地形地势、场内运输、气候条件、生产工艺等因素,合理安排道路、供水、排污等。

(1)利于生产:狐场的总体布局首先要满足生产工艺流程的要求,按照生产过程的顺序性和连续性来规划及布置建筑物,达到有利于生产,便于科学管理,从而提高劳动生产率。

(2)利于防疫:规模狐场狐群规模大,饲养密度高。要保证正常的生产,必须将卫生防疫工作提高到首要位置。一方面在整体布置上应着重考虑狐场的性质、狐体本身的抵抗力、地形条件、主导风向等几个方面;另一方面当然还要采取一些行之有效的防疫措施。这个环节,应尽量多地利用生物性、物理性措施来改善防疫环境。

(3)利于运输:狐场的运输与社会联系频繁,造成疫病传播的机会较多,故场外运输应严格与场内运输分开。在场外管理的运输车辆严禁进入生产区,车库应设在管理区。

(4)利于生活管理:狐场在总体布局上应使生产区和生活区做到既分隔又联系,位置要适中,环境要相对安静。既要创造一个舒适的工作环境,同时又便于生活、管理。

2. 场区布局

狐场一般分生产区、管理区和疫病防治管理区,依据地势和主风向进行合理分区。生活区(居民点)应占全场上风和地势较高的地段;其次为管理区;生产区设在这些区的下风和较低处,但高于疫病防治管理区,并在其上风向。生产区与生活区、管理区应保持100米距离,生产区与疫病管理区保持200米距离。生活区、管理区的生活污水,不得流入生产区。

管理区应有效利用原有道路和输电线路,充分考虑饲料和其他生产资料的供应、产品的销售以及与居民点的联系。除饲料库以外,其他仓库需设在管理区。外来人员只能在管理区活动,不能进入生产区。

生产区是全场工作的重心,为保证防疫安全应将种公狐笼、种母狐笼、后备狐笼和皮用狐笼,设在不同地段,分区饲养管理。与饲料有关的建筑物,应配置在地势较高处,并且应保证其卫生与安全。贮粪场的设置,应方便狐粪运出,注意减少环境污染。

为防止疫病传播,疫病防治管理区应设在生产区的下风向与地势较低处,与棚舍保持300米的距离。病狐隔离舍应单独设置院墙、通道和出入口。该区的污水与废弃物应严格处理,防止疫病蔓延和对环境的污染。

3. 狐笼布局形式

狐笼的排列多种多样,应因地制宜,以布局紧凑、节约用地为原则。目前,大型养殖场采用单排式或双排式狐笼。

(1)单排式狐笼:狐笼按一定的间距依次排列成单列,组织比较简单,一边是净道,一边是污道,互不干扰。单排式狐笼南北跨度一般2～3米,长度可根据地形及养殖狐只的数量自行决定。

(2)双排式狐笼:狐笼按一定的间距依次排列成两列。双排式狐笼跨度一般4～5米,其特点是当狐笼较多时,排列成双列可以缩短纵向深度,布置集中,供料路线两列共用,电网、管网等布置路线短,管理方便,能节省投资和运转费用。

(3)狐棚间距:一般为 3.5～4 米。

二、狐场的主要建筑和设备

养狐场基本建设是笼舍和围墙,这些建筑要适应和满足北极狐的生物学特性,同时要坚固耐用,安全并保证卫生防疫要求。

1. 围墙

为防止跑狐及加强卫生防疫和安全工作,需在狐场四周设 1.6～2 米高的围墙。围墙可用砖石、镀锌丝网或石棉瓦围成。

2. 狐棚

狐棚舍建筑要求通风、采光、避雨雪。在棚舍设计、建造和改造的过程中,应考虑光照条件、空气质量、地理位置、水源条件等各种环境因素,创造适合北极狐生理特点的饲养环境。棚舍建设应该根据场地实际情况,在确保采光和通风的条件下,自行确定走向和长度,我国北方一般以东西向为宜,既有利于种、皮狐分群饲养,又对夏季防暑有利。棚舍材料可因地制宜,就地取材。支柱可使用木、砖、角铁等,可不设四壁,仅设棚柱梁和顶盖,顶盖加盖石棉瓦或油毡纸。

棚顶可采用人脊形狐棚或一面坡形狐棚,一般狐场的棚舍长度在 30～50 米,宽度为 3.5～4.5 米。

(1)人脊形狐棚:人脊形狐棚棚脊高 3 米,棚檐高 1.7 米;饲养棚宽 4～5 米,放两排笼舍,中间为通道,通道宽度 1.2～1.5 米,棚舍之间相距 4 米。棚内两侧排放狐笼,中间设人行道,便于饲养人员操作。棚朝阳面放母狐,冬季利于母狐多见阳光,促进早发情及产仔箱保温;棚背阴面放公狐,能使公狐在发情期性欲旺盛,发情期延长,利于配种。

(2)一面坡形狐棚:一面坡形狐棚用 2.5 米杆做立柱,用竹子、木棒(条)做檩,上面盖上 150 厘米×60 厘米的石棉瓦,做成前檐高 1.8 米、后檐高 2.5 米、宽 3.5～4.5 米的敞开式狐棚。

3. 笼舍

(1)笼舍要求

①常用的狐狸笼舍要具备“三保三防”的条件,即保持干燥,保证通风透气凉爽、保证安全健康,防止逃跑、防止疾病、防止阳光直接照射。因此,在设计上要考虑笼舍的规格尺寸、形状、门的位置等。

②狐狸的笼舍构造要便于喂食、给水、观察和捕捉,便于清除粪便、防疫消毒等。

③构建笼舍的材料既要经济实用,又要坚固、经久耐用。要防止狐狸的啃咬、逃跑和天敌的侵害。

(2)笼舍规格:因各地气候条件不一,经济条件不同,笼舍建筑取材可以不尽一致,但必须具备养狐的狐棚、狐笼和产仔箱。

①种公狐笼舍(图 2-1):长 100～150 厘米,宽 70～80 厘米,高 60～70 厘米,腿高 40～50 厘米,整个笼舍 6 面以铁网组合成,铁网最好用 14 号铁线做成的点焊网,网孔为 3 厘米×3 厘米,底网孔为 3.5 厘米×3.5 厘米。笼舍前面靠边端留一个宽 20 厘米、高

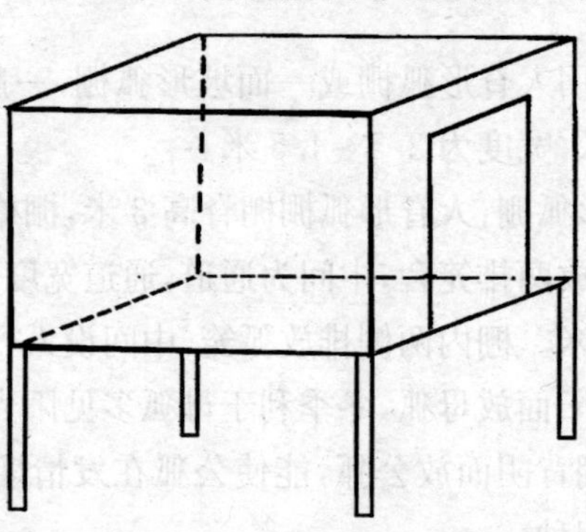

图 2-1 种公狐笼舍示意图

30 厘米的门。

②种母狐笼舍(图 2-2):种母狐笼舍尺寸同种公狐笼舍,笼舍前面靠边端同样留一个宽 20 厘米、高 30 厘米的门,在门的对面同样留一个宽 35 厘米、高 35 厘米的门,以便挂产仔箱。

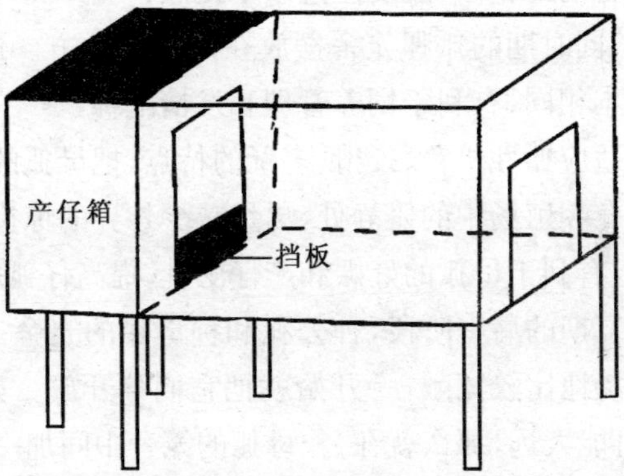

图 2-2　种母狐笼舍示意图

③皮狐笼舍:长 70 厘米,宽 70 厘米,高 50 厘米,狐笼距地面高 40～50 厘米。

④产仔箱:产仔箱是木制的,产仔时期挂上产仔箱,幼狐断乳前将产仔箱摘下,留下年再用,产仔箱规格是长 40 厘米,宽 40 厘米,高 70 厘米,产仔箱板厚 2.0～2.5 厘米,木板内面要光滑,木板衔接处无缝隙,顶面设一活动盖板。

⑤幼狐笼:约为种公母狐笼舍的一半大小,即在公母狐笼中间加一个中格,可在断乳后饲养幼龄狐。也可是公、母狐笼同样规格,分窝后饲养 2～3 只幼狐。

(3)狐笼制作:狐笼一般用钢筋或角钢(也可以用细钢管)制成骨架,然后再用 14 号铁线做成的点焊网固定在骨架上;也有用 8 号铁线或细钢筋或工厂使用剩余的边角废料直接焊接在骨架上的。狐笼可分为种狐用和皮狐用两种,其中种狐笼是独立的或两个连在一起的；而皮狐笼常常是 3 个、4 个连在一起的，这样既可以节约材料，又可以充分利用饲养空间。

(4)笼舍的配置：在养殖场里，各种狐狸笼舍的摆放要科学合理，既要方便饲养管理，又要有利于狐狸的生长发育和繁殖。

狐狸笼舍的配置，一般要注意以下几点：

①同类、同时期的狐狸笼舍摆放在同一个地方。这些狐狸饲喂的日粮基本相同，有利于饲养管理和发情配种。

②注意适应狐性机警、狡猾、多疑的特点，把母狐的笼舍、产仔箱(窝)安置在养殖场中的僻静处，尽量减少外界的惊扰，使其有安全感。这样，有利于母狐的妊娠和产仔泌乳，提高仔狐的成活率。

③在恢复期的后一阶段，种公狐和种母狐的笼舍一定要分开摆放。如果场地比较宽敞，一开始就把它们分开放。如果场地狭小，距离不可能太远，那么就在公、母狐的笼舍中间加一道屏障，使双方不能互相看见。经验证明，这样安排能使双方配种时有一种新鲜感，有利于提高母狐发情配种的达成率。

④笼舍的摆放要规矩、整齐、适用，能充分利用养殖场的有效空间，合理增加饲养密度。

4. 饲料加工室

饲料加工室主要设备有谷物饲料膨化机、粉碎机、绞肉机、搅拌机、高压气罐或蒸锅等，任务是进行谷物、动物性饲料的粉碎，各种干粉饲料的配合。其规模大小，应与饲养的数量相适应。

5. 日粮调剂室

日粮调剂室是狐狸日粮调制的场所，设备有蒸煮饲料用的锅灶、调剂日粮的缸、桶、盆、烤炉、蒸煮锅灶、笼屉(蒸窝头用)等。无论是熟制还是生制，都要注意安全卫生、制作合理，以保证日粮的适口性和营养不被破坏。

6. 冷藏设备

冷藏设备是狐养殖场不可缺少的设施，主要作用是贮藏鲜动物性饲料，如鱼、肉等。冷藏量的多少，由饲养狐的数量决定。如果饲养的数量较少，可用冷柜或冰窖贮藏。如果饲养的数量较多，可采用冷库。300 只的狐场需冷库容量为 30～40 吨。

7. 饲料库

用来贮藏谷物性饲料的设施。饲料库内部环境要干燥、通风，在贮藏过程中，要经常翻动，防止霉变。

8. 菜窖

用来贮藏蔬菜的设施。菜窖在北方更为适用，冬天可以贮藏白菜、土豆等蔬菜。

9. 饮水设备

供狐日常饮水用，特别是夏、秋季更是不可缺少。饮水器常用圆柱形的铁罐头盒制成。方法是在刷干净的空罐头盒的上口处，用钉子钉两个眼，穿上铁丝，拴绑在笼角处即可。要注意铁罐头盒的上口边缘要光滑，不能刮伤狐；饮水盒的高低要合适，加水要方便。

10. 食盒

供狐狸吃食用，可采用不锈钢盆、盘等。也可用铁皮制成，食盒长 25 厘米左右，宽 15 厘米左右，高 3.5 厘米。也有的直接将食物放在笼舍上的网上。

11. 捉狐器

捉狐器是捕捉狐狸用的工具，常用的有捉狐套和捉狐铗。简易的捉狐套用铁丝将三角带（边宽 1～1.2 厘米，长 150～200 厘米）或与其直径相当的尼龙绳的一端与木棒（直径 2.5 厘米，长

100 厘米)一头固定,在中间铁丝上安装铁圈(直径 3 厘米),三角带另一端从圈中拉出。

12. 运输笼

如果是家庭庭院养狐,数量较少,自己的母狐与公狐不能达成交配,就需要带着自己的母狐到其他养狐者那里求援;或是购买种狐,或带患病狐就医,都需要运输笼暂时装运。运输笼单笼规格不小于 60 厘米×40 厘米×40 厘米。

13. 兽医室

兽医室负责狐场的卫生防疫和疫病诊治,应配有相应的兽医诊治设备、妊娠诊断器、消毒灭菌用器具、清扫工具及常规手术医疗器具等。

人工授精设备主要有显微镜、水浴恒温箱、阴道开膣器、输精枪、套管、注射器、采精设备、消毒设备等。

14. 清洁消毒设备

清洁消毒主要有水冲清洁、喷雾消毒和火焰消毒。水冲清洁设备一般选高压清洗机或由高压水泵、管路、带快速连接的水枪组成的高压、冲水系统。消毒设备一般选机动背负式超低量喷雾机、手动背负式喷雾器,当在疫情严重的情况下,可选火焰消毒器。规模化狐场必备高压清洗机和喷雾器消毒设备。

15. 毛皮加工室

毛皮加工室用于剥取狐皮并进行初步加工,内设有处死器、剥皮台、刮油机(刀)、洗皮转鼓和转笼等。毛皮烘干应置于专门的烘干室内,主要有干燥机、国际标准楦板、加温和通风机及风干箱等,室内温度控制在 20～25℃。

加工室内还应设置毛皮验质设备,室内设验质案板,案板表面刷成浅蓝色,案板上部距板案面 70 厘米高处,安装 4 只 40 瓦的日光灯管，门和窗户备有门帘及窗帘，供检验皮张时遮挡自然光线用。

16. 皮张仓库

皮张仓库建筑要坚固，屋基较高，房身达到一定高度，房顶不漏雨，地面为水泥抹面或木板，墙根、墙角无鼠洞和蚁穴，墙壁能隔热、防潮。库内通风良好，亮度偏暗，避免阳光直射皮张；门窗玻璃以磨砂玻璃或有色玻璃为宜。库温不得超过 25℃，相对湿度保持在 60％～70％，库内装有温度计、湿度计和通风器，根据实际情况增设吸湿器和空调器等。库房门窗的位置除有利于采光外，还要有利于自然通风；并且库内要有一定的空间，便于空气流通。

另外，在狐场大门及各区域入口处，应设相关的消毒设施，如车辆消毒池、人的脚踏消毒槽或喷雾消毒室、更衣换鞋间、粪便处理设施等。

第三章　狐的营养需求和饲料

对人工饲养北极狐来讲，饲料是其获得营养物质的源泉。北极狐在维持自身的生命运动、繁殖后代过程中，必须源源不断地从各种饲料中汲取各种不同营养物质，以供给自身的新陈代谢消耗。在养狐实践中已证明，饲料的供给与组成如何，对北极狐的健康、繁殖和毛皮质量有很大影响。所以，要根据北极狐的消化特点和各个不同生长时期对各种营养物质的需要，为其合理配制饲料，确保北极狐对营养物质的需要，以提高生产水平，是获得最好经济效益的前提。

第一节　北极狐的消化器官及消化特点

北极狐的消化器官由消化道和消化腺两部分组成。消化道由口腔、咽、食管、胃、小肠、大肠、肛门等器官组成；消化腺包括唾液腺、肝脏和胰腺等。

消化道有运动功能，可摄取、磨碎和搅拌食物，并与消化液充分混合后，随消化道的不断蠕动将食物送向胃、小肠、大肠等消化吸收其营养成分，最后通过肛门将残渣等排出体外。

1. 口腔

北极狐口裂较大，颊部较短，黏膜平滑，门齿短小排列整齐，犬齿细长尖锐,臼齿结构复杂,前臼齿较发达,后臼齿坚固有力,共42个牙齿。

舌宽而扁,舌面上布满丝状乳头肌,中间有道浅沟线,舌系带发达,舌下腺位于口腔底黏膜深处。

口腔功能是撕碎、搅拌食物,善吞咽不善咀嚼,味觉不敏感,食物的适口性是由嗅觉来鉴别的,同时由唾液腺分泌的唾液来混合食物,促进食物消化。

2. 咽喉

北极狐咽喉是由黏膜腺和肌质构成的内脏器官,位于口腔后端、食管前端,为呼吸道与消化道的交叉口。上与鼻腔相通,下与食管相通,咽腔内有软咽弓。咽的功能是协调口腔吞咽食物和呼吸气体的活动,起重要的分隔作用。

3. 食管

北极狐的食管是由黏膜和肌质构成的管道,上接咽部,下接胃的贲门,位于气管的背面,基本与气管并行,全长约40厘米。食管的功能是在口腔、咽部的协助下蠕动,将食物送入胃里。

4. 胃

北极狐的胃为单室,胃壁很薄,有弹性,像条弯曲的袋子,胃腔可容积食物500～1200毫升。胃位于上腹腔前端偏左,贴近肝脏的内面。胃的入口为贲门,上接于食管,出口为幽门与十二指肠相连,靠一条宽长韧带与肝、脾连接,胃黏膜上有胃腺,能分泌出透明无色的胃液。胃液是一种酸性的黏液,有很强的杀菌能力。

胃的功能是暂时贮存食物,将食物与胃液等一起反复搅拌研磨呈糊状,这种糊状食物也称食糜。在胃的蠕动下食糜通过排空进入十二指肠,并通过胃腺分泌出胃酸、黏液和胃蛋白酶,提供酸性环境,杀死和抑制细菌,使食物中的蛋白质易于消化,并被胃黏膜初步吸收。胃酸进入小肠内可促使胰液和胆汁的分泌。胃蛋白酶把蛋白质再分解为氨基酸，胃能将食物在5～6小时内排空。

5. 肠管

北极狐的肠管全长约245厘米，分为小肠和大肠。食物在胃肠道中16～18小时后全部排出体外。

(1)小肠：小肠上端接于胃的幽门，下端与大肠相连，全长195～200厘米。小肠依次分为十二指肠、空肠、回肠三部分。三段无明显区别，大部分盘曲在腹中下部。

胆总管和胰腺导管开口处在距幽门3.5厘米及10厘米的十二指肠壁上，十二指肠壁上有乳头，乳头内有括约肌，可控制胆汁和胰液的排出，小肠黏膜有大量小肠腺分泌小肠液。

小肠是食物消化和吸收的主要器官。胆汁、胰液及小肠黏膜分泌的肠液都汇集在小肠内，对食物进行消化。胰液和肠液中的淀粉酶以及肠麦芽糖酶能使淀粉分解成葡萄糖，胰蛋白酶和肠肽酶能使蛋白质分解成氨基酸，胰和肠的脂肪酶能使脂肪分解成甘油和脂肪酸。由小肠黏膜把它们吸收到血管和淋巴管中。胆汁中的胆盐有乳化脂肪，帮助脂肪消化吸收，并促进脂溶性维生素A、维生素D、维生素E吸收的作用。胆汁中的胆红素排入肠道，经肠道排出体外。

(2)大肠：分为结肠和直肠两部分，盲肠已退化，只剩下约4厘米的遗迹。大肠在小肠的外围，全长42～43厘米，结肠前端连接于回肠，直肠后端连接于肛门。

大肠功能是吸收食物残渣中的水分，使食物中残渣浓缩成粪便，并分泌大肠液润湿粪便，保护大肠黏膜使粪便顺利通过肛门排出体外。肛门附近有一对肛门腺，能排出难闻气体。

6. 唾液腺

唾液腺包括腮腺、颌下腺、舌下腺3对腺体。腮腺位于耳前下方，腺管开口于颌上第三臼齿的侧颊部；颌下腺位于下颌骨体的内面；舌下腺位于口底黏膜深部，其导管与颌下腺管共同开口于舌下黏膜处。

唾液腺的功能是分泌唾液，把食物湿润，利于口腔吞咽。唾液内含有唾液淀粉酶，有利于消化食物，还有杀菌清洁口腔的能力。

7. 肝

北极狐的肝脏很发达，成年狐肝重 160～180 克，呈紫红色，共分 6 叶。位于腹腔最前部，横膈膜的后方，胃和十二指肠的背面，偏于狐体右侧。在肝的后腔静脉沟两侧，有冠状韧带与横膈膜相连。在肝的右内叶和方形叶之间有黄绿色胆囊，胆囊内贮存的胆汁是由肝脏分泌的，进食时胆囊收缩，奥狄括约肌松弛，胆汁即通过胆总管流入十二指肠内，参与对食物中脂肪的分解和吸收。

肝脏的功能是参与对机体生命活动所需的蛋白质、血糖、脂肪的新陈代谢，解除有毒物质，贮存脂溶性维生素。肝脏是转化和供应热能的重要器官，对北极狐体内的消化代谢和血液循环起着极为重要的作用。

8. 胰

胰位于左上腹，贴于后腹壁，胰头被十二指肠环抱，胰体横向右方，胰呈窄而长不规则偏带状，长约 10 厘米，重 10～12 克，呈紫灰色，胰中央有横行胰管与胆管相汇合。

胰的功能是分泌碱性胰液，中和进入小肠的胃酸，为胰蛋白酶、脂肪酶、胰淀粉酶提供碱性环境，充分发挥其促进食糜的消化功能。

消化系统的各个器官完成消化功能是相互协作配合的，使食物被狐体消化，吸收其精华，排泄其残渣。这一系列功能都是在神经、体液系统调节下进行的。

第二节　北极狐的营养需求

北极狐在维持生存、繁殖等正常的新陈代谢的生命活动中，必须从体外吸收所需要的营养物质，这些营养物质包括水、蛋白质、碳水化合物、脂肪、矿物质、维生素等。

1. 水

水是北极狐必需的营养物质，它是构成细胞原生质的主要成分。在动物体内，水分大约占 2/3 以上，其中 40%在细胞中，20%在组织里，5%在血液中，狐机体失去全部脂肪和肝糖，甚至失去一半蛋白质，还可以勉强存活，但如果机体失去 10%的水分，就会死亡。

狐饲料日粮中各种营养物质的消化、吸收和代谢，都是在有水分的环境中进行的。例如消化饲料所需要的唾液、胃液和肠液含有 98%水分，输送营养物质和代谢产物的血液含有 90%以上的水分，排泄代谢产物的尿中有 95%左右的水分。可见，如果狐机体内水分不足或缺乏，新陈代谢就不能正常地进行。

水分对狐在夏季调节体温具有重要作用。狐汗腺不发达，主要通过口腔黏膜、舌和呼吸道部位的水分蒸发而散失热量，所以夏季给狐多饮水，是预防中暑的有效措施。

妊娠和哺乳的母狐，由于代谢旺盛，需增加水的补给量，产仔期由于体内水分流失，体内空虚，出现口渴，需要特别供给饮水。生长期的幼狐，食量较大，代谢旺盛，也需要较多的水分。配种狐的公狐，由于性活动旺盛，同时运动量大，体力消耗也大，如不注意供给饮水，将过早丧失性欲。

冬季北方寒冷地区虽然需水量少，仍要保持每天饮水一次，当然最好供给温水。低纬度的河北、山东、河南北部地区的夏季，每天要经常供给饮水，地面也要洒水，保持湿润，这是防止中暑最有效的方法。

在长途运输狐时，要少喂饲料，但饮水不可缺少，要少给勤饮，这对安全运输具有重要意义。

2. 蛋白质

蛋白质是北极狐日粮中最重要的营养物质，是构成肌肉、软骨、神经、皮肤、各种器官、血液、毛绒等各种组织的主要成分；它还含有各种组织的修补和更新、精子和卵子的生成、新陈代谢过程中所需要的酶、激素、色素等。因此，在北极狐的日粮中必须保证供给足够的蛋白质。如果日粮中缺乏蛋白质或蛋白质不足，北极狐生长发育缓慢，食欲减退，绒毛生长不良，体重下降，抗病能力降低，容易发生各种疾病。同时，蛋白质能分解，产生热能，并能将其贮存于肝脏、血液、肌肉之中，或转化为脂肪贮藏起来，是机体热能来源之一。

(1)维持蛋白质需要：蛋白质的维持需要是指在非生产状态下，北极狐为了维持最基本的生命活动所需要的蛋白质的最低供应量。国内试验结果表明，生长前期北极狐维持蛋白质需要量为每千克代谢体重 1.3 千克左右；冬毛生长期为 1.68～1.83 克。

(2)生长狐蛋白质需要：国内大量试验结果指出，生长前期北极狐日粮中，适宜粗蛋白质水平为 30%～32%，每只狐每日粗蛋白质需要量为 33 克左右；生长后期(冬毛生长期)北极狐日粮中，适宜粗蛋白质水平为 27%～29%，每只狐每日粗蛋白质需要量大约为 34 克。

(3)妊娠母狐和哺乳狐的蛋白质需要：妊娠母狐的蛋白质供应，直接影响胎儿的生长发育。国内学者推荐妊娠期母狐日粮适宜粗蛋白质水平为30%～31%。哺乳母狐每天由奶中排出大量的蛋白质，因而每天对饲料蛋白质的需求也较大。综合国内外试验结果，笔者认为，哺乳母狐日粮粗蛋白质水平不应低于35%。

3. 脂肪

在狐的饲料中的脂肪，大部分是甘油三酯，亦称为中性脂肪，它由脂肪酸和甘油构成。牛油、羊油、猪油、鱼油及许多植物油，皆为狐的重要能量来源。

脂肪酸可根据其化学性质分为饱合脂肪酸及不饱和脂肪酸。狐需要从饲料中获得不饱和脂肪酸，这些脂肪酸在有机体内不能合成，而它们生长发育又是必需的。当不饱和脂肪酸不足时，幼狐呈现生长停滞，繁殖机能失调，患皮肤病和其他疾病等。

4. 碳水化合物

碳水化合物分为易消化吸收的及难消化吸收的两种，供给北极狐易消化的碳水化合物具有重要意义，它们主要含有无氮浸出物，来源于禾本、豆科作物的果实和马铃薯。淀粉和糖是北极狐的重要能量来源之一，而且是便宜的能源。

为了保证蛋白质和脂肪完全氧化，动物有机体需要碳水化合物。当易消化碳水化合物长期供给不足时，会破坏机体的物质代谢，产生酸中毒，使母狐泌乳量下降。北极狐一般可接受的碳水化合物的量，应控制在日粮的25%左右。

植物性粗饲料对北极狐来讲不能被消化，但少量的粗纤维还是必要的，因为它能使饲料松散，混入较多的消化液，促进肠的正常蠕动。当粗纤维过剩时，会降低狐对饲料的利用率，增加肠蠕动，出现机械性下痢。

北极狐能很好地消化煮熟的或膨化的淀粉和糖。煮糖和膨化的食物，可提高消化率10%，同时能消除危害狐的病原微生物，还能改善饲料的适口性和黏性。

北极狐日粮中的碳水化合物可超过25%。从4月龄到屠宰前，碳水化合物的量要达到45%，哺乳期碳水化合物不超过日粮30%，而其他非繁殖期控制在35%以内。

5. 矿物质

矿物质中的无机元素可分为两大类，即常量元素和微量元素。常量元素是指占体重0.01%以上的元素，包括钙、磷、氯、钠、钾、镁、硫等。微量元素是指占体重0.01%以下的元素，如铁、铜、锰、钴、锌、碘、硒、氟等。

矿物质是机体细胞的组成成分，参与细胞的氧化、发育、分泌、增殖等重要活动，特别对于神经及肌肉组织的正常兴奋有重要作用。如钠、钾的离子浓度增高，可提高神经系统的兴奋性；而钙、镁的离子浓度增高，则可降低神经系统的兴奋。

在食物的消化和吸收过程中，也有矿物质参与。如对各种营养物质的消化吸收，需要胃液中的盐酸及胆汁中的碱性钠盐。同时，对维持水的代谢平衡、酸碱平衡、调节血液正常渗透压等方面都有重要的生理作用。

(1)钙和磷：是构成狐骨骼、牙齿的主要成分，一少部分存在于血清和淋巴液及软组织中。钙和磷对维持神经及肌肉组织的正常功能有重要作用，妊娠、哺乳的母狐和仔狐需要量较大。如果钙和磷不足，会导致食欲减退、生长缓慢、患佝偻病；母狐在泌乳期间将会消耗体内骨骼中的钙、磷，影响其健康。钙和磷过多时，会抑制机体对锰和镁的吸收，易造成缺镁或缺锰症。

狐狸日粮中钙和磷的比例一般为2∶1或1.5∶1。要根据日粮中钙、磷的含量，确定补给量。骨粉是钙和磷的重要来源。

(2)氯、钠、钾：这三种元素对保持细胞与血液间渗透压的均衡，维持机体内的酸碱平衡，保持水分，起着重要作用；对心脏肌肉的活动和体温具有调节作用。北极狐日粮中如缺乏钠和氯可导致消化不良，食欲减退；但摄入过量，会引起中毒，甚至死亡。

食盐是钠和氯的重要来源，每只狐狸每天可供给食盐 1～2 克。

(3)铁、钴、铜：这三种元素在狐狸体内有协同作用，虽然含量很少，却具有不可缺少的重要生理作用。铁在体内的大部分与蛋白质结合是组成血红蛋白、肌红蛋白、细胞色素以及各种氧化酶的主要成分。铁与血液中氧的运输、细胞内的生物氧化过程都有密切的关系。铜对血红蛋白的形成起催化作用，是北极狐体内各种酶的组成物和活化剂。铁和铜参与造血过程，缺少时会患贫血症，造成脱毛和拉稀，对绒毛的色泽有严重影响。钴是维生素 B_{12} 的主要成分，缺乏时会影响体内铁的代谢，导致贫血，生长缓慢。

(4)镁：大多存在于狐的骨骼中，与钙、磷、碳水化合物的代谢过程极为密切。如果体内缺乏镁，会出现骨骼钙化不正常，神经性震颤，生长发育不良；过多时，会扰乱钙与磷的平衡，导致下痢。

(5)锰：锰的作用是促进钙、磷的吸收和骨骼的形成。日粮中缺乏锰，狐的骨骼发育不良，运动失调，生长受阻，影响胚胎发育的正常进行。

(6)硒：其代谢作用与维生素 E 相似，二者相互协调。在机体内主要是对酶系统起催化作用，促进仔狐、幼狐的生长发育。缺乏硒时，皮下出现水肿和组织出血，常发生骨骼肌和心肌萎缩，诱发白肌肉。

(7)碘：碘是甲状腺生成甲状腺素所必需的元素，对营养物质的代谢起调节作用。如缺乏碘会导致甲状腺肿，机能衰退，代谢功能降低，生长发育受阻，丧失繁殖能力。

(8)锌：锌是构成碳酸水解酶的金属元素，对碳酸的合成和分解起催化作用，能促进生长，预防皮肤病。缺乏锌时，仔狐、幼狐生长缓慢，易发生皮癣、皮肤角化症等疾病。

(9)硫：硫是构成含硫氨基酸的主要成分，参与碳水化合物的代谢。如机体缺乏硫，会影响狐胰岛素的正常功能，导致血糖增高，食欲不振，生长缓慢，甚至出现吃毛现象。

6. 维生素

维生素是一组化学结构不同，营养和生理功能各异的小分子有机化合物，主要功能是在体内控制和调节代谢作用。

狐对维生素的缺乏或不足十分敏感。除了维生素 K 和维生素 C 外，其他维生素都需从饲料中获得。日粮中是否需要补充，补充多少，依日粮类型、狐的品种、饲养时期而定。试验结果表明，在幼狐生长期，日粮中添加维生素 B_{12} 对生长发育有明显的促进作用；日粮中不饱和脂肪酸含量高时，需提高维生素 E 的供给量。

(1)脂溶性维生素：包括维生素 A、维生素 D、维生素 E 和维生素 K 4 种。这类维生素在狐体内的消化吸收、转运和贮存，都与脂肪有密切关系。

①维生素 A：是生长、发育、繁殖必不可少的维生素。最低需要量为每日每千克体重 25 国际单位。当每日每千克体重投给量达到 50～100 国际单位时，肝脏内即可产生积累贮存。为了满足维生素 A 的需要，每千克日粮干物质中应含有 5000～8000 国际单位的维生素 A。

②维生素 D：维生素 D 的主要功能是维持钙和磷的正常代谢水平，加强钙、磷的吸收利用，保证骨骼组织的形成。如果缺少维生素 D，会出现软骨病，影响其繁殖性能。维生素 D 主要来源于鱼肝油、动物肝脏、乳类和蛋类。每只狐狸每日需要量为 100～150 国际单位。

③维生素 E：维生素 E 在狐狸体内参与脂肪的代谢，对维生素 A 有保护作用，使机体内分泌腺正常分泌，细胞正常发育，提高繁殖性能。维生素 E 还是狐狸体内的抗氧化剂和代谢调节剂，对生殖、泌乳、防止不孕、铁质吸收都有重要作用。如果缺乏维生素 E，

公狐的精子活力减退，数量减少，精液品质降低，甚至丧失配种能力；母狐不孕或怀孕后胎儿很快死亡并被吸收。缺乏维生素 E，还会出现脂肪代谢障碍，导致尿湿症；或出现肌体营养不良或白肌病。

维生素 E 在植物油中含量较高，也可以在日粮中用纯维生素 E 补充。狐狸每日的需要量以仔狐、幼狐的生长期和种狐繁殖期为最高，每只 3～5 毫克，其他时期可酌减。

④维生素 K：正常饲养条件下，日粮中不必添加维生素 K。对发生皮下出血的狐，在日粮中补充浓缩维生素 K 可得到满意的效果。

(2)水溶性维生素：包括 B 族维生素、维生素 C 和胆碱。它们的生理功能是作为辅酶，参与动物体内能量、蛋白质、碳水化合物和脂肪等营养物质代谢的调节。

①维生素 B_1：成年狐对维生素 B_1（硫胺素）的最低需要量为每千克干饲料含 0.8 毫克；预防缺乏症的喂量为每日每只狐 0.2 毫克。在狐的实际饲养中，硫胺素的最低供给量应为每千克日粮干物质含 1.0 毫克；一般情况下，每千克日粮干物质中要含 12～16 毫克硫胺素。

②维生素 B_2（核黄素）：对于生长狐，维生素 B_2 的需要量为每千克饲粮干物质中应含有 2.6 毫克；对妊娠和哺乳期母狐，饲粮中应含有 4.0 毫克；一般日粮中含 2.0～8.0 毫克即可满足需要。

③维生素 B_{12}：在狐的实际日粮中，通常含有足够量的动物性蛋白质，这种日粮和来自体内合成的维生素 B_{12}，就可以保证机体的需要。

④叶酸：狐对叶酸的最低需要量为每千克饲料干物质中含叶酸 0.2 毫克，一般需要量为 0.6～3.0 毫克。

⑤尼克酸：狐对尼克酸的最低需要量为每天每千克体重喂给 0.39～2.0 毫克，或是每千克日粮干物质中含有尼克酸 10.0 毫

克;一般需要量为 15.0～40.0 毫克。

⑥泛酸:每千克饲料干物质中最低应含有 8.0 毫克;通常日粮中要含 12.0～40.0 毫克的泛酸。

⑦维生素 C:试验结果表明,饲料中缺乏维生素 C 对育成狐的生长和毛皮质量不会产生明显的影响。在狐的营养中维生素 C 与维生素 A 之间存在着一定的关系,日粮中维生素 A 的缺乏将使机体组织合成维生素 C 的能力降低,而不能满足正常的生理需要。一般情况下,每千克日粮干物质中应含有 330～660 毫克的维生素 C。

第三节　狐常用饲料种类

狐的常用饲料大体上可分为动物性饲料、植物性饲料和添加剂饲料 3 部分。

一、动物性饲料

动物性饲料主要是家畜、家禽的肉及其副产品,鱼类及其他水产动物、乳品、蛋类等。动物性饲料在狐狸的日粮中,一般可占到 40%～60%。但要注意,因各种原因中毒死亡的畜、禽尸体,严禁喂狐;因各种传染病、寄生虫病死亡的犬科动物尸体严禁喂狐,因为同科动物会引起交叉或重复传染;腐烂变质或死因不明的,无论是尸体,还是组织器官都严禁饲喂狐;不能饲喂狐狸肉。据有关报道,饲喂它的同类肉后使种狐的繁殖机能紊乱,不能正常发情配种。

1. 肉类饲料

狐几乎能够食用各种动物来源的肉类。肉类饲料含有与狐机体相似数量和比例的全部必需氨基酸及其他多种营养物质，适口性强，消化率高，是狐全价蛋白质的重要来源。新鲜肉类的消化率及适口性均较好，应采取生喂方式。但对来源不明和新鲜度差的肉类应进行熟制。熟制后由于蛋白质变性，消化利用率降低，重量也有所损失，所以在配制日粮时，熟喂比鲜喂在重量上要增加10%～30%。

(1)鲜碎骨：鲜碎骨附带一定的肉，来源较广，是北极狐理想的补充饲料。用鲜碎骨及肋骨、小骨架（兔骨架、鸡架等）喂狐，可连同残肉一起粉碎饲喂，较大的骨架可用高压锅或蒸煮罐高压软化后再喂。也可将骨放进狐笼内，让狐随意啃食。日粮中鲜碎骨的量一般可占动物性饲料的8%～12%，生产中可根据鲜碎骨的质量（含肉量）进行适度调整。

(2)痘猪肉：痘猪肉的蛋白质和脂肪含量分别为27%和22%左右。由于脂肪含量较高，故喂北极狐时需剔除一部分油脂。经过高温法（在开水中煮1小时左右，就可以喂狐了）处理的痘猪肉也是狐狸较好的动物性饲料，一般占饲料总量的5%～10%。

(3)鼠类：用捕笼或捕鼠夹捕获的鼠类可以作为商品狐的饲料。忌用毒鼠药毒死的鼠喂狐，以防狐吃后二次中毒死亡。

(4)狗肉：狗和狐是同科动物，许多病都存在交叉感染问题。所以，用狗肉喂狐时，一般要进行高温加工后熟喂，以免引发传染病。其用量可占动物性饲料的5%～10%，如能确定是健康的狗肉，可增加用量。

(5)兔肉：兔肉的蛋白质含量高，脂肪含量低，是一种非常理想的狐饲料。去皮后的兔胴体都可以利用，健康兔的肉及其下杂应该鲜喂，在日粮中的比例可占5%～15%。

(6)公鸡雏:孵化场经鉴别的雄性鸡雏,也有较高的利用价值,是很好的狐饲料。在配合日粮时,公鸡雏和海杂鱼搅拌在一起使用效果更为理想。鲜喂一般可占日粮的10%～15%;熟制后喂,可占日粮的15%～25%。

(7)羔羊肉:是生产羔羊皮的下脚料,产量较大,是养狐的优质饲料。可以鲜喂或熟制后饲喂,一般占日粮的15%～25%。

2. 畜禽副产品

家畜、家禽的头、蹄、尾、皮以及肠、胃、肝、肺等统称为畜禽副产品,也叫畜禽下杂,都可以作为狐的饲料,但由于部位不同,其营养价值差异很大。

(1)肝脏、肾脏、心脏:肝脏含蛋白质19.4%,含脂肪5%左右,并含有丰富的维生素和微量元素,是北极狐理想的优质动物性饲料。尤其是在繁殖期及仔、幼狐育成期,该类饲料可作为重要的补充饲料。

(2)肺脏:一般认为肺脏的营养价值较低,必需氨基酸含量少,消化率不高,所以在北极狐的日粮中占5%～10%即可。

(3)胃、肠:各种动物的胃和肠均可喂北极狐,虽其营养价值不高,粗蛋白质的含量为14%,脂肪为1.5%～2.0%,维生素和矿物质含量很低,但新鲜的胃肠适口性较强。通常胃肠里含有病源性细菌,所以应灭菌、熟制后搭配其他肉类饲料饲喂,喂量可占动物性饲料的10%左右,并要补充一定量的钙和磷。

(4)脑:动物脑含有大量的磷脂类和各种必需氨基酸(酪氨酸、胱氨酸、亮氨酸等)等营养成分,对生殖器官的发育以及生殖细胞的生长发育有促进作用。在准备配种期以及母狐的妊娠期、哺乳期适当喂给,对提高狐的生产性能有较好的作用。

(5)血:健康动物血液的营养价值较高,蛋白质含量可达17%～20%,并含有大量的、易于吸收的矿物质(如铁、钾、钠、氯、锰、钙、磷、镁等)和一些维生素,是一种较好的添加饲料。

(6)兔头、鸡头:是兔肉、鸡肉加工厂的副产品(废弃物),价格较便宜,有一定的利用价值。一般可占日粮的5%~8%。

(7)牛、羊、猪头:一般头肉在日粮中的比例不应超过10%。猪头肉中含有丰富的脂肪,如果饲料中加入一定量(8%~10%)的猪头肉时,基本能满足狐对脂肪的需要,无需另外添加。

(8)肉皮:猪肉皮是一种蛋白质含量很高的肉制品原料,其中含有大量的胶原蛋白质,煮熟后喂可使狐狸皮毛有较好的光泽。

(9)鸡架:鸡架是鸡胴体剔除部分肉后的副产品,尚存在部分肉类,相对的营养价值比软下水好得多,配合部分鸡架来喂,饲料的营养价值会更全面些,生产效果也会更好些。

(10)禽类的其他副产品:禽类的爪、肠、胃等均可用作狐的饲料,以占日粮的2%~12%为宜。

3. 鱼类饲料

鱼类饲料营养价值很高,含动物性蛋白质、脂肪较多,维生素A、维生素D及矿物质等含量丰富。其消化率和吸收率几乎与肉类饲料相同,能满足狐狸不同时期的营养需要,可以作为狐狸的常年性动物性饲料。

鱼类饲料来源广、价格低、种类繁多,除海豚、河豚等有毒鱼类外,大部分淡水鱼和海水鱼均可食用。但是,含水量大、内脏多、苦味重、营养价值低的鱼类不宜多喂。

4. 乳品

乳品类饲料,指的是牛、羊鲜乳及酸凝乳、脱脂乳及乳粉等乳制品。乳品类是全价饲料,营养极为丰富,含有极容易消化和吸收的蛋白质、脂肪、多种维生素和矿物质等各种营养物质。乳品中的蛋白质含有全部的必需氨基酸,营养价值高。乳品中的脂肪熔点低、颗粒小,容易消化吸收,消化率可达95%以上。

乳品类能提高其他饲料的消化率和适口性，其中牛乳还有除去玉米面中含有的一种特殊致毒物质的作用。乳品类饲料能促进母狐的泌乳和仔狐的生长发育，是狐狸繁殖期的优质饲料。

乳品类饲料在日粮中不能超过25%，过量供给不仅提高成本造成浪费，而且容易引起拉稀或下痢。

新鲜的乳品类，是细菌生长繁殖的最好环境，热天更容易酸败，所以要注意低温保存。严禁使用酸败变质的乳品饲喂狐狸。鲜乳放置时间较长时，一定要加热灭菌，待冷却后再搅拌于准备好的混合饲料中。

5. 蛋类饲料

蛋类饲料是营养极为丰富的全价饲料。蛋中的蛋白质里的各种氨基酸的比例组成合适，利用率极高。蛋含有丰富的维生素和磷脂类，且容易消化吸收。

各种蛋的营养成分大体相同，差异不大。无论是鲜蛋，还是毛蛋、无精蛋都是狐狸优良的动物性饲料。特别是在狐狸的繁殖期，可以作为精料补给。

6. 蚕蛹

蚕蛹为缫丝工业的副产品，其营养价值很高，是优良的动物性饲料。蚕蛹的氨基酸可与瘦肉相近似，在毛绒生长季节适量饲喂能增加毛绒光泽，提高毛绒的品质。如果蚕蛹的价格较低，可作为狐狸的常年性动物性饲料。

7. 虾、蟹、蚌、乌贼、毛蚶

这些水生动物可作为少量的添加饲料来利用。毛蚶及蚌不宜蒸煮，因胶原蛋白不易消化，鲜的可用温水洗净，粉碎调配。这些低等动物营养价值不全价，一般按日粮的5%～12%的比例添加。

8. 蚯蚓

新鲜的蚯蚓含20%的蛋白质(比牛肉高2%,比猪肉高8.4%),又含有多种必需氨基酸和酶,是北极狐的优良的动物性饲料。有条件的地方,可以养蚯蚓喂狐。

9. 干制动物性饲料

干制动物性饲料便于运输、贮存、饲喂,可减轻饲养人员的劳动强度,适合于一些饲养规模小、饲料来源困难和不具备贮存鲜饲料条件的养殖场使用。开发狐用颗粒饲料或干粉饲料,是加快我国养狐业发展的重要措施之一。干饲料原料的种类多,来源广,常用的干制动物性饲料主要有鱼粉、肉骨粉、血粉、羽毛粉和蚕蛹粉等。

(1)鱼粉:鱼粉是饲喂狐狸较好的动物性饲料。鱼粉中粗蛋白质含量高达45%~65%,不但赖氨酸、蛋氨酸和胱氨酸含量高、维生素含量丰富,而且还含有钙、磷、铁等矿物质。1千克优质鱼粉可顶3~3.5千克鲜鱼,在狐狸的配合饲料中可占动物性饲料的40%~50%。

(2)肉骨粉:肉骨粉是把牲畜的内脏以及骨头煮熟、烘干、磨碎制成的。优质肉骨粉呈淡红色粉末,形似肉松,蛋白质含量约为40%~60%,脂肪为8%~15%,矿物质为10%~25%。在配合饲料中一般可占30%左右。发霉变质的肉骨粉严禁饲喂狐狸。

(3)血粉:血粉是由畜禽屠宰厂收集到的动物血加工干燥而制成。其粗蛋白质含量在80%以上,高于鱼粉和肉粉。血粉中含有多种必需氨基酸,特别是赖氨酸、色氨酸含量很高,甚至超过鱼粉。铁含量超过0.2%。但由于适口性差,且不易消化吸收,所以日粮中一般控制在3%~7%。

(4)羽毛粉:羽毛粉由各种家禽的新鲜羽毛以及不适于作羽绒制品的原料制成。由于近年来羽毛粉加工处理技术的不断改进,其蛋白质的消化率大大提高。在狐日粮中可代替部分鱼粉，添加量一般为4%～7%。

(5)蚕蛹粉：蚕蛹粉可分为全脂和脱脂两类。蚕蛹粉含粗蛋白质50%以上，赖氨酸、蛋氨酸和胱氨酸等必需氨基酸含量高。特别是维生素E的含量达900毫克/千克，高居动、植物性饲料之首，是狐狸繁殖期的首选动物性饲料。蚕蛹粉在配合饲料中可占动物性饲料的20%～30%。

此外，干动物性饲料还有干鱼、干肉渣等，水浸洗净后都可以喂狐。

二、植物性饲料

植物性饲料大体可分为谷实类、油饼类和蔬菜水果类3种，是北极狐日粮的主要组成部分。为了提高饲料的利用率，有利于消化吸收，通常把谷实和油饼粉碎成细粉，再经过熟化调制，与动物性饲料配合成日粮饲喂。蔬菜、水果等青绿饲料一般采取经过切碎，加在日粮中生喂的方法饲喂。

植物性饲料在狐狸的日粮中，一般占40%～60%，并且依照不同的饲养阶段有所变化。

1. 谷实类

一般喂狐的谷物类饲料有玉米面、全麦粉等，谷物类加工副产品也可少量喂狐。在狐日粮中，谷物性饲料所占比例通常为15%～25%。

麦麸的纤维素含量较高，狐对其消化率很低。但麦麸有松散食物、刺激胃肠道蠕动等作用，可以适量添加。其用量一般不能超过谷物性饲料总量的20%，否则将会引起消化不良和下痢。

2. 饼粕类

饼粕类饲料是油料籽实提取油后的产品。用于狐饲料的主要有豆饼、豆粕、去皮葵花籽饼和去皮花生饼等。此类饲料含有35%～48%的粗蛋白质，并含有一定量的胱氨酸、蛋氨酸及某些必需的不饱和脂肪酸，对毛绒生长有一定的益处。一般可占日粮的20%～30%，也可根据不同饲养时期对谷物的不同需要量灵活掌握。

冬季狐的日粮中，可用饼粕类饲料代替30%的鱼肉类饲料。夏、秋季，饼粕饲料允许代替肉、鱼饲料40%～50%（占动物蛋白的量）。饲粮中含有一定比例的饼粕类饲料时，应增加脂溶性维生素、游离脂肪和酵母的供给量。

3. 块根、块茎及果蔬类饲料

用于狐饲料的块根、块茎及果蔬类饲料，主要包括胡萝卜、甘薯、饲用甜菜、马铃薯、南瓜、大白菜、大头菜、油菜、菠菜和西红柿等。

根茎类饲料的最大特点是水分含量很高，干物质含量很少。就干物质而言，它们的粗纤维含量较低，无氮浸出物含量很高。在谷物类饲料不足时，可用甘薯和马铃薯代替，但需洗净煮熟后饲喂。果蔬类饲料是维生素A、维生素E、维生素C和矿物质的重要来源。蔬菜还可起到助消化、增强饲料适口性的作用。果蔬类饲料含有大量的水分，又是碱性饲料，所以具有调解饲料容积和平衡酸碱度的功能，对母狐妊娠、产仔及泌乳都有良好的作用。果蔬类饲料含能量均较低，在狐日粮中所占比例不宜过大，一般可占饲料总量的3%～10%。

三、添加剂饲料

添加剂饲料是指能够补充常规饲料中营养物质不足或缺少的饲料，如维生素、矿物质等饲料。

1. 维生素饲料

目前使用较多的维生素饲料有鱼肝油、酵母、麦芽、棉籽油等。

(1)鱼肝油：是维生素A和维生素D的主要来源。每只狐每天可喂800～1000国际单位。饲喂时最好是在食后滴入食盆内。常年用肝脏和鲜海鱼饲喂时，可不必补给鱼肝油。鱼肝油保管时要注意密封，置于阴凉干燥和避光处，不宜使用金属容器保存。使用鱼肝油要注意出厂日期，以防久存失效。禁止喂变质的鱼肝油。

(2)麦芽：富含维生素E，并含有矿物质磷、钙、锰和少量的铁，是北极狐繁殖期不可缺少的饲料。麦芽的生产法是：将淘洗干净的小麦放入有少许食盐的清水中浸泡10～15小时，捞出后平铺于水盘内，厚1～2厘米，盖上麻袋，放在15～20℃的避光处，每天洒水2次，保持清洁和麦粒湿润，经3～4天可饲喂。一般1千克小麦可生出2千克麦芽。根部霉烂或生出网状白色霉菌的麦芽禁喂。

(3)棉籽油：也是维生素E的来源，每100克棉籽油含维生素E200毫克。喂狐时应采用精制棉籽油，粗制棉籽油含有毒素不宜喂狐。

(4)酵母：是B族维生素的主要来源。酵母是养狐常年采用的精补饲料。经常使用的酵母有面包酵母、石油酵母、核酸酵母、纸浆酵母和活性酵母等。在喂狐时，除药用酵母和饲料酵母外，均需加温处理，以杀死酵母里所有的活酵母菌，否则酵母菌被狐采食后，易引起胃肠膨胀或死亡。另外，不加温的活酵母，维生素利用率较低。

2. 矿物质饲料

狐所使用的矿物质饲料主要包括骨粉和食盐等。

(1)骨粉:是骨骼经蒸煮干燥后磨成的粉末,是钙和磷的主要来源。骨粉含钙40%,磷20%。骨粉需常年供给,尤其是繁殖季节,对母狐或育成狐更为重要,应适当提高供给量。每只每日10~15克。日粮若能供给鲜碎骨或鱼为主的饲料,可不加骨粉。

(2)食盐:是维持机体正常生理渗透压所必需的。一般每只每日供给量为2~3克,若日粮中以海杂鱼为主要饲料时,食盐可酌减或不供给。

3. 其他添加剂

特种饲料既不是狐生命活动中所必需的营养物质,也不是饲料中营养成分,但对狐机体和饲料有良好的作用,如抗生素和抗氧化剂等。

(1)抗生素:是抑制多种微生物生长的物质,在狐日粮中供给少量的抗生素可促进生长,提高幼狐的成活率,防止疾病发生,同时也能延缓饲料的腐败。目前采用的抗生素有畜用土霉素和畜用四环素等。

(2)抗氧化剂(抗酸化剂):是抑制饲料脂肪酸败的物质。在狐的日粮中供给少量的抗氧化物,可提高狐群的成活率,防止发生脂肪组织炎。

第四节 饲料的选购、加工与贮藏

一、优质饲料的选购

饲料营养价值除决定于饲料本身的因素外，还要受到饲料的新鲜程度、加工调制的方法、各种饲料配合比例等因素的影响。为了保证狐狸对营养的需要，需要学会各种饲料品质优劣的鉴定方法。

1. 鲜肉类

新鲜程度的鉴定，主要根据其外观、性状、色泽、气味等方面进行，新鲜肉表面有微干燥外膜，呈玫瑰红或淡红色，肉汁透明；切面稍湿润，不黏。切面质地紧密，富有弹性，指压能复原，具备该肉品种的独特气味。肉类饲料应当是新鲜优质的，变质的严禁饲喂狐狸。因为变质的肉类，除营养物质被分解外，还能产生尸毒、毒白蛋白等毒素，能直接危害狐狸健康乃至生命。有轻微变质的，经洗涤、消毒、高温处理后可以利用。对变质有疑问的肉类，虽经无害处理，也应先少量试喂后，再大群投喂。

2. 鱼类饲料品质鉴定

(1)新鲜鱼僵硬或稍软。鳃内呈粉红色，眼透明饱满；体表完整，有一层透明黏液的光泽；腹部和肌肉坚实、有弹性；肛门稍凹陷，呈圆环状；气味正常，色泽鲜艳。

(2)鲜度稍次的鱼：腹部和肌肉弹性较差；体表、眼球、鳞片失去其固有的光泽，颜色发暗；肛门稍突出；鳃内呈紫红色，黏液增多略稠。

(3)近于腐败变质的鱼：腹部和肌肉失去弹性，眼球混浊无光泽，体表鳞片呈灰色；鳃内部微臭呈暗紫色，黏液浓稠；肛门外翻，骨与肌肉稍有脱落。

(4)腐败变质的鱼：身体变软，鳃内呈暗紫色或褐色，有恶臭味；眼角膜污秽、混浊，眼球下陷；体表不完整，有绿色黏液，无光泽，有恶臭味；腹部肌肉松软、下陷或穿孔；肛门外翻，骨肉分离。

3. 乳品类饲料品质鉴定

乳的新鲜度，主要根据乳的色泽、状态、滋味和气味来鉴定。正常乳色泽白色或淡黄色(脂肪色素)，不透明，液态，煮沸后无沉淀及凝块，不黏滑，无絮状物。具有特有的乳香味，微甜、适口性强。

4. 蛋类饲料品质鉴定

优质蛋类具有自然光泽，颜色鲜艳，蛋壳无斑点，清洁无污粪，蛋黄蛋清分明，蛋黄呈圆形不散。经孵化的蛋，蛋壳光滑有反光；受潮蛋有大理石斑纹和污秽；石灰水浸蛋，蛋壳表面有石灰颗粒。变质蛋蛋壳灰白色，蛋清失去半流动胶体性，蛋黄和蛋清混合如水，有硫化氢味。

5. 谷物饲料品质鉴定

谷物饲料贮存不当，在微生物和酶的作用下，能引起发热和变质。品质优劣的鉴定方法如下：

(1)颜色、形态：在黑纸上撒一薄层样品，仔细观察，没有变色、发霉、虫蛀及其他杂质的为良好饲料。

(2)滋味：良好的饲料，舔尝时或咬碎后没有酸味、霉味、苦味和刺激性臭味。必要时，可取样煮沸后再尝试。

(3)气味：良好的饲料嗅时无霉味、酸臭味、腐烂味。

(4)干湿度：良好的饲料触摸时感觉干燥，没有潮湿感和发酵感，没有结成的块状。

6. 大豆饼或豆粕品质优劣的鉴别

优质的机榨豆饼或豆粕含水 11%以下，呈金黄色，稍次些的是暗黄色（隔年的陈豆饼因存放时间长，颜色也较暗）；劣质豆饼青绿色或黑绿色，常夹有青绿色的豆粒，这是由未成熟的黄豆加工而成的。此种豆饼营养缺乏。

优质机榨豆饼破碎后，常呈鳞片状，有较大的香味；次质或劣质豆饼坚硬如石，不易破碎，无香味。整块的陈年豆饼边缘风蚀严重，用手轻轻一搓，就有很多粉末掉下来；用粉碎机粉碎后，成粉面状。这样的豆饼营养损失大，使用价值低。

掺玉米胚饼的豆饼香味也很浓，但抓在手里，手感较轻，仔细辨认可发现玉米皮和胚块；浸入水中后，上面会飘浮很多的玉米皮和玉米胚块。

掺沙子的豆饼，从外观上不易辨认，但抓到手里后，手感较重，用放大镜仔细观察，可发现沙粒；浸入水中充分浸泡，然后轻轻搅动底部会沉积一层细沙或小石块。

7. 干动物性饲料（粉类）品质鉴定

狐狸常用的干粉动物性饲料有鱼粉、肉粉、骨粉、家畜内脏粉、肉骨粉、蚕蛹粉等。由于这些饲料含脂肪和水分较高，若贮藏不当或贮藏时间过久极容易引起腐败变质。在做品质鉴定时，要注意识别其颜色、气味和滋味、干湿度等。正常的干粉饲料，必须具备其固有的色泽和气味。若失去原来固有的颜色，散发出异常的气味，口尝时有脂肪酸败后特有的哈喇味，表面长有绿色或黄色霉菌，标志着饲料已变质，不能再使用，否则会引起狐狸中毒。下面以鱼粉、骨粉为例，介绍其品质优劣的鉴别方法。

（1）鱼粉的鉴别

①感官检查法：合格鱼粉颗粒大小一致，肉眼可见大量鱼肌纤

维及少量鱼刺、鱼鳞、鱼眼等，颜色浅黄、黄棕或黄绿，手握有疏松感，不结块、不发黏，有鱼腥味、无异味。掺假的鱼粉可见形状、颜色不一的杂质，少见或不见鱼肌纤维、鱼刺、鱼鳞、鱼眼等，成粉状或颗粒过细，易结块，手握紧实成团，鱼腥味淡，有异味。

②气味测试法：取鱼粉约 20 克和大豆饼 10 克放入三角瓶中，加入适量水，盖紧瓶盖后加热 15～20 分钟，去掉盖子，若能闻到氨的气味，则说明掺有尿素。

(2)骨粉的鉴别

①肉眼观察法：纯正的骨粉为灰白色粉末状或颗粒状，部分颗粒呈蜂窝状，掺假的仅有少许蜂窝状，假的完全没有蜂窝状颗粒，掺贝壳粉的骨粉色泽发白。

②稀盐酸溶解法：将样品倒入稀盐酸中，真骨粉会发出“沙沙”声，骨粉颗粒表面不产生气泡，最后基本溶解，稀盐酸液变浑浊。

③焚烧法：取少许样品放入试管中，置于火上焚烧，真的骨粉产生蒸气，并有刺鼻的烧头发味，而掺假骨粉焚烧产生的蒸汽和气味较少。

8. 麸皮

将手插入一堆麸皮中抽出手，若手上黏有白色且不易抖落的细末，则说明掺有滑石粉。用手抓一把麸皮用力握，能成团为纯正麸皮，若握时有胀感，则说明掺有稻糠。

二、饲料的加工与配合

(一)饲料的加工

1. 动物性饲料

(1)肉类饲料

①肝脏、肾脏、心脏：一般都以鲜喂为主，可添加到日粮的5%～10%。由于肝脏有轻泻作用，饲喂时应逐渐增加，以免引起稀便。肾脏、心脏也是狐的理想蛋白质饲料，但较肝脏差些。肾脏、心脏含有丰富的维生素A、维生素C和B族维生素，生喂时营养价值和消化率均较高。

②肺脏：饲喂前应进行绞碎加工及熟制。

③血：鲜喂时，血在日粮中所占比例为3%～5%。血粉和血豆腐可直接混于饲料内投给，其给量可占日粮的3%～7%。因血中含有无机盐，有轻泻作用，所以饲喂时应严格限量。

④兔头、鸡头：新鲜的兔头、鸡头适合生喂，绞碎后与其他饲料混匀。

⑤禽类的其他副产品：注意鸡肠含脂肪较高，肠内有寄生虫，一定倒净肠内容物，洗净煮熟绞碎来喂狐。

⑥蚯蚓：饲喂时将挖出的蚯蚓，放在清水中养1～2天，使其排净消化腔中的泥土；再用清水洗净、煮熟，加入其他饲料中饲喂就可以了。

⑦瘟猪肉、肉类加工废弃的碎肉等应经高温或高压蒸煮后，再进行绞碎处理。

⑧冷冻的肉类彻底解冻后，再进行加工处理。

⑨蚕蛹或蚕蛹粉可代替部分肉类饲料，应进行细菌学、霉菌学和毒物检查，去除几丁质，并经蒸煮处理。饲喂蚕蛹时，应先放在清水中浸泡，再蒸熟与其他饲料一起绞制；也可以将蚕蛹晒干后粉碎，再与其他饲料混合熟喂。日喂量可占日粮的20%。饲喂蚕蛹时要注意蚕蛹一定要与蔬菜、麦芽等青饲料及乳品类饲料混合饲喂，以弥补其矿物质和维生素不足的缺陷。蚕蛹还要与鱼肝油分开饲喂，以防止维生素A受到破坏。蚕蛹的脂肪含量大，喂蚕蛹时，可适当减少碳水化合物的供给量。又因蚕蛹中脂肪多容易氧化变质、腐烂，所以，蚕蛹要注意贮存保鲜，变质的蚕蛹不得喂狐

狸，否则会引起胃肠炎、下痢等疾病。

⑩死因不明或来源不明的畜、禽肉类饲料不能饲喂。

(2)鱼类饲料

①新鲜、无污染的海鱼应去泥土和杂质，用绞肉机粉碎后生喂。

②淡水鱼应锅蒸2小时或水煮15～20分钟后熟喂。

③表面带有大量黏液的鱼应用热水浸烫或加2.5%食盐搅拌，除去黏液后进行加工。

④含盐量高的咸鱼在加工前应切成小块，再用淡水浸泡24小时，换水3～4次，待盐浸出后再加工处理。

⑤自然晾晒的干鱼应用清水充分浸泡，软化后绞碎处理，与其他饲料混合调制生喂。

⑥冷冻后的鱼应彻底解冻后再进行加工处理。

⑦鱼粉应经锅蒸20分钟后熟喂。

⑧变质腐败的鱼或有毒鱼类不能饲喂。

(3)乳类饲料

①健康牛或羊产的奶可直接生喂。

②腐败的乳类不能饲喂。

(4)蛋类饲料:蛋类一般不宜生喂。因为蛋清里含有卵白素和抗胰蛋白酶，能破坏生物素；半熟状态饲喂就可以消除卵白素的不良影响。品质好的无精蛋和毛蛋用来喂狐狸时，必须经过蒸煮消毒，腐败变质的不能饲喂。无精蛋和毛蛋的喂量与鲜蛋大约相同，但刚开始采食的幼狐要少喂，可随着日龄的增加而逐渐增加，否则容易造成幼狐的消化不良。母狐在妊娠期不要喂毛蛋。

2. 植物性饲料

(1)谷物饲料

①籽实饲料必须粉碎、熟制后才能喂狐。生产场所采用的熟

制方法通常有煮粥、蒸窝头、焙炒、烘烤、膨化等。饲料粉碎及熟制的目的是破坏细胞壁,使营养物质能直接受到消化酶的作用,有利于消化和吸收。膨化熟制后的谷物性饲料,消化率一般可提高15%左右。

②豆类可粉碎成豆粉或制成豆汁。

③油饼类饲料要浸泡或粉碎成粉状,并不含棉籽酚。

(2)饼粕类:饼粕类饲料喂狐,必须熟制后饲喂,一般不宜超过谷物饲料量的1/3,否则易引起软便或下痢。未去壳的花生饼和向日葵饼不宜喂狐。

(3)果蔬饲料

①蔬菜应去掉泥土、削去根和腐烂部分,洗净后切碎。

②水果应洗净,去掉果核,捣碎后或挤出液汁后加入混合饲料中。

(4)维生素饲料

①酵母:面包酵母、啤酒酵母等酵母饲料应先放入冷水中搅匀,然后加热至70～80℃,保持10～15分钟后加入混合饲料;药用酵母和饲料酵母可直接加入混合饲料中;受潮或发霉变质的酵母不能饲喂。

②麦芽:麦芽应用绞肉机粉碎2遍后,拌入混合饲料中。

③维生素制剂:高浓度的鱼肝油和维生素E油应用植物油稀释后加入混合饲料中;胶丸鱼肝油需用植物油加热溶解后加入混合饲料中;水溶性维生素用水稀释后加入混合饲料中。

(5)食盐:食盐用水稀释后加入混合饲料中。

(二)日粮的配合

1. 日粮配合的要求

(1)根据北极狐各生物学时期的营养需要量,按规定的供给量进行配制，同时应视狐群的状况和饲喂效果，进行适当调整。

(2)尽量选用营养价值较高而价格较低的饲料，并注意多种饲料搭配。

(3)注意饲料的适口性，尽量限制适口性差的饲料用量。

2. 日粮的参考配方

(1)准备配种期日粮参考配方见表 3-1。

表 3-1　准备配种期日粮参考配方

饲料种类	日粮量
鱼肉类(g)	350～500
谷物(g)	80～120
乳类(g)	50
果蔬菜(g)	60～80
食盐(g)	1.5～2
鲜碎骨(g)	30
维生素 A(IU)	800
维生素 D(IU)	100
维生素 E(mg)	20～30
维生素 B_1(mg)	20
维生素 C(mg)	30～100

(2)妊娠期日粮参考配方见表 3-2。

表 3-2　妊娠期日粮参考配方

饲料种类	妊娠前期	妊娠后期
鱼肉类(g)	360～480	410～520
谷物(g)	60～70	70～80

续表

饲料种类	妊娠前期	妊娠后期
乳类(g)	90～98	105～113
蔬菜类(g)	60～65	70～75
酵母(g)	9.0～9.7	10.5～11.3
骨粉(g)	9.0～9.7	10.5～11
食盐(g)	1.5～2	1.5～2
维生素 A(IU)	800～1000	1000～1200
维生素 D(IU)	80～100	100～120
维生素 E(mg)	10～20	10～20
维生素 B_1(mg)	10	10
维生素 B_2(mg)	1～3	1～3
维生素 C(mg)	30～50	40～60

(3)哺乳期母狐日粮参考配方见表 3-3。

表 3-3　哺乳期母狐日粮参考配方

饲料种类	日粮量
鱼肉类(g)	410～550
谷物(g)	100～150
乳类(g)	50
果蔬类(g)	60～80
食盐(g)	1.5～2
鲜碎骨(g)	30
维生素 A(IU)	800
维生素 D(IU)	100

续表

饲料种类	日粮量
维生素 E(mg)	10～20
维生素 B_1(mg)	20
维生素 C(mg)	30～100

(4)幼狐日粮参考配方见表 3-4。

表 3-4　幼狐日粮参考配方

日龄(d)	鱼肉类(g)	乳类(g)	谷物(g)	果蔬类(g)	食盐(g)	骨粉(g)	维生素 A(IU)	维生素 D(IU)	维生素 B_1(mg)
40～50	140～160	40	50～70	25	0.5	4.8	717	72	48
50～60	170～230	40	60～80	25	0.5	4.8	956	96	48
60～90	280～370	50	80～100	36	0.5	4.8	956	96	72
90～120	300～400	50	80～100	40	0.5	4.8	956	96	72
120～150	350～450	50	100～150	50	0.5	4.8	956	120	48
150～210	320～420	40	120～200	60	0.5	4.8	956	120	48
210～240	300～400	30	120～200	60	0.5	4.8	717	120	48

(5)皮用狐日粮参考配方见表 3-5。

表 3-5　皮用狐日粮参考配方

饲料种类	日粮量
海杂鱼(g)	230～250
鸡(鸭)架(g)	80～180
脂肪(g)	50
血液(g)	50
玉米面(g)	60～250
豆饼麸皮(g)	60～100
蔬菜(g)	20
食盐(g)	0.2
维生素 A(IU)	3000
维生素 E(mg)	10～20
维生素 B_1(mg)	20
维生素 C(mg)	50
酶母(mg)	25
土霉素(mg)	25

3. 饲料的调制

(1)按饲料配方准备好各种饲料,分别对鱼肉类、果蔬类饲料进行粉碎,对谷物类饲料进行膨化,然后依次加入维生素、抗生素和食盐水等,进行充分搅拌。调制后的混合饲料应迅速按量分发到各狐群。

(2)维生素、抗生素不应加入温度较高的熟制饲料中;骨粉、肉骨粉、鱼粉、蚕蛹粉不应与水溶性维生素同时添加。

(3)在调制过程中,不应将温差大的饲料混合在一起;水的添加量要适当，应先加少许水，视其调制程度逐渐增添。

三、贮　藏

养殖场的饲料不可能每天都去购买，因此，合理的贮藏是保证饲料品质的惟一方法。

1. 动物性饲料的贮藏

大中型养殖场往往使用机动冷库贮存饲料。养殖数量较少时，可用电冰箱、冰柜保存饲料。

2. 植物性饲料的贮藏

这类饲料主要是粮食类（作物籽实类）和果蔬类饲料的贮藏。

（1）粮食类：各种粮食的发霉变质主要由温度和湿度两个因素决定。这类饲料入库前，首先晾晒干燥，使水分降低到12%以下。保存粮食的仓库必须保持干燥，通风良好。

①玉米贮藏：玉米主要是散装贮藏，一般立筒仓都是散装。立筒仓虽然贮藏时间不长，但因玉米厚度高达几十米，水分应控制在14%以下，以防发热。不立即使用的玉米，可以入低温库贮藏或通风贮藏。若是玉米粉，因其空隙小，透气性差，导热性不良，不易贮藏。如水分含量稍高，则易结块、发霉、变苦。因此，刚粉碎的玉米应立即通风降温，码垛不宜过高，最好码成井字垛，便于散热，及时检查，及时翻垛，一般应采用玉米籽实贮藏，需配料时再粉碎。

②饼粕贮藏：饼粕类由于本身缺乏细胞膜的保护作用，营养物质外露，很容易感染虫、菌。因此，保管时要特别注意防虫、防潮和防霉。入库前可使用磷化铝熏蒸，用敌百虫、林丹粉灭虫消毒。仓底铺垫也要彻底做好，最好用砻糠作垫底材料。垫糠要干燥压实，厚度不少于20厘米，同时要严格控制水分，最好控制在5%左右。

③麦麸贮藏：麦麸破碎疏松，孔隙度较面粉大，吸潮性强，含脂

量多(多达5%),因而很容易酸败、霉变和生虫,特别是夏季高温潮湿季节更易霉变。贮藏麦麸在4个月以上,酸败就会加快。新出现的麦麸应把温度降至10～15℃再入库贮藏,在贮藏期要勤检查,防止结露、吸潮、生霉和生虫。一般贮藏期不宜超过3个月。

(2)果蔬类:这类饲料收获后,根据不同种类,先晾晒几个小时或数日,减少水分,除去烂果、烂叶,然后放入窖内,堆成小垛,保证各垛间空气流通。每5～7天倒一次堆,并除去腐烂果菜,窖温不应低于0℃。

3. 添加剂饲料的贮藏

添加剂饲料的贮藏方式依添加剂的种类不同而不同,但总的原则是低温、干燥,防暴晒和雨淋,防止潮解和变质。维生素饲料贮藏时要密封好,并单独存放,以防过早混合而被氧化和破坏。

4. 干动物性饲料的贮藏

干动物性饲料主要指鱼粉、骨肉粉、鱼干、肉干等,在贮藏过程中要做好"四防":

(1)防发霉:当水分含量在12%以下时不易霉变,但干制品容易吸潮而发霉变质。所以,为了防止发霉,应将饲料放到通风干燥的地方贮存,并保持稳定的温、湿度。仓库应设有干、湿温度计,定期检查温、湿度的变化和制品质量状况,及时处理和晾晒。露天贮存时,应防雨淋、日晒和保持干燥。

(2)防脂肪氧化:干动物性饲料尤其是干鱼制品,其脂肪在空气中会被氧化而出现黄色或褐色,并因有特殊的苦涩和微臭味,而降低饲料质量。所以,脂肪多的干制品,尽量选择阴凉、通风和温度较低的地方贮存。

(3)防变红:盐制的干动物性饲料在保存期间变红,是因为某些产生红色素的好盐性细菌大量繁殖引起的。防止变红的方法是:保存的温度最好不要超过25℃,湿度不要超过75%,要做到勤检查,早发现,及时翻晒。严重发红时,先用盐水洗去红色,晒干后再用。

(4)防虫害:虫害是干制品保存中易出现的严重问题,防止虫害,首先要消除虫的孳生地,仓库在使用前应用硫磺、甲醛等熏蒸灭虫,并保持仓库的清洁卫生。发生虫害时要及时翻晒,或将干制品放置到低温冷库里。

第四章　北极狐的引种与运输

种狐引种是养狐场非常重要的基础工作，种狐品质的好坏，不仅影响到下一代毛皮的毛色、毛质，而且不良种狐还遗传给后代某些疾病。因此，在选择种狐时一定要慎之又慎，不可粗心大意，一定要选择健康的种狐。

第一节　狐的引种

一、引种原则及相关准备

1. 引种原则

(1)一般来说引种的最佳时间是在每年的 8～9 月份，因为在这个时期正是冬毛换季的时期，很容易看出个体大小、出生早晚和换毛的速度。

(2)引入的公狐品质要优于母狐。

(3)引种时，应选择有种狐经营资质，信誉较好的大、中型的场家，一可避免近亲，二有选择的余地。可多走几个场家，看哪个场狐质量好、无病(如螨虫、自咬症)，就在哪个场家引种。引种时要注意不是所有狐都能做种用，必须达种狐标准才能做种用。

(4)以引入当年幼狐为主,不知情的情况下,不宜贸然引进老种狐。

2. 引种的准备

(1)技术的准备:养狐技术要求较高,需提前通过书籍、报刊、杂志、光盘等学习相关养殖技术,并不断提高、丰富饲养技术。

(2)相关养殖设施的准备:准备好要养殖所需的相关设施(如狐棚、笼室等)及相关药品,以便种狐到场后及时按正规方式进行饲养。

(3)饲料的准备:狐的饲料包括动物性饲料、植物性饲料、维生素和矿物质饲料,根据本书第三章的内容准备好狐的饲料、饮食器具。

二、种狐的挑选

引种时,首先要注意检查不要把残疾狐带回场;再一个就是最好检查一下生殖器官,公狐隐睾或母狐外生殖器畸形者(外阴距肛门远者)不能引回做种用。

1. 成年狐的选择

(1)外观体形

①要求身腰长,腿高,尾长,毛色、毛质符合该品种的应有特征。体毛和尾毛完整无损(即没有自咬行为)。在11月份以后,成年公狐体重7.5～10千克,母狐体重为5.5～8千克。体型小、重量轻或畸形的不选。

②机灵活泼,鼻镜湿润,眼大有神,无眼屎。还要观察笼底的粪便,看其消化怎样(正常的粪便呈条状)。营养不良,萎靡不振或鼻镜干燥、眼屎成堆的不选。

(2)生殖状况:成年种狐应具有优良的遗传性状,可根据后裔的生产性能和遗传性状鉴定其遗传性状。

①公狐性欲旺盛，具有较强的配种能力，在整个配种期交配次数达 15 次以上，交配成功率 80%以上；精子密度 8 亿/毫升以上，精子活力 0.7 以上，年有效精子数 30 亿以上；

②母狐产仔率高，胎产 7 只以上；母性强，泌乳力高，无恶癖；仔狐成活率 80%以上。

(3)体长要求：成年公狐体长 72 厘米以上；成年母狐体长 67 厘米以上

(4)年龄情况：年龄大的不选。如 5 岁以上的北极狐，都不能选作种狐。

2. 育成狐的选择

在 5 月 20 日前出生的狐可作为选种的范围，5 月 20 日以后出生的 80%左右不能发情配种。

(1)选种原则

①幼狐具有清楚、完整谱系；双亲具有优良的遗传性状，遗传性稳定；一窝 10 只以上。

②体重要求：四月龄幼狐体重 4.5～5.5 千克；二月份成年公狐体重 10.0 千克以上；成年母狐体重 7.5 千克以上。

③体长要求：四月龄幼狐体长 60 厘米以上。

④毛被毛皮：毛被应密集而富有弹性，尾呈圆柱形；背腹毛色一致，无杂毛；银色强度大，针毛稠密而光泽。

(2)选种比例：由于公狐发情期长，配种能力强，公狐和母狐的比例一般为 1∶(3～5)。如果是刚刚引进种狐的初养者，并且附近再没有种公狐或种公狐少，为了保证配种需要，公狐母狐的比例不妨大一些，如 1∶1 或 2∶1。

第二节 种狐的运输

1. 运前相关证明检查

运输前一定要核实售狐场家是否在分窝时注射犬瘟热、病毒性肠炎、脑炎疫苗。若未预防注射，可要求场家注射或到场后补注。运输前要求售狐场家提供县以上的“动物检疫合格证明”和“动物及动物产品运载工具消毒证明”，以免途中受阻。

2. 单笼运输

种狐装在特制的运输笼中，单笼运输，不允许 2 只一笼或多只一笼运输。运输笼具 2 只种狐一组，单笼规格不小于 60 厘米×40 厘米×40 厘米，笼间设隔板，内置水盒，铁皮托底。装笼时要在笼上做好顺序标记，以防运回后系谱错乱。

3. 运输方式

运输短途可用汽车运输，长途可用火车运输。运输时间以9～10月份为好，并且最好在夜间运输较好，以避免中暑或得热射病。

4. 运输注意事项

(1)要有专人押运。

(2)运输时，要用塑料布把运输笼盖包好遮暗，以使狐狸保持安静，同时可以避免粪便污染车厢。但要留出通风口，以防窒息。

(3)种狐装笼、车启运后应不停留地运输，尽量缩短中途停留的时间。

(4)运输前最好喂给种狐常规数量的食物，但不宜喂得太饱，运输时间不超过 3 日，也可不喂食，但要保证种狐饮水。若要准备饲料，最好以整条鱼为好，主要是方便易行。

第三节　运回场内的暂养管理

1. 设立隔离检疫场(区)

依照国家动物检疫法和动物检疫管理办法的具体规定，事先在场区的下风口处设立隔离检疫场(区)。

新引进的种狐不宜直接放在场内饲养，应在单辟的隔离场或隔离区内暂养观察半个月左右，确认健康无疾患时方可移入场内饲养。

2. 到场后先饮水，后少量喂食

种狐运抵场内后迅速从运输笼移入笼舍内，先要添加足量饮水，然后喂给少量食物，食物要逐渐增加，2～3 天后再喂至常量，以免种狐因运输后饥饿而大量采食，造成消化不良。

3. 及时补注疫苗免疫

引种时应确认场家是否已对种狐进行犬瘟热、病毒性肠炎和传染性脑炎疫苗免疫。对未免疫的种狐，则应在入场饲养前及时进行免疫。

4. 运输工具消毒处理

对所用运输工具，特别是运输笼要及时清理和消毒处理，以备再用。

第五章　北极狐的繁殖技术

饲养北极狐的中心任务就是不断地增加数量和提高质量，生产出较多的优良种狐和商品价值较高的狐皮，为养狐者创造经济效益。要实现这一目的，就要掌握北极狐繁殖的规律，了解其繁殖生理特点，组建经产狐、高产种狐群，使优良种狐的繁殖力和遗传特性充分发挥出来，达到良种高产、高效的目的。

第一节　北极狐的生殖器官及生理功能

北极狐的生殖系统包括生殖器官和附属生殖腺，其主要功能是繁衍后代，以保证种群的延续。

1. 公狐的生殖系统

公狐的生殖系统包括睾丸、附睾、输精管、阴茎及副性腺等。

（1）睾丸：公狐有一对睾丸，其形如卵，位于腹股沟和肛门之间的阴囊中。其主要功能是产生精子，同时能分泌雄性激素，兼有内、外分泌功能。北极狐属于季节性繁殖的动物，在休情期睾丸变小较硬；发情期明显变大，柔软有弹性，睾丸是随发情期的到来而发生变化的。

（2）附睾：形如粗线状，位于睾丸上端外缘，分附睾头、体和尾三部分。其主要功能是输送、浓缩、贮存精子，同时精子必须在附睾中生长发育至成熟。

(3)输精管:输精管与附睾尾相连。其主要功能是把成熟的精子输送至尿道口,两条输精管并列而行,到阴茎根部会合,会合处略变粗,并在此处开口于尿道。

(4)副性腺:副性腺主要由前列腺和尿道球腺组成,公狐没有精囊,但前列腺十分发达,包围在尿道周围。前列腺和尿道球腺能在公狐射精时排出分泌物,以稀释精液,提高精子活力,还可润滑尿道,使精子被顺利排射出体外。

(5)阴茎:阴茎细长,呈不规则圆棒状,长为10～12厘米,粗约0.8厘米,外形长而尖,阴茎骨长6～8厘米。阴茎后部有两条阴茎海绵体,将阴茎包住,形成两个细长的膨大体,当交配时涨大,插入阴道深处,使阴茎锁在阴道内,也叫连裆或锁结(与狗同)。直到公狐第二次射完精,膨大体才自行消失。

2. 母狐的生殖系统

母狐生殖系统包括卵巢、输卵管、子宫、阴道、阴门和乳腺。

(1)卵巢:扁椭圆形,位于第三、第四腰椎间,肾的后线附近,长约2厘米,宽约1.5厘米,约小拇指头大小,表面不平被大量的脂肪覆盖,覆盖的脂肪与卵巢之间有空隙,形成一个封闭的卵巢囊。其主要功能是周期产生可以受精的卵细胞及分泌雌性激素,促进早期胚胎进入子宫生长发育。

(2)输卵管:狐的输卵管较细,长为5～7厘米,上与卵巢相连接,全部被脂肪包围。其主要功能是接纳排出的卵子,促使卵子受精,并将受精卵输送到子宫内。

(3)子宫:北极狐的子宫是双角子宫,位于腹腔后部两侧,子宫角长15厘米左右。子宫体前部较薄,后部较厚,长度3厘米左右。子宫前端与输卵管相连,后端与阴道相连。其主要功能是在交配的时候,子宫收缩能吸引精子向输卵管内运动;在受精卵未着床前，子宫内分泌出液体，有助于维持受精卵的发育，受精卵着床后，子宫是胎盘形成和胚胎生长发育的地方。

(4)阴道：阴道上端与子宫颈相接，阴道口连着阴唇，阴道长8厘米左右，阴道由平滑肌构成，内部有黏膜，有相当大的弹性和伸缩性，阴蒂也十分发达，未经交配的母狐有一层薄膜把阴道与外阴部隔开，尿道位于前庭下壁。

在阴唇和阴道口之间有一圈环纹肌，有较强的收缩性，交配时公狐的阴茎插入阴道后，阴茎后部海绵体结节充血迅速膨胀，阴道口前庭环纹肌受到刺激而剧烈收缩，使阴茎在交配时被牢牢地锁在阴道内，阴道是交配时精液被射入和暂时贮存的地方，也是胎儿和胎盘产出的必经产道。

(5)阴门：阴门是大小阴唇、阴蒂前庭及前庭腺的总称。起保护阴道口作用，平时被阴毛覆盖不易观察，在发情期阴毛分开，阴门急剧发生肿胀变色，也是鉴定母狐发情的重要器官。

(6)乳腺：母狐有5～6对乳腺，在腹部排列两行，前部自胸壁的后部起，后端达腹股沟部。乳腺的位置根据其分布的部位，分为胸、腹及腹股3部分。每个乳头顶端有许多个细小的排乳孔。

第二节　北极狐的繁殖特点

在人工饲养条件下北极狐从仔狐出生至性成熟时间一般需要280～330天，公狐性成熟早于母狐。但饲料质量、营养状况、出生时间、遗传基因等因素都会影响到种狐的发情早晚。

1. 性成熟

(1)公狐性周期：公狐从5月中旬开始至7月份的夏季属于性

静止期，睾丸处于萎缩状态，仅有豌豆粒大，附睾内无精子，阴囊布满被毛并贴于腹侧，外观看不太明显。睾丸发育期从秋季秋分开始，睾丸开始慢慢发育，冬季睾丸发育加快，明显增大，到春季 2 月中旬，睾丸直径可达 30 毫米，质地松软，有弹性，附睾内有了成熟的精子，此时阴囊被毛稀少，睾丸松弛下垂，明显易见，开始有性要求，随时可与发情母狐进行交配。

(2)母狐性周期：母狐生殖器官的发育同公狐一样，也随着季节变化而变化，每年夏季母狐生殖器官处于静止状态，卵巢、子宫和阴道的体积都萎缩至最小限度，秋季秋分以后母狐生殖器官才开始慢慢发育，冬季卵巢的体积逐渐增大，滤泡开始发育，黄体已开始退化，到春季 2 月下旬，卵巢里能产生成熟的滤泡和卵子，子宫和阴道也随着卵巢的快速发育而变得肥大，有伸缩性，阴门开始由粉红色向暗红色发展，这时母狐有发情表现。

2. 精子和卵子的形成

北极狐是季节性发情动物，每年春季发情，繁殖 1 次，从发情到配种受光照周期的影响。北极狐发情全过程，也就是精子与卵子生长发育的全过程。

(1)精子的形成：精子是由睾丸的曲精细管中一层很薄的细胞形成的，精子形成后被释放到附睾内曲精细管的管腔中，通过直精细管进入睾丸网，而后进入附睾管，在附睾中完成其最后的成熟过程。附睾是贮存精子的部位，睾丸生产精子的能力是动物遗传决定的，也受脑垂体、促性腺激素等其他因素的影响。

(2)卵子的形成：在母狐发情全过程中，卵巢历经卵泡的发育成熟和排卵、黄体的形成、维持和退化等过程，母狐是多卵泡发育、排多卵动物，排卵数量多少与遗传、年龄、营养有很大关系，所以在配种前，适量增加一些肝、脑等动物性饲料，能促进精子与卵子发生，能有效提高母狐排卵数和公狐精子品质，能使母狐提前 10～

20 天发情，并对提高母狐受胎率和增加母狐产仔率、幼狐成活率都有益处。

第三节 种狐配种前的准备

1. 调整好种狐体况

种狐不能过肥或过瘦，过肥发情迟缓，不利交配，有的不发情，过瘦不利发情，因此，体况过肥或过瘦都会宜误配种。

调整种狐体况，秋分之后即开始进行。公狐在配种前调整到中等偏上膘情体况，母狐调整到中等膘情体况。要防止饥饿减肥的办法，饥饿减肥有损种狐健康。“发情前期体况好，不胖不瘦发情早，配种顺利产仔多，成活多来产量高”。

对采食量比较大的母狐，要适当增加一些饲料，并注意不能过胖。准备配种期身体发育基本结束，饲养的基点应以促进生殖细胞生长发育为主。这个时期一般要保证饲料日量达到母北极狐 550～650 克，公北极狐达 600～750 克，平均保持在 650 克左右，每日饲喂 2 次（7:00 时饲喂一次，17:00 时饲喂一次）。早喂饲量占日粮总量的 40%，晚喂饲量占日粮总量的 60%。对一些不愿进食或挑拣食物的北极狐，应尽量引导增加采食量，增加其体质，不能让种狐过瘦。如果有进食过少，身体过于消瘦的母狐，建议淘汰，这期间淘汰狐不耽误取皮。留种时应考虑多留一些，准备发情前淘汰。过肥的北极狐可减食减肥，而过于挑食或拒食的北极狐属病态，应淘汰。

公狐 11 月份后长的体大、雄伟，食量比母狐稍大，此时要注意保持公狐的体况。一般情况下，公狐不能随便抓捕、惊吓，以免影响性欲。12 月初，应对公狐的睾丸进行检查并做记录，当年小狐的睾丸从 8 月份开始发育，8 月份可用手触摸到，11 月份应有豆粒大小，12 月份应更大。如果睾丸只有一个，说明发育不全，应淘汰。进食少，体况过瘦的公狐也应淘汰。

狐在生殖器官发育的过程中，需要足够的蛋白质、矿物质和维生素等营养物质。促进性器官发育的关键是保证饲料的全价营养，尤其是保证全价蛋白质和繁殖维生素 A 和维生素 E 的补给。营养上要适当调减能量饲料，增加蛋白质饲料，动物性饲料要占日粮的 65%以上。在饲料中，要断续的增加大蒜(每只狐 2～3 克即可)，通过气味刺激促进全群性兴奋，达到即早发情，适时配种的目的。

2. 搞好防疫工作

凡参加春季配种的种狐，一要按防疫程序注射犬瘟热、病毒性肠炎、狐脑炎等疫苗。从这几种疫苗使用效果看，单联疫苗效果好于多联疫苗。使用时要选择可靠疫苗，使用方法及剂量，按瓶签说明使用。

3. 防治好加德纳式菌病

狐加德纳式菌病，目前在我国养狐场中广泛流行，危害极大。阴道加德纳氏菌能使妊娠 20～45 天的母狐流产或妊娠中断，胎儿被吸收。狐感染加德纳氏菌后，主要引起泌尿生殖系统病状，母狐出现阴道炎、子宫炎、子宫颈炎、卵巢囊肿、肾周围脓肿等症；公狐出现包皮炎和前列腺炎等症状，性欲减退或丧失交配能力，如交配母狐即可传染给母狐加德纳氏菌病；病情严重者表现食欲减退，精神沉郁，卧在笼内一角，典型特征是尿血，后期体温升高，肝脏变性，肾肿大，最后败血而死亡，给养狐业造成很大危害。简便方法利用拜有利予以防治，在配种前每只狐按 10 千克体重公母分别注射 0.3 毫升，每日 1 次，连续 3 天会收到显著效果，可杜绝流产和空怀。用氯霉素每天 2 次，每次 0.25 毫克（1 片）连续投药 7 天（预防）亦会收到良好效果。

4. 对产仔箱的要求

提前挂产仔箱能保持母狐的体质，并使母狐产仔时不受干扰和各种侵害。产仔箱内有的介绍要求垫草，根据饲养经验，垫草在 11 月份后，垫上一段时间内狐狸能接受，一直到配种，妊娠期也能保持。产仔前，母狐会把草全部咬碎，叼出产仔箱外，有的配种后就会把草叼出产仔箱外。因此，可不垫草，采取小室的保温措施。产仔箱应一直保持干净卫生的状态。由于前段时间，母狐一直关在产仔箱外，排便都已有固定的地方，狐狸会一直保持这种习惯。如果发现母狐有便在产仔箱内的情况，可将狐狸插在外面，过十几天就会有所改变。

5. 母狐准备配种期应保持健康的状态

此期间可能出现一些感冒、肺炎、气管炎、胃肠炎之类的疾病，通过适当治疗即可痊愈，这样的种狐仍然可保留。如发现尿血、体质明显消瘦的狐狸，应淘汰，在此期间打皮，不影响经济效益。

6. 驱除体内外寄生虫

体内外寄生虫，对狐危害很大。如孕狐体内带有蛔虫卵所产仔狐均会传染上蛔虫病，有的仔狐不到分窝时间可看到吐出或便出蛔虫，严重患狐因蛔虫过多造成肠梗阻而死亡；再如体外螨虫病、孕狐有螨虫卵，所产仔狐均会受到传染。仔狐口、鼻、眼、耳、头部及胸部有的全身皮肤发红，有疹状小结节，皮肤秃毛，皮下组织增厚、奇痒等症状。还有线虫、绦虫、弓形虫病等，如在配种前不能治愈，孕狐产仔后，均会传染给幼狐，所以在配种前要给予彻底治愈。

治疗体内外寄生虫病，可用通灭（美国辉瑞动物保健有限公司生产)。通灭对犬及毛皮动物各种寄生虫只需一针通通杀灭;它的药效期为 18 天,毛皮动物剂量每 10 千克体重 0.3 毫升肌内注射,一只成狐 0.2～0.3 毫升。通灭无毒副作用,不产生抗药性,不破坏免疫系统,使用安全、常温保存,稳定性好,有效期 5 年。

1%伊维菌素注射液,亦是治疗体内外寄生虫的良好药物。它是在阿维菌素基础上研制的一种新药,它比阿维菌素毒性小,所用量每 10 千克体重 0.3 毫升,7 天打一次,3 次为一个疗程,效果良好。

7. 准备配种期种公狐的驯化

驯化的目的是使公狐变得胆大,适应配种期喧闹的环境,使性欲保持旺盛,驯化的方法可以经常地进行人为干扰,使其逐渐适应当地的环境和各种噪声,可以通过陌生人走近,来检验公狐驯化的效果。对驯化无效果的公狐也应淘汰。

8. 增加运动和光照

配种前两个月要增加种狐的运动,给予充分光照。研究表明,狐生殖器官的发育,受自然光周期和光照的调节。当秋分后日照时数逐渐短于黑夜时间时,其生殖系统开始缓慢发育,随着白天日照时间进一步延长,先后进入繁殖季节。如果狐在生殖系统发育的关键时期,人为任意改变光周、光照节律,将会造成母狐生殖系统紊乱,对发情配种产生不利影响,因此不需人为增加光照。

第四节　母狐发情鉴定及配种技术

每年 2 月中旬以后,由于昼长夜短,光照周期的延长,寒冬将过去,暖和的春风使大地回暖,万物开始复苏,北极狐迎来一年一度的繁殖季节。由于性欲加强，食欲下降，公、母狐时常发出“嗷、嗷、嗷……”的鸣叫声，性情十分活跃，有求偶的表现，说明进入发情配种时期。北极狐发情配种集中在3月初至4月底，占发情总数的85%。因出生晚或营养不良的母狐，不发情的占15%左右。

一、发情鉴定方法

1. 公狐发情鉴定

(1)情绪不安、食欲减退，时常发出“嗷嗷”高亢的叫声。

(2)睾丸下垂增大、有弹性；尿频，颜色呈深黄或黄绿色。

2. 母狐发情鉴定

(1)情绪不安：母狐发情时，行动不安，在笼里来回跑动，运动量增加；食欲减退，排尿频繁，尿液较浓，呈黄绿色；经常用舌舔舐外阴。发情盛期，食欲废绝，不断发出急促的“嗷嗷”求偶叫声。发情后期，活动逐渐趋于正常，饮食恢复，精神安定。

(2)外阴检查：按照母狐外阴生理和形态变化，可将母狐的发情期(10～12天)分为5个阶段。第一至第三阶段为发情前期，第四阶段为发情排卵期，第五阶段为发情后期。

第一阶段：阴毛分开，阴门明显可见，阴门由静止期的阴毛覆盖变为外凸肿胀，阴蒂增大。仪器检验，阴道涂片可见白血球多，在个别标本中可看到有核细胞。这时母狐卵巢中滤泡正在逐渐扩大，卵巢体积约达1立方厘米。此阶段正常情况可持续2～3天，个别的延续5～7天。

第二阶段：阴门肿胀得更大，用手触摸有弹性，阴蒂也增大。仪器检验，阴道涂片可见到有核细胞增多。这时母狐卵巢体积增加到1.5～2.0立方厘米，滤泡显著增大。此阶段大约经过1～2天。

第三阶段：阴门极度肿胀，肿胀面光亮、较硬、凸起，阴蒂呈红色的圆锥形。仪器检查，阴道涂片可观察到有大约同等数量的有核细胞和角质化无核细胞。这时，母狐的卵巢体积增至2.0～2.3立方厘米，滤泡达到豌豆粒大小。此阶段一般持续2～3天。

第四阶段：阴门近于“O”形、外翻、湿润，可见分泌出的乳白色或微黄色黏液。阴门颜色渐深，呈暗红色，肿胀面变软，上面有轻微的皱褶。阴蒂稍萎缩。这时成熟的卵细胞逐渐排出。仪器检验，阴道涂片可见到角质化的无核细胞占多数，这正是交配的大好时机。此阶段，北极狐可持续3～5天。

第五阶段：阴门肿胀开始消退，逐渐恢复正常，周围颜色变深。卵巢开始缩小，排卵结束，黄体形成。仪器检验，阴道涂片上可见到有核角质化上皮细胞和白细胞。幼年母狐的外生殖器官和成年母狐相似，但不如成年母狐明显，发情期较成年母狐延续的时间长一些，可达8～10天。

(3)放对试情：公狐试情法是将母狐放到公狐笼舍内，根据母狐的行为来判断母狐的发情程度。用来试情的公狐应当是性情温顺，不扑咬母狐的。当发现母狐嗅闻公狐的阴部，抬尾接受公狐爬跨和不回头咬公狐时，可认为母狐进入发情持续期，即配种适宜期。这时可将母狐与试情公狐分开，放到预配的公狐笼内或人工授精站进行实配。如发现母狐仍未达到适宜期而拒配时，应立即将母狐分出，避免母狐惊恐。可次日或隔日再放对，或放入其他种公狐笼试配。

有些狐或初次发情母狐，外阴部发情无变化，但已达到发情持续期，在行为上完全接受公狐交配，这叫隐性发情，放对有促进母狐发情的作用。试情时间不要过长，一般不要超过20分钟，如不接受交配，次日再进行试情。

(4)发情检测器检测：母狐发情时用发情检测器测定发情母狐阴道电阻值，电阻值逐渐增高至峰值为发情前期，达峰值后电阻值明显下降时为发情期。最佳输精时间的选择为北极狐在电阻峰值下降第2天。

(5)阴道细胞学检查:用棉签或吸管黏取或吸取阴道分泌物制成涂片,在200～400倍显微镜下观察,圆型细胞逐渐减少,角化细胞逐渐增多为发情前期;角化细胞占满视野,圆型细胞缺少为发情期即适宜输精期;角化细胞减少,圆型细胞又重新出现时为发情后期。

二、配种方式

狐的配种方法,可分为自然交配和人工授精两种。

(一)自然交配

自然交配法,又分为合笼饲养交配和人工放对交配。合笼饲养交配,节省人力,工作量小,但使用公狐较多,造成饲料浪费,不易掌握预产期,无法掌握公狐交配能力的好坏,国内不多采用,但在配种后期,对那些发情晚、不发情或放对不接受交配的母狐可采用此法。人工放对配种,它是国内养狐业采用的主要方法。

1. 交配时间

狐的发情交配时间早晚与日照气温关系密切,就个体而言,发情时间有一定的规律性。发情早的母狐,每年都早,一般相差5～7天,饲料的营养水平和管理技术的差别对狐发情交配也有一定的影响。就群体而言,经产狐交配高潮期比初产狐早大约20天左右,集中在3月初至4月底10～12天左右的时间。而初产狐发情较晚,交配时间集中。

发情晚的母狐,由于天气渐渐变暖,即使有一次初配,复配时也往往发生困难。晚交配晚产仔的母狐,幼仔成活率也低。发情过晚的母狐，在选育种狐时，可适当淘汰。

2. 年龄配对

初产母狐要选成年公狐配对，经产母狐要选青年公狐配对。要老配早，小配晚，不老不小配中间。这种配种方式可提高繁殖力。据经验介绍，初公配产公仔多，中老公配产母仔多。

3. 公母狐比例

公狐的配种能力，因个体不同差异较大，采用人工放对配种方法的狐场，公母狐比例为 1∶(3～4)，如幼狐比例大时，应适当增加公狐比例。

4. 正确放对

放对时应根据母狐阴门“粉红色早、紫黑色迟、深红湿润正适宜”的放对配种经验，将母狐放入公狐笼内，母狐安静站立等候公狐爬跨，这样的放对配种，绝大多数都能受孕，同时要注意观察母狐动向。

据研究表明，在一天中早晨放对交配成功率高，一般在早上 5 点 30 分至 7 点 30 分放对；阴雨天下午 3 点至 5 点也可以放对；晚上放对不便于观察。

5. 交配过程

公母狐放在一起，一般都有一个求偶过程，时间长短不一。当公母狐初见面时，开始先互相嗅闻阴部，公狐则向笼内四周频频排尿，然后与母狐嬉戏玩要。当母狐表现温顺时，便主动抬尾等待公狐爬跨交配。这时公狐开始性冲动，抬起前肢爬跨到母狐背上，搂住母狐的后躯，试图交配，而母狐也接受公狐的爬跨，此时公狐阴茎勃起，并稍突出于包皮之外，臀部不断抖动，很少一次爬跨即能交配成功，但大多数要经过几次、十几次或更多次才能成功。当公狐后躯抖动加快，后躯成 90°角，眯起眼睛时，基本上达成交配，此时公狐后躯抖动变慢或停止，便从母狐背上滑下来，转身后出现“连锁”现象。连锁的时间长短不一，少则 3～5 分钟，长的达 1～2 小时，一般多为 20～30 分钟。狐连锁时间长短与产仔率及产子数无关，公狐只能在“连锁”后才能射精。交配结束后，公母狐各舔自己的外阴部并饮水，此时公狐对母狐失去兴趣，母狐虽然常向公狐摇头摆尾，公狐则卧在笼舍一角，不理母狐。

6. 复配

母狐第一次配种后，接着要进行复配，复配一天一次，连续 2 天、连续 3 次配种效果比较好，准确率高。第一次配种和复配时最好选择两个以上的公狐分别参加，防止一个公狐参加配种时出现少精或无精的现象，影响受精效果。公狐一天只能交配一次，一天交配 2 次容易出现空怀。公狐营养状况比较好，在配种季节一般交配 15 次以上，当交配 15 次以上时，一定要检查精液，有相当一部分母狐后期配种空怀与公狐配种后期性萎缩有关。

7. 精液品质检查

配种之后，有条件的应采集母狐阴道流出的精液，用显微镜检查精子的活力情况，判断公狐的健康状况，如活力强、精子数够用，可继续使用。检查精液品质应在 20～25℃的室内进行。载玻片、吸管应预热至 37℃备用。精液品质检查宜在母狐结束交配后尽快进行。将玻璃棒或吸管插入刚交配完的母狐的阴道中 5～7 厘米处蘸取或吸取一滴内容物，放在载玻片上，用 200～600 倍的显微镜观察。

(1)精子密度：精液中精子密度成云雾状为稠密，精子之间有 1 个精子的距离为稀薄，居两者之间为较密。精子稀薄的精液为不合格精液。

(2)精子活力：指呈直线运动精子所占的比例，精子活力要求 0.7 以上，低于 0.7 为不合格精液。

(3)精子畸形：指各类畸形精子比例超过20%为不合格精液。

狐精液品质检查，经3次连续检查确认精液品质不良的公狐，应立即淘汰，并将其交配过的母狐更换精液品质好的公狐及时补配或人工输精。若发现种群精液品质下降时要及时查明原因，加强饲养管理(补喂奶、蛋、肝等全价蛋白质饲料，补加维生素A和维生素E)。

8. 配种期管理

(1)狐在配种过程中，饲养人员要认真观察和护理，做好交配记录，这是保证配种质量的重要环节。应注意母狐是否真受配，公、母狐是否有敌对行为。如互相咬架应马上分开。抓放狐时要准确、迅速，防止抓伤和抓错放错。严防跑狐。

(2)对有恶癖的公、母狐要注意安全，有的公狐很凶猛，配种能力强，择偶性也强，对不感兴趣的母狐嘶咬，容易咬伤母狐，有的甚至咬伤母狐外阴部。有的母狐很厉害，不到发情排卵期，放入公狐笼中，有的公狐强行爬跨，母狐回头撕咬、容易惊吓公狐，使公狐性欲消失，失去配种能力。

发生上述现象时，负责配种的人员动作要快，马上把母狐捉出，防止咬伤。

(3)喂食后30分钟内不要放对，这个时间进行交配，会影响公狐的体质，影响以后的性欲。

(4)认真做好每只狐的建档立卡工作。按每只狐配种的顺序编号1狐1卡，建立档案。将其出生年月、本年编号、上年编号、上年配种时间、上年产仔数、父母产地、本年配种时间、产仔数、配偶编号等基本情况记载下来，以备查用。

(5)母狐预产期的推算：在日常生产中，大多数都采用日期推算法。

日期推算法比较简单，从母狐最后1次交配日期算起，月份上加2,日期上减8,即是母狐的预产期。

例1:1号母狐最后1次交配日期是3月15日,那么它的预产期推算:3月份+2=5月份,15日-8=7日,即母狐预产期为5月7日。

例2:2号母狐配种结束在4月6日,那么它的预产期推算为:4月份+2=6月份,因为6日减8不够减,从月份中抽出1个月,换算为30日加上6日等于36日,再拿36日减8日等于28日。那么,2号母狐预产期在5月28日。

9. 注意事项

在种狐放对配种时,除掌握一般的规律和特点外,还要注意以下几方面的技术问题。

(1)狐野性尚存,生性机警、狡猾多疑,极易受惊。在繁殖期特别是在妊娠期和哺乳期对"应激"反应尤为敏感。"应激"带来的生理紧张,不适和行为失常所导致的后果,直接影响繁殖成活率的高低,因此,创造安逸的环境,杜绝不良"应激"因素的出现是十分重要的。所以在整个配种繁殖期内要保持狐场安静,固定饲养人员,谢绝外人参观和闲人逗留,禁止一切车辆马达声进入狐场。饲养管理人员要仔细看护,严禁跑狐。

(2)放对时,要把母狐捉到公狐笼子里进行交配。因为公狐习惯在自己笼里交配,这样可以缩短放对交配时间,提高放对效率。如果把公狐捉到母狐笼里,则公狐会因环境发生变化而不安,会因精力分散,不能达成交配。但是,对于性欲强、性情急躁的公狐,或母狐特胆小,也可以将公狐放入母狐笼内交配。

(3)放对时,一定要由饲养人员亲自抓放。因为在长期饲养过程中,母狐对饲养人员比较熟悉,产生一定的情感,饲养人员抓放,没有恐惧心理,对达成交配有利。放对后,饲养人员要在暗中注意观察是否交配成功。如果有条件,在交配结束后,可涂片检查公狐的精液品质情况，降低母狐空怀率。同时，做好观察记录和配种记录。

(4)对发情母狐，要进行复配，提高受孕率。母狐的卵子不是一次性成熟和排出，而是陆续成熟和逐渐排放的。因此，经过第一次交配后，要不间断地连续放对(连续几天放对，或在每天的早晚时间连续放对)，争取交配2～3次以上。但也不是次数越多越好，初配后的第二天或隔日复配受胎率最高。

(5)由于母狐发情持续时间个体差异大，所以在结束配种后的3～5天后，还应检查一次。如果仍然有发情的，还要继续配种，直到母狐外阴部肿胀消失为止。

(6)在配种后期，对于个别没有交配的母狐可采取同居自然交配的方法，即将没有敌对行为的公、母狐放到同一个笼里同居，让其自然交配。

(7)对于初次参加配种的青年公狐，要加强驯化。驯化的方法是把接近发情温顺的母狐放在公狐笼边，或在笼外手提母狐将阴部向公狐笼，让公狐嗅，使其对母狐感兴趣，消除胆怯。胆怯者可利用复配的母狐放入青年公狐笼内，使其参加配种期配种。

幼龄种公狐第一次交配比较困难，但一经交配成功，就能顺利地交配其他母狐。要禁止粗暴地恐吓和扑打幼龄种公狐，尤其要防止它被母狐咬伤，否则会降低或丧失其性欲。

(8)注意保持和提高种公狐的配种能力。根据种公狐个体配种能力和特点，要合理安排其配种的时间和次数。种公狐配种初期每周可交配2～3次，配种旺期每周可交配3～4次，但连续交配2～3日时，必须休息1天时间。一天交配2次的公狐，要在午间补饲牛奶或鸡蛋等高蛋白高营养的食物，以保证种公狐有健康的身体状态和良好的精液品质。

(二)人工授精

采用人工授精让母狐受胎是一门实用生物技术，它是人为地控制母狐繁殖的一种手段。人工授精是用人工方法采取公狐精液经检查、稀释、保存等特定处理后，再借助器械将采到的精液输入到发情排卵期的母狐子宫内，使其妊娠的一种繁殖技术，以代替公、母狐自然交配的方法。它的优点是提高良种公狐利用率(公狐自然交配一般 3～4 只母狐，人工授精时，一只公狐可授精 20～30 只母狐)；克服自交中的一些困难如公大母小不好配、母狐拒配、母狐弓腰难配及母狐外生殖器畸型等，采用人工授精可迎刃而解；进行人工授精要严格按照人工授精操作规程进行配种，尽量减少采精和精液处理过程中的污染，可减少部分疾病的发生和传播，从而提高母狐的受胎率、产仔数和利用率；饲养公狐数量相对减少，节省了部分人工、饲养、栏舍及资金。缺点是如果狐场本身生产水平不高、技术不过关，进行人工授精很可能会造成母狐子宫炎增多、受胎率低和产仔数少的情况。建议让技术人员先学技术，后进行小规模人工授精试验；或采取自然交配与人工授精相结合的方式，随着生产水平和技术的不断提高，再进行推广。

1. 人工授精用种狐的准备

(1)人工授精用种狐的选择：注重人工授精用种狐的选择工作，选择纯种和品质优良、繁殖力高的个体作种狐。用于杂交改良的北极狐公狐必需是纯种的。

(2)加强种狐准备配种期饲养：尤其要保证和满足性器官生长发育所必需的全价蛋白质、维生素等营养供给。

(3)调整好种狐的体况：种公狐达中等略偏上体况，母狐达中等略偏下体况。

(4)预防种狐生殖道疾病：12 月份至翌年 1 月份及时注射狐

阴道加德纳氏菌病和绿脓杆菌疫苗，事先做好生殖道疾病防疫。

(5)加强种狐尤其是种公狐的驯化和异性刺激：配种期来临前1个月，采取公、母狐互换笼舍，通过异性刺激促进狐种群的性兴奋。

2. 人工授精场地的准备

人工授精的场地，清理干净后地面用2％福尔马林或5％工业用苛性钠溶液或10％～20％的漂白粉溶液消毒，也可用喷灯火焰消毒。

人工授精中的保定人员和操作者要固定在本区内工作，不要随意乱串，要穿消过毒的工作服、工作鞋。操作者的手指要在每次工作前清洗和消毒，用75％酒精擦后再用中性水或蒸馏水冲洗几遍，否则不得进行工作。采精或输精所用器械，每次使用前都必须清洗干净，然后用1％新洁尔灭溶液消毒，最后还要用中性水或蒸馏水进行多遍冲洗待用。

采精或输精的种狐，对其局部要进行清洗和消毒。如公狐的龟头、包皮及其周围的毛被，在采精前用0.1％～0.2％新洁尔灭溶液浸泡的毛巾拭擦腹部和会阴部，也可用布兜住腹部与肛门区。母狐的外阴及其周围的毛被也要进行清洗消毒。

3. 人工授精器械的消毒

许多病源菌通过消毒不彻底的器械在人工授精过程中使母狐生殖器官感染，影响母狐的生殖能力，造成不孕、流产、流脓、胎儿死亡，严重者可造成母狐死亡，如发现母狐阴道有炎症，主要是绿脓杆菌、加德纳氏菌等，用注射用水清洗阴道后，再注入阴道160万单位的青霉素。

人工授精器械，如输精器、阴道扩张器、集精杯等，必须经过严格的消毒后方可使用，使用1次消毒1次。消毒方法是用清水冲洗3遍放入烤箱内用250℃温度烘干30分钟后即可使用，纱布用蒸锅蒸25分钟，蒸好后，用纱布擦公狐阴茎。母狐输精要1只母狐用 1 根输精器，1 个阴道套管，器械不能交叉使用。

4. 采精技术

(1)捉狐：现实中有许多人捉公、母狐的方法是拉尾巴，其实这种捉法是不正确的。捉尾会把尾巴拉伤，不利怀孕。正确的捉法是用捉狐器套住狐头，固定住，然后抓后臀部皮肤，捉住后拉出，像抬担架式把狐放在狐笼中，使狐不受伤。

(2)操作过程：采精时先按摩公狐睾丸和会阴部，给狐一个采精信号。按摩数秒后，采精者将拇指、食指捏在公狐阴茎两侧，中指捏在阴茎腹面，捏住阴茎中部并沿阴茎纵向撸压和滑动阴茎包皮，对阴茎进行摩擦刺激。撸压开始时滑动速度要快一些，大约 4～5次/秒，撸动幅度约 7～8 厘米。撸压 5～7 秒后，阴茎勃起，随之阴茎中部的球状海绵体膨大。此时，将阴茎从公狐两后腿之间拉向后方，将包皮撸至球状海绵体后方继续撸压球状海绵体和后部的阴茎，撸压速度减慢，每 10 秒撸压 12～13 次。撸压球状海绵体时，稍用力些，如此反复撸压按摩(5～7 秒或约 10 秒)直至公狐射精为止。为提高采精效果，按摩时应配合公狐性反射行为调整撸压按摩频率和力度，以刺激公狐排精。适度的撸压刺激公狐表现兴奋和舒适，刺激力度不够，公狐无性反射，阴茎勃起速度慢且不坚挺，而刺激力度过强时，公狐有痛感，性反射抑制。

(3)精液的接取收集：在一只手按摩公狐阴茎即将开始射精时(公狐自主抖动动作停止，尾根部紧张下压)，另一只手握住集精杯底部(用手掌保温)准备接取精液。公狐射精时，首先射出的是副性腺分泌物，白色透明尿样，可不接或接取弃之不用。后射出的是乳白色的精液，要及时接取在集精杯内。公狐射精过程中仍需对其按摩刺激，整个撸压采精过程大约需几十秒钟，最多不超过 2 分钟。公狐射精结束后待阴茎回缩时将包皮向阴茎头部撸挤，使阴茎复原，将精液迅速送往精检室内，放在 37℃保温瓶或水浴锅内，并做好采精记录。

初次采精时，不能过于急躁，必须经过 2～3 天训练后才能形成条件反射。

(4)采精频度：指每周对公狐的采精次数。为了既能最大限度地采集公狐精液，又能维持其健康体况和保证精液品质，必须合理安排采精频度。公狐每周采精 2～3 次，如果连续采精 2～3 天应休息 1～2 天，不可随意增加采精次数以防精液品质降低，造成公狐利用率降低等不良后果。

5. 精液的品质鉴定

精液品质检查前应备好恒温水浴锅、广口保温瓶、温度计、电冰箱、显微镜、盖玻片、擦镜纸、注射器、集精杯、稀释液等。室内温度调整在 20～25℃，同时做好室内外常规消毒。

精液品质检查内容有精液量、色泽、气味、pH 值、精子活力、精子密度、畸形率、精子抗力测定、精子存活时间及适宜精液稀释倍数等项。

(1)精液量检测：集精杯上有刻度，可直接读取记录。一般狐每次采精量为 0.25～2 毫升(不含精清)。

(2)色泽及气味：正常的精液颜色为乳白色、均匀、不透明。气味微腥或无味，颜色和气味异常的精液不能供输精用。

(3)精液的 pH 值检测：用 pH 值试纸蘸少量精液比色检查。狐精液 pH 值为 6.5，偏酸，如 pH 值改变，说明精液中混有异物，如尿液、不良稀释液或狐副性腺有病等，不能用作输精。

(4)精子活力检查：简易方法是滴 1 滴待检的精液于载玻片上，制成精液压片在精液温度 35～37℃条件下用显微镜观察精子运动情况，精子活力以直线前进运动精子的百分比，分 10 级评分标准。供输精用精子活力须高于 0.7，活力低于 0.7 不能用其输精(表 5-1)。

表 5-1 狐精子活力评定标准

运动形态	直线前进运动的精子(%)										全部原地摆动	全部旋转	全部死亡
	100	90	80	70	60	50	40	30	20	10			
评分	1	0.9	0.8	0.7	0.6	0.5	0.4	0.3	0.2	0.1	摆	旋	死

(5)精子密度检查:精子密度即浓度,指 1 毫升精液内所含有的精子数,检查目的在于了解精子数量,决定稀释倍数,判定的方法一般采用精液压片估测法。方法是用灭菌玻璃棒取 1 小滴原精液置于载玻片上,加盖压玻片制成精液压片,在 400 倍显微镜下观察精子数量,随机观察 5 个视野的精子数(计算公式:精子密度＝平均每个视野精子数×10^6个/毫升)。

狐正常的精子密度,一般为每毫升精液含精子 7 亿～8 亿个,个别优良个体可达每毫升精液含精子 13 亿个。精子密度低于 0.5 亿个/毫升时不能提供输精用。

(6)畸形精子检查:畸形精子是形态异常的精子。畸形精子多、精液品质低,受胎率就低。畸形精子有巨形、短小、双头、双尾、头尾残缺、无尾、互相粘连及带有原生质颗粒等。

检查时,先做精液涂片,自然干燥,96%酒精或 5%甲醛溶液固定 3～5 分钟,用蒸馏水冲洗阴干,用伊红、亚甲蓝、甲紫、红墨水等染色 3～5 分钟,蒸馏水冲洗,干燥后镜检,显微镜倍数不低于 600 倍,检查精子不低于 500 个(计算公式:畸形精子率(%)＝(畸形精子数/计算精子总数)×100)。

在小于 20%时一般不计,狐精子畸形率在 25%～11%之间,畸形率超过 20%的精液不能供输精用。

(7)精子抗力测定:有条件的场还有必要进行精子抗力测定。

6. 精液的稀释与保存

(1)稀释液的配方

配方 1:氨基乙酸 1.82 克,柠檬酸钠 0.72 克,卵黄 5 毫升,蒸馏水 100 毫升。

配方 2:氨基乙酸 2.1 克,卵黄 30 毫升,蒸馏水 70 毫升,青霉素 40 万单位。

配方 3:葡萄糖 68 克,甘油 2.5 毫升,卵黄 0.5 毫升,蒸馏水 97 毫升。

配方 4:柠檬酸钠 1.16%,甘氨酸 0.75%,卵黄 20%,甘油 5%,葡萄糖 1%,青、链霉素各 40 万单位,加蒸馏水至 100%。

(2)稀释、保存:经检验合格的精液,要根据原精液的精子密度用特制的稀释液进行稀释,稀释后的精液每毫升精子数应在 1 亿个以上。稀释液应事先放在 30～40℃温水中,保存时间不应超过 2 小时,时间越短越好,应尽快给发情母狐输精。

7. 人工输精

(1)输精器材的准备:输精前应做好输精器、阴道插管、注射器、70%的酒精棉球等准备工作。室内温度应保持在 18～25℃,同时按常规进行室内外的消毒工作。所用授精器材如输精品、阴道插管等经事先严密消毒备用,使用时每狐 1 份。用后再统一消毒处理。所用 5 毫升注射器最好为医用菌一次性注射器。

(2)输精操作:输精时两人配合操作,一人保定狐,一人输精。保定人员用保定钳保定母狐,一手握住母狐尾部使尾朝上,用 0.1%～0.2%新洁尔灭消毒液消毒外阴部及其周围部分。

①先将阴道插管插入母狐阴道内,其前端抵达子宫颈;左手虎口部托于母狐下腹部,以拇指、中指和食指摸到阴道插管的前端。

②以左手拇指、食指、中指固定子宫颈位置(向斜下方压开膣器,先摸开膣器的头部然后在过管头 1 厘米范围内摸到花生粒至黄豆粒大小的凸起,随着开膣器的运动而运动,即可判定为子宫颈),右手握持输精器末端把阴道插管内腔插入,前端抵子宫颈处

调整输精的位置探寻子宫颈口。

③左手、右手配合将输精器前端轻轻插入子宫体内 1～2 厘米，固定不动。由助手将吸有精液的注射器插接在输精器上，推动注射器把精液缓慢地注入子宫内，输精技术熟练者，也可事先将吸有精液的注射器插在输精器上，由输精者直接将精液输入。

④向注射器内吸取精液时，应注意注射器的温度与精液温度一致，缓慢吸取至固定的刻度时，可再吸入少许空气，以保证输精时将所有精液输入子宫内，以防残留在输精针管腔内，造成浪费。

⑤输精后轻轻拉出输精器，如果输精手法得当，母狐生殖道无畸形，则输精过程中母狐表现安静。

⑥每次输精量为稀释后的 1～1.5 毫升，输入有效精子不少于 7000 万。

⑦输精次数，一般连续输精 2～3 次，每日 1 次。初次输精误为假发情时，待发情后再输 2～3 次。

(3)输精效果判断

①拉出输精器时手感觉有点阻力。

②拉出输精器时无血液。

③拉出输精器时精液不倒流。

④镜检输精器内残留的精液，精子活力不低于 0.7。

8. 人工输精结束后工作

(1)清洁消毒：一个批次的人工授精器材(如上、下午、一日)，输精结束后立即清理室内卫生、清洗消毒人工授精器材，室内地面用新洁尔灭消毒液消毒。

(2)整理：每日人工授精工作结束后整理好输精记录，做好下批次人工授精准备工作。

(3)归档：每年狐人工授精工作结束后，所有有关记录、技术资料要进行归档和存档，以备查阅。

第五节　提高繁殖力的措施

影响母狐繁殖力的因素很多，主要有年龄、驯化程度、营养水平、微量元素和维生素供给水平、受配次数、分娩时间和胎产仔数等。提高狐繁殖力的主要技术措施有以下几点：

1. 组建高产母狐群

经产母狐繁殖力高于初产母狐，这是因为经产母狐是经过严格挑选和淘汰，经生产实践已经验证的结果。由于初产母狐只在外表上选种，没有经过生产实践的检验去证明其生产性能，决定是淘汰还是留种，所以初产母狐产量低于经产母狐。高产群组成以2～4年壮年狐为骨干，因当年狐和5年以上母狐繁殖力低。每年调整种狐群时，补充的当年狐不宜超过20%，除大批扩群需要外，尽量减少老年狐的留种比例(表5-2)。

表5-2　种母狐年龄与繁殖力的关系

年龄	受配母狐(只)	产胎数(只)	产仔数(只)	胎平均数(只)
当年初产狐	50	43	271	6.3
2年经产狐	50	47	404	8.6
3年经产狐	50	45	396	8.8
4年经产狐	20	17	139	8.2

2. 合理利用种公狐

种公狐营养良好是确保配种进度和配种质量的关键。合理掌握种公狐的配种频度，中午要补饲，使其在较短时间恢复体力，继续配种，充分发挥其配种能力。

在配种前最好对公狐精液进行品质检查，精液品质不良或精子较少的种公狐不能参加配种。

自然交配的种公狐一天可以交配 2 只母狐，2 次交配的间隔时间最少为 2～3 小时，或更长时间。

人工采精的公狐每周采精 2～3 次，如果连续采精 2～3 天应休息 1～2 天，不可随意增加采精次数以防精液品质降低，造成公狐利用率降低等不良后果。

3. 准确掌握配种时机

及时配种是提高母狐繁殖力关键所在。北极狐是季节性一次发情动物，发情期只有 3 月初至 4 月底的 10～12 天，发情前期6～8 天，阴部呈现粉红色，配种期仅 2～4 天，当母狐发情达到高潮时，外阴部呈现椭圆形，阴门两侧上部有轻微皱褶，呈现暗红色或浅灰色，阴门有白色黏液流出。要及时把母狐放入公狐笼内进行试情，当母狐温驯接受公狐爬跨时，证明母狐进入发情期，母狐卵巢中卵子成熟，在这时交配的母狐就能多排卵，卵子与精子结合受精的机会就多，能达到一胎多产的目的。母狐产仔潜力很大，1 个发情期能排 27～28 个卵。

4. 掌握性别比例

人工饲养条件下，如果采用本交时公：母性别比例为 1：(3～4)比较理想。采用人工授精技术公：母可达 1：(20～30)。

5. 双重配种增加产仔数

适当进行复配、双重配种能提高受胎率，增加产仔数。因为狐的卵泡成熟不是同期的，已衰老的卵子、精子均无受精能力，只有不断补充生命力旺盛的精子，才能与成熟的卵子结合，提高受胎率和产仔数。而且通过复配、双重配种也能诱导母狐多次排卵，所以在母狐发情第四阶段的2～4天内，以连续交配3～4次为好。在母狐发情期间最好采用多只公狐多次与其配种，能有效增加产仔数量(表5-3)。

表5-3　母狐配种次数与产仔数的关系

配种次数	受配母狐(只)	产胎数(只)	产仔数(只)	胎平均数(只)
1	15	10	52	5.2
2	35	28	167	5.96
3	53	49	417	8.51
4	22	20	168	8.4

6. 利用人工授精技术

首先，要掌握母狐的排卵时间和准确地掌握授精部位，这一点是人工授精成功与否的关键。其次，要注意输入的精液品质优良，要求输精量为1～1.5毫升，输入的有效精子不少于7000万个，输入鲜精的精子成活率在0.7以上。第三，在进行第一次输精后，要根据具体情况再连续输精2次以上，每次间隔24小时。

7. 控制好母狐体况

母狐繁殖期体况对种狐繁殖有直接影响，过肥或过瘦对种狐繁殖都不利，把母狐体况控制在适宜繁殖的体况上，母狐繁殖力会明显增强。保证母狐有良好的种狐体况，控制至既不能过瘦，也不能过胖。母狐应具有中等膘情，体质健壮，改良母狐体重达到5.5～6.5千克的标准，经产母狐体重达到4.5～5.5千克的标准。用于自然交配的公狐应具备上等或接近上等膘情，精力旺盛，食欲良好，体质健康，体格修长，体重在8千克左右为最好。

8. 合理使用饲料添加剂

在野生状态下狐缺少哪种营养，会自寻采食，以补充其营养需求，达到正常生长发育和繁殖的目的。而在家养条件下，只能利用人工提供的营养，没有选择的余地。因而不可避免地出现某些微量元素不足或不平衡、营养障碍或营养缺乏症等，使种狐的繁殖力下降，给生产带来不利影响，为此，必须提供适量的维生素和微量元素（矿物质）。

9. 驯化种狐

为正常顺利地配种，对种狐要从幼龄期开始驯化。驯化程度高的种公、母狐配种一般比较顺利。产仔不怕人，可进行人工监护产仔，提高仔狐成活率。

10. 加强日常的饲养管理

饲养好种狐，获得生命力强的两性细胞，这是提高繁殖力最基本的方法。进入准备配种后期，日常饲粮中要增加蛋白质、维生素饲料。多喂些动物肝、脑、乳、蛋等动物性饲料，要喂些胡萝卜、麦芽、谷芽等富含维生素的饲料。经常喂些壮阳促情饲料，如葱白、大蒜、韭菜、鸡、猪、羊脑、肝、胎盘等。公狐还可以喂些猪、牛、羊的睾丸。这样，能提高公、母狐性欲，促进提早发情，多排卵（精子），有利两性细胞结合，使受胎率明显提高。

11. 人为对母狐产仔性别的控制

近年来，随着人们对科学养狐技术的日益重视，在遗传育种、营养调控、繁殖技术、疫病防治等方面也日趋成熟。人们在母狐发情期间，采用不同的时间差进行配种，结果发现母狐在发情排卵期间与公狐进行交配，产仔公狐比较多；而母狐刚发情但还不到排卵期，就让母狐与公狐进行交配，产仔母狐比较多。也就是说，母狐发情排卵期间与公狐进行交配，卵子先排出，精子后到，形成的受精卵，母狐受胎后产仔公狐的占多数；母狐刚发情还没有进入排卵期间，这时母狐与公狐进行交配，公狐射出的精子先到受精点，母狐排出的卵子后到受精点，母狐受胎后产仔母狐占多数。人们从实践中得知，母狐发情交配时间差对所产仔狐性别有影响，可让母狐在不同排卵阶段受精，从而使母狐产仔性别控制60%以上。这一发现对养狐业遗传育种方面是一重大突破，将对养狐业产生深远的影响。

第六章　狐狸的饲养管理

为了便于饲养管理，根据狐狸不同生物学时期的生理特点和季节性繁殖的规律，将一年划分为不同的饲养时期。各个时期既有不同的饲养管理特点，又相互联系。

第一节　饲养时期的划分

1. 成年北极狐饲养时期的划分

成年北极狐是指月龄在 8～9 月以后的北极狐，它们在生长发育上表现出与幼狐明显不同的特性。

成年北极狐的生长发育也有明显的季节差异，公北极狐与母北极狐也各不相同，一般将其分为 5 个不同的时期。

(1)准备配种期：这是北极狐群积极恢复机能、养精蓄锐、为下一繁殖季配种繁殖作准备的时期。这个时期一般从 9 月开始至翌年 2 月底。

(2)配种期和妊娠期：时间为 3 月初至 6 月底。这两个时期对于公、母北极狐长短是不一样的。成年公狐的配种期在 3 月初至 4 月底即告结束，而后即性欲衰退，不再具有较强的繁殖功能，也没有强烈的性冲动。而母狐在早期接受交配以后，往往大多受孕、随即接着进入妊娠期，此期一般为 50～58 天，因此从整个母北极狐群体而言、妊娠期与交配期大部分重叠，但得后延1个月或更长一些。

(3)产仔泌乳期：受孕母北极狐从5月初即进入产仔泌乳期。此期母狐产出仔狐，并开始泌乳。一般泌乳期延迟至7月中旬，此时，仔北极狐可断乳。

(4)恢复期或静止期：这是成北极狐经过繁殖期大量消耗以后恢复机能的时期。公母北极狐时间长短不一。

公北极狐结束配种以后，即进入恢复期，一直到下一次准备配种期开始。而母北极狐结束配种以后，肩负起生育、哺乳仔北极狐的重任，直到仔北极狐断奶以后，才进入恢复期。因此母北极狐恢复期很短，只有2个月左右的时间。

2. 仔幼北极狐饲养时期的划分

仔幼北极狐是指处在刚出生至长成成年北极狐以前这个年龄段的幼龄北极狐。它的饲养时期可划分为哺乳期和育成期两个时期。

(1)哺乳期：是指刚出生至断奶前这段时期，从整个群体来讲，一般是从5月初至7月上旬，最迟到7月中旬，延续90～100天，而对于单个个体而言，只有45～50天左右即可断奶分窝。

(2)育成期：幼狐育成期是指仔狐分窝以后至体成熟(12月下旬)的一段时间，其中分窝至秋分(9月下旬)是幼狐体格迅速增长期，故又称幼狐生长期或育成前期；秋分至冬至是幼狐、种狐冬毛生长成熟的阶段，对皮狐而言又称冬毛生长期或育成后期；对种狐而言秋分以后已转入准备配种期，故种狐的准备配种期与冬毛生长期是相互重叠的。

第二节 种狐的饲养管理

种狐群是用于养殖场繁殖的群体，是养殖场种群数量增长和生产优质毛皮产品的基础，因此，种狐群管理的好坏，直接影响养殖场的种群增长数量和皮用狐的毛皮质量。

一、准备配种期的饲养管理

1. 准备配种期的特点

准备配种期的饲养与管理，影响着来年繁殖季节北极狐的繁殖率，因此掌握此期各方面的特点十分重要。

(1)环境特点：准备配种期正值深秋至寒冬，天气由凉爽转为寒冷，北方日照时期逐渐缩短。而且外界食物条件发生变化。此期，各种谷物类及农副产品已经大量收获贮存，这类植物性食物丰富。但是必须注意，随着冬季的到来，各种青绿多汁饲料以及鲜活鱼类饲料等的取得变得困难起来。

(2)北极狐的行为特征：这个时期的特点是随着日照时间逐渐缩短，狐狸的性器官发育及与繁殖有关的内分泌活动逐渐增强，公、母狐的性器官逐渐发育、增大。另外，随着气温的逐渐下降，采食量逐渐增加，并在体内贮存大量的营养物质(体脂肪)，以备越冬消耗和供给性器官发育的需要。

(3)饲养管理的基本任务：针对此期环境特征及北极狐的行为特点，此期饲养管理的基本任务如下：

①调整体况：对过肥的要减肥，对过瘦的要补食催膘。

②贮存营养：多准备一些可口营养物，以供此期补饲。

③防寒保温。

④增加运动和光照。

⑤做好准备配种期种公狐的驯化工作。

⑥做好配种前的准备，如按防疫程序注射犬瘟热、病毒性肠炎、狐脑炎、加德纳式菌病等疫苗，做好驱除体内外寄生虫工作。

2. 准备配种期的饲料准备及饲喂

准备配种期，北极狐对营养需求很大，以满足多方面的需要，包括促进生殖器的迅速发育及生殖细胞的成熟；继续补充因上一繁殖季节消耗的大量营养物质；维持北极狐本身正常生理生化活动及日常行为；供给冬毛生长所需营养物质；贮备越冬物质，以备御寒消耗。

(1)营养准备

①饲料的贮存备用：准备配种期，北极狐进入越冬阶段，此期除需注意日常饲料准备以外，还需进行大量饲料囤积，以备越冬期饲料淡季能方便取用。

贮存的饲料应主要包括肉食类及青绿多汁饲料类，因为这个季节这两类食物相对不容易取得，尤其是鲜肉类的鱼类以及青绿饲料中的叶菜瓜果类更不易得到，应提前采购贮存，而对于谷物类则容易临时取得。

贮存饲料的数量因饲养场所在地当时的饲料环境、贮存条件及饲养规模而定。

②准备配种前期的营养准备：9～11 月份，气候并不寒冷，而更多地表现为凉爽、舒适，对北极狐而言是比较好的季节之一。这一时期，要为北极狐的多方面需要准备营养。当年出生的幼北极狐，进入育成后期，亦即准备配种前期，尚处在生长发育阶段，需要一定的营养供应其营养生长，同时也要满足更快、更迅速的生殖生

长。对于成年北极狐,此期是冬毛生长的时期,尤其需要大量的蛋白及矿物营养。为了准备越冬,在营养准备上应利用此期北极狐群食欲旺盛的机会,增加脂肪类饲料,以帮助其体内囤积脂肪,贮备越冬营养物质。

③准备配种后期的营养准备:与前期不一样,准备配种后期正值12～翌年1月,此期是一年中最寒冷的季节。隆冬时节,北极狐的冬毛生长以及当年幼北极狐的营养生长已基本停止,所以北极狐的食量有所下降。此期,饲料的准备应朝着量少质高的方向努力,保证营养的全价平衡。除了在营养准备过程中考虑蛋白质、脂肪、碳水化合物总体水平以外,还要考虑其中动物性成分和植物性成分的多少,更重要的是要在营养成分中特别添加维生素A、维生素E、酵母、麦芽等,以保证生殖器官的正常发育。在接近配种期的几周内,还应特意准备一些刺激发情的饲料,伺机投喂。

(2)准备配种期的饲喂

①准备配种前期的日粮饲喂:由于隆冬时节北极狐的食量有所下降,所以应在11月底北极狐食欲旺盛期,增加采食量,使北极狐体况得到完全恢复。日粮投喂应即食即投,一般要保证饲料日量达到母北极狐550～650克,公北极狐达600～750克,平均保持在650克左右,每日饲喂2次(7:00时饲喂一次,17:00时饲喂一次)。早喂饲量占日粮总量的40%,晚喂饲量占日粮总量的60%。

②准备配种后期的饲喂:与前期相比,此期日粮要有一些变化。首先日粮量减少,保持在每只北极狐每日投喂饲料量在350～450克左右的水平,比前期少200克。从1月份开始每天仍喂2次(7:00时饲喂一次,17:00时饲喂一次),每日每只供给量仍按早40%,晚60%饲喂。并且在寒冷的冬季要喂温食。接近配种期时,要每隔2～3天补喂一些刺激发情的饲料,如动物脑、大葱、大蒜等。

3. 准备配种期的管理

准备配种期的管理主要围绕御寒及调整体况进行。

(1)御寒:进入冬季之前,必须加强防寒准备。要求在入冬以前,即在准备配种前期,准备大量的柔韧干草,垫于小室内,使北极狐慢慢适应在有充足垫草的环境下栖居,保持温暖,并为以后母北极狐的分娩产仔提供一个良好环境。在高寒地区,还应在产仔箱外搭盖草被,以御寒保温。整个冬季这一点很重要。

(2)保证光照:不能把北极狐放在背阴、潮湿的地方饲养。无规律的增加或减少光照,都会影响其生殖器官的正常发育和毛绒的正确生长。

(3)饮水充足:水对北极狐的新陈代谢起着非常重要的作用,缺水会使北极狐出现口渴、食欲减退,消化能力减弱,抗病力下降,严重时会导致代谢紊乱,甚至死亡。因此,每日要保证水槽内有清洁饮水,天气寒冷时每日补给1次温水。

(4)严格选种:对个别营养不良,发育受阻或患有疾病,有自咬症、食毛症的种狐可淘汰取皮。

(5)调整体况:这是在准备配种后期最主要的管理工作之一。目的是使种北极狐在进入繁殖期以前,达到理想的繁殖标准,使体型、体重保持在一个适中的水平。

鉴定种狐体况一般在12月初进行,其方法有3种。

第一种是触摸鉴定:饲养人员用手触摸北极狐的背部、肋部和后腹。过肥的北极狐背平、肋骨不明显,后腹圆、肚皮肉厚;过瘦的狐脊椎和肋骨突起,后腹空松;中等体况介于两者之间。

第二种是称重鉴定:不同的狐群和个体间体重存在着较大的差异。公狐体重7.5~11.5千克,母狐体重5.5~8.5千克。

第三种是目测鉴定:观察狐体躯,特别是后躯是否丰满,运动是否灵活,皮毛是否光亮,以及精神状态等来判定狐的体况。

体况鉴定应做好记录，个别过肥、过瘦狐个体应做好标记，采取措施进行体况调整。

减肥方法：①把种狐放在稍大的笼内，或放在院内，用网片隔一个小运动场，每日 2～3 次强制其运动；②控制食量；③调整日粮配方，少给脂肪和糖类饲料，适当地增加蔬菜饲料量。

增肥方法：①增加食量，对个别偏瘦的种狐，要增加饲料量；②调整日粮配方，如果全群偏瘦，则应提高日粮标准，适当增加日粮中脂肪和蛋白质的比例。

(6)加强驯化：准备配种期，尤其是在接近配种期时，要加强对种北极狐的驯化。一般要求从 1 月初开始，对不容易动情的公北极狐搞异性刺激。具体办法是准备配种后期把各公狐笼和母狐笼要交叉摆开，使异性狐隔网相望，刺激其性腺发育。

(7)为留种母狐挂产仔箱：进入 12 月份后，天气寒冷，应给留种母狐挂产仔箱，保持母狐的体力。挂产仔箱之后，白天尽量把母狐关在产仔箱外，不让母狐进入，这项工作也是驯化的一部分，使之适应周围环境，另一方面也能增加狐狸的运动量。晚间将产仔箱打开，母狐进入产仔箱休息。晚间经常与狐狸接触的管理人员，应经常打开后盖检查狐狸，这也是对狐狸驯化的内容。因为产仔时，必须揭盖检查，晚间经常开后盖，使狐狸适应，在产仔时检查，不致使母狐发生惊恐。

(8)发情检查：北极狐 3 月初开始发情，因此，进入 3 月初就应对全群母狐进行检查。做到对全群母狐哪个发情早，哪个发情晚，心中有数。

(9)做好配种前的准备：配种开始前要做好技术人员培训，配种方案制定，授精用品（如记录本、显微镜、烤箱、稀释液、输精器械、采精杯和采精架等），种狐要及时接种犬瘟热、病毒性肠炎细胞培养灭活苗和脑炎等疫苗的准备工作。

(10)每年年末进行一次狐群状况统计。

二、发情配种期的饲养管理

每年的 3 月初至 4 月底,是狐狸发情配种期。由于各地气温不同和饲养管理存在差异,有的发情早,有的发情晚。这个时期的中心工作,就是保证全部母狐都达成交配,并保证配种质量。因此,母狐适时配种和加强种狐的饲养管理是这一时期的工作重点。

1. 配种期的特点

(1)气候转暖,机能代谢加快:这一时期,严冬过去,进入初春,气候逐渐变暖。随着气候变化,北极狐的基础生理代谢活动增强,需要有更多的营养来维持。此期虽已进入春天,但还不能方便地直接取得新鲜食物,仍以贮存饲料为主。

(2)种北极狐极度性兴奋,消耗很大:配种期,种北极狐的性器官完全发育成熟,性欲亢奋。母北极狐接受 1～2 次交配以后,即进入妊娠期或静止期,消耗相对比公北极狐少,每只公北极狐在配种期频繁交配,一天要交配 1～2 次,整个配种期要交配 3～4 只母北极狐,交配总次数达到 8～12 次或更多,排出大量的精液和精子,消耗大量体能及营养物质,尤其是蛋白质。

但与之相悖的是,尽管消耗很大,种北极狐(尤其是公北极狐)食欲却比准备配种期下降。极度的性兴奋,神经快感强烈,致使性欲代替了食欲,同化作用减弱,异化过程加强,大量消耗体内贮存营养及能量。因此,这个时期一个关键问题是提高饲料营养水平,并采取措施刺激食欲。

(3)种北极狐性情狂躁,容易发生意外伤害:配种期,公母北极狐都表现出急切求偶交配的行为,常常性情暴烈,易喜易怒,难以把握。这种情况下,很容易造成北极狐群斗殴或放对不适而公母咬斗,造成伤害。而且交配时常相互追逐、爬跨,动作激烈,也容易发生与笼舍碰撞、挤伤等意外，应注意防止。

(4)配种期饲养管理的基本任务：根据这一时期的基本特点及预期目标，配种期饲养管理要围绕着放对配种，保证全部母北极狐达成交配并达到较高质量这个中心来进行。

①放对配种。

②增加营养。

③准确观察种狐交配行为、确保交配质量。

④合理利用种公狐，确保精液品质。

⑤监控种狐体况。

⑥做好安全防护。

⑦后期分群。

⑧做好记录和资料整理

2. 配种期的饲喂

配种期与准备期的饲料要求的主要差异在于量少但质高，以满足其食欲低但营养消耗大的需求特点。所以，饲料中要配备许多质量高、营养丰富、适口性强、而且容易消化吸收的品种。除提高动物性饲料分量以外，还应增加大麦芽、骨粉含量，保证蛋白质的全价性，同时大量投喂维生素，加强营养平衡。为了刺激食欲，促进消化，还特别加大了酵母的比例，确保饲料的有效利用。

此期日粮投喂量少于准备配种期，一般保持在每日每只公北极狐600克左右，母北极狐500克左右即可。饲料的投喂每日饲喂三次(8:00时饲喂一次，12:00时饲喂一次，17:00时饲喂一次)。早晨在放对前1小时投食，按日粮的30%左右投喂，必须保证吃食在放对前半小时结束，以免影响交配。午喂饲量占日粮总量的20%。晚上将余下的50%日粮全部投喂完毕即可，并供给充足饮水。

对于公北极狐，由于消耗更大，一般在中午时要对其进行补饲，用已准备好的小鱼、小虾、鸡蛋及一些鱼肉类副产品进行投喂，并在交配完成以后喂清水及牛奶，以迅速恢复体力及性机能。

3. 配种期的管理措施

配种期的管理是交配繁殖成功的重要保证，它主要包括放对、创造良好交配环境及迅速调整恢复交配后的种北极狐体况几个方面。

(1)准确进行母狐发情鉴定：采取外生殖器官目测检查、阴道细胞图像观察，测情仪检测和放对试情相结合的方法准确进行母狐发情鉴定。以目测外生殖器官形态变化为主，以阴道细胞图像观察、测情仪检测为辅，以放对试情为准，准确把握种母狐的交配时机。

(2)放对：放对是交配的前提。配种期的第一项管理工作就是根据准备配种期的放对配种计划，进行捉北极狐放对。

①放对时间：放对的时间必须选择在公母北极狐发情高潮期，这时交配受孕的机会最大，质量也最高。因此在配种期一般要频繁进行种北极狐发情检查。

②放对方法：放对就是将公母配对放入一个笼舍之中。具体方法是，用戴有棉手套的手，辅以木棍或特制的叉，将母狐捉到公狐笼子里进行交配。对于性欲强、性情急躁的公狐，或母狐特胆小，也可以将公狐放入母狐笼内交配。

③放对后的调整：大部分放对可一次成功，公、母北极狐很快表示出亲近，并产生交配行为。但也有的种北极狐在放对以后，公母间不能和谐相处，产生互不信任的敌意。此时，应立即将它们分开，重新选择种北极狐放对。如果不予理睬，则会发生斗殴，两败俱伤，并将这种紧张气氛传至整个饲养场，引起混乱。

④放对后护理：放对后的护理包括放对时间的控制、放对结束后的恢复护理以及公北极狐的特别照顾等。

每次放对应在喂食前后半小时以外进行，放对时间应保持在几个小时，等完成 1 次交配以后（最多 2 次）即应结束放对，将其分开，以免双方过度消耗，不利于下一次繁殖。结束以后补充清洁饮水，让种北极狐充分饮用，并可适当饲喂牛奶等，对公北极狐除一般护理外，还应给予特殊照顾，如投食补饲、增喂维生素等，还可采取梳毛、抚摸等让其尽快放松、恢复。

(3)准确观察种狐交配行为、确保交配质量：认真观察公、母狐的交配行为，确认母狐真受配。交配时间短不易确认时，应辅以显微镜检查精子来确认。对择偶性强的母狐，应多更换公狐及时受配。正常饲养条件下，母狐受配率应不低于 95%。

(4)合理利用种公狐，确保精液品质：尽量减少公狐的交配频度，连续交配 2～3 日次时，必须休息 1 日。整个配种期内都要培训幼公狐学会配种，提高公狐利用率，正常饲养情况下公狐利用率应不低于 90%。

(5)监控种狐体况：配种期公狐体能消耗较大，体况易于急剧下降，应增喂精补饲料，或于中午单独补饲，或将精补饲料加入晚食饲喂。母狐体况在配种期间仍要保持配种前的中等水平，千万不要使母狐体况在配种期间急剧上升。

(6)安全防护：此期由于每天检查发情状况，每天要放对，因此应经常检查笼舍，防止由于疏忽忘了关笼而跑北极狐引起失配或其他混乱局面。同时注意及时对可能发生的外伤进行处理，以免影响交配繁殖。

另外，这一时期公母北极狐经常放对，接触频繁，北极狐群流行疾病十分容易蔓延。因此，在进行放对以前对怀疑有病的种北极狐应暂缓放对，经检查确认无病以后再行放对，对有病的应取消放对，并进行隔离治疗。

同时，应保持饲养区的安静，为种北极狐放对交配创造一个良好的环境。

(7)后期分群:到了配种后期,整个种北极狐群发生分离,产生出不同的群体,此时应及时进行分群管理。分群包括两个方面,一是妊娠母北极狐的分群饲养,另一方面是未配种的公北极狐进行处死取皮。

①妊娠母北极狐分群:在配种期内,有大量的母北极狐受孕,依次进入妊娠期。由于妊娠期母北极狐负担更大,需要更多的营养和更精心管理,所以不能再与未配种母北极狐一起饲养管理,应分出来进行妊娠管理阶段。母北极狐交配时间有先有后,而且受孕与否也难以明显觉察。因此,当母北极狐交配以后,即取出,放入妊娠群,随时产配随时取出,进行分群饲养。

②未配种公北极狐分群:到了配种中后期,有些公北极狐尚未参加配种。原因可能有两条:有的是不具备做种条件,不能配种繁育,还有的则是具备做种条件,能够放对配种,但因群体中母北极狐少,公北极狐多,难以用上。对于这些公北极狐,应分出来予以宰杀取皮,实现其经济价值。因为配种期北极狐皮尚处在冬皮阶段,毛皮品质仍属上等,所以应及时取皮,以节约饲养成本。

(8)做好记录和资料整理:配种期要及时、认真做好各项记录,配种期结束后,要将原始记录资料进行整理并存档保存。

第三节　妊娠期的饲养管理

从母北极狐受孕之日起,即进入妊娠期,时间为50～58天左右。

妊娠管理是整个北极狐群繁殖的关键,如果饲养不当,管理疏忽,则极有可能引起母北极狐妊娠中止,出现胎儿被母体吸收以及流产、死胎、烂胎、仔弱等严重后果。因此,根据妊娠期的特点,搞好饲养管理，十分重要。

一、妊娠期的特点

妊娠期母狐的生理及行为具有明显有别于其他时期的特点。

1. 环境特征

妊娠期的气候转暖，已进入春天。此期万物复苏，各种动物已恢复生机，绿色植物也已展叶吐翠。所以对于北极狐来说，可以很容易取得新鲜食物，可以摆脱靠冬贮来生存的局面。饲养场此时可直接取得新鲜饲料供母北极狐妊娠时食用。而且，天气温暖，空气清新，有利于母北极狐静养。但季节转换，也是容易染病的季节，应引起重视。

2. 北极狐的生理及行为特征

母北极狐进入妊娠期，各种生理生化反应加剧。妊娠前期，胚胎发育较慢，后期发育较快。30 天后即可看到腹围增大，腹稍有下垂，越到后期越明显。妊娠期由于胎儿的发育，母狐新陈代谢旺盛，食欲猛增，狐的体重也相应增加，毛色也显得光亮。母狐表现出性情温顺，胆小，对周围异物、异声反应敏感，行动迟缓，喜欢卧着休息和晒太阳。

妊娠期母狐需要供给腹内胎儿大量营养物质，供其生长发育，还要为泌乳准备条件，同时母北极狐还必须维持自身活跃的新陈代谢过程，身体恢复与季节性换毛都要大量营养维持。因此，这时是营养需求水平最高的时期。

从营养需求结构特点上讲，妊娠期母北极狐对蛋白质十分敏感，稍有缺乏即产生不良影响。而且，饲料结构的突然大幅变动，也容易引起母狐拒食。

3. 母狐妊娠期饲养管理的基本任务

(1)营造安静的环境条件。

(2)保证清洁饮水的供给。

(3)做好母狐产仔前产仔箱放草工作。

(4)做好保胎工作。

二、妊娠期饲料的饲喂

妊娠期饲料准备、日粮配制,直接影响到产后仔北极狐的体质。

在饲料准备时,注意选用新鲜饲料,尽量不使用长期贮藏过的食物,严禁投喂冰冻、腐败变质的饲料。饲料品种选择上注意做到营养全价,品质优良,新鲜可口,易于消化。在日粮中,要加大蛋白质的比重,投喂高蛋白动物饲料及豆类食品,同时保证饲料品种的多样性,但要保持相对稳定。另外,要增加维生素的投喂,以补充机体所需。

有一点值得注意的是,在进行日粮配制时,要防止在妊娠初期热量总值过高,反而引起不良反应。要注意随着妊娠日数增多,逐渐加大饲喂量,提高营养水平。因为陡然增加营养,胎儿尚未发育到需大量营养的时期,这就只能使母北极狐增肥,而母北极狐过肥,是很危险的,很容易出现难产等严重后果。

在饲喂时应该注意的是,喂食妊娠母北极狐的饲料浓度要稀一些,以便吸收、消化,因此要求在日粮制作时多加一些乳品和水。

妊娠前期日粮饲喂量应为 600～700 克,后期为 600～750 克。饲料的投喂和配种期一样也是每日饲喂三次(8:00 时饲喂一次,12:00 时饲喂一次,17:00 时饲喂一次)。早晨按日粮的 30%左右投喂,午喂饲量占日粮总量的 20%,晚上按 50%日粮全部投喂完,并供给充足饮水。

三、妊娠期管理

妊娠期管理的一个中心环节是保证胎儿的正常发育，一切管理措施均围绕这个中心展开。

1. 常规妊娠管理

所谓常规管理，包括妊娠母北极狐的一般护理、妊娠条件的创造等。

(1)一般护理：在妊娠期，要特别注意观察母北极狐的各种行为反应，如食欲变化、消化功能、活动频率及精神状态等，从中发现问题，采取相应护理策略。

经常观察母狐的食欲、消化、活动和精神状态等等，发现问题要查找原因，及时采取措施。如个别怀孕母狐食欲减退，甚至1～2次拒食，但精神状态正常，鼻镜湿润，则是妊娠反应，应饲喂它喜欢吃的东西。如果不了解它喜欢什么食物，则不断地更换（如不同的水果、蔬菜、肉类、鱼类等），直到它愿意吃为止。如果伴随着粪便变化、精神萎靡等，则需要请兽医诊治，及时处理。

消化吸收功能的变化，直接影响营养的获取，进而影响胎儿的发育。消化吸收功能可以通过粪便间接观察，一般如粪便干稀适中，色泽正常，则表明消化吸收没有多大问题。如粪便发生不正常变化，如过干、过稀、颜色变异等，则表明消化吸收功能发生障碍，应及时治疗。

对活动频率、精神状态的观察，也可看出一些问题。只要发现问题，应及时处理、迅速调整护理策略，不可拖延。

(2)创造良好的妊娠条件：除加强营养以外，还需从许多方面为妊娠创造条件，以保证胎儿的良好发育。首先，保证投喂饲料、饮水的清洁、卫生，并能充分满足需要。其次，创造一个安静舒适的外部环境。具体做法包括减少人员活动，不要有较大的声响，严禁各种动物进入场内。第三，保持一个干净卫生的内部环境。包括清扫并保持笼舍、地面、用具的清洁卫生。第四，做好其他管理工作，并准备好各种必备用具，包括提前准备各种接生用具等。

(3)妊娠期饲料要相对稳定，不要突然更换饲料：因为母狐怀孕后择食性强，改变饲料容易引起拒食。

(4)做好母狐产仔前产仔箱放草工作：母狐产仔前保温絮草是产仔保活的重要工作，必须认真进行，不容忽视。保温垫草应因地制宜选用较柔韧不易碎的干草，置于阳光直射处晾晒消毒，质地粗硬的稻草还应用打稻机击打或用车轮碾压软化。产仔母狐的笼箱，在预产期前 5～10 天要进行 1 次大消毒，产仔箱、笼网最好用喷灯火焰消毒，也可用环保消毒剂消毒。产仔箱絮草最好采取铁丝网压草的方法，即将垫草先铺在产室内约 5 厘米厚，在垫草上方压上一片铁丝网，让母狐直接在网片上产仔。直接往产仔箱絮草时，要把草先抖落成互相交错的薄片状，成片压入箱中，箱底和四角的草要压实，四边的草弯压在产仔箱内，便于母狐在中间空隙处整理做窝。产仔箱的缝隙用纸糊上，以防止冷风侵入。

(5)进行妊娠诊断和观察，夜间常用手电照射并打开产仔箱箱盖检查，使母狐得到驯化。

2. 流产的防治

流产是妊娠母北极狐的大忌，应注意防止，如万一流产发生，应该及时处理，护理好母北极狐。

(1)流产原因：母北极狐流产，最可能的原因是饲养上的错误。饲料发生霉变、腐烂或肉类饲料中带有寄生虫或已变质等，被妊娠母北极狐食用以后，即可能引起流产，并感染疾病。如果妊娠期饲料结构突然发生剧变，也会引起流产。这是由于母北极狐此期应变能力极差、消化吸收系统及内部生理生化过程不容易随结构剧变而迅速调整，故引起极度不适而流产。饲料中添加剂补饲不当，如维生素不足或不当，食盐投喂过多等，也会流产。除此之外，各种意外碰撞、挤压等也是造成流产的原因。

(2)流产的发生及其处理：流产发生时，母北极狐食欲急剧减退，甚至废绝，表现出极度虚弱、痛苦。流产发生有明显征兆，表现为阴门发红、并渗出黏稠液，继而出现红褐色污物，流产即告开始。可见从阴道内大量流出污浊，呈浓稠糊状或大小不均的褐块状，有的可见到早产的胎儿，有时还发育不全。

母北极狐流产以后，应采取紧急措施，以防止出现败血症。一般应立即肌内注射青霉素 10 万～20 万单位，复合维生素 B 注射液 0.5～1.0 毫升。为了排尽恶露，还可注射催产素 0.5 毫升。对于机械性损伤造成不完全流产时，应立即设法阻止继续流产，肌内注射黄体酮 0.5 毫升，并同时皮下注射 5%葡萄糖加维生素 B_1 等复合注射液，进行保胎。

流产以后应加强饲喂管理，多喂新鲜饲料精心护理，以使之迅速恢复。

(3)流产的预防：流产是可以通过人为饲养管理加以预防的。首先，提高母北极狐的身体机能。保证妊娠母北极狐身体健壮，饮食、活动都很有规律。其次，狐场要保持安静，杜绝突然的惊吓，非本群的饲养人员，不要擅自进入妊娠狐群区内，且没有发生机械伤害的隐患。第三，保证喂食饲料绝对卫生、安全，保证投喂新鲜饲料。第四，防止妊娠母北极狐发生疾病。第五，经常观察，发现有流产迹象，如阴部出现血迹等，应立即检查并进行补救。

3. 难产的防止

母北极狐难产的原因很复杂，但归结起来，主要可分为产前原因和产中原因。

(1)产前原因主要指在妊娠期的不合理饲喂管理种下难产的

祸根。其一,高蛋白饲料过多,胎儿发育过大过肥;其二,妊娠母北极狐体况不佳,甚至带病妊娠;其三,母北极狐发育不良,骨盆腔狭小;其四,母北极狐缺乏运动,机能减退,没有生命活力;其五,妊娠期意外惊悸,引起胎儿移位,等等。

针对产前原因,防止难产要从妊娠期开始。首先,要搞好母北极狐的妊娠前身体机能的培养准备,不让体能差、有疾病的母北极狐做种繁育。同时,保持母北极狐的营养的合理性,不一味增加妊娠营养。其次,加强妊娠期管理,保证妊娠母北极狐一定的运动量,以保证其生理机能充满活力。

(2)产中原因见第四节中难产的处理及防止。

4. 妊娠期的饲养管理注意事项

(1)妊娠 35 天以后不能随意捉狐。

(2)不能随便服药、注射。

(3)配种后彻底检查笼网、网底的结实程度,防止逃逸。

第四节 产仔泌乳期的饲养管理

从母北极狐受孕之日起,即进入妊娠期,经过 50～58 天左右的怀胎即分娩产仔,继而进入产仔泌乳期。这一时期母北极狐负担很重,而且关系到幼北极狐体能基础发育的关键时期。

一、产仔泌乳期的特点

这一时期,母北极狐与仔北极狐形如一体,此期既是母北极狐的产仔泌乳期,又是仔北极狐的哺乳期。

1. 食欲

母北极狐产前及产后几日内，由于身体感到极度不适，因此食欲下降，甚至不思饮食，呈食欲废绝的暂时现象。但不必为此担心，过几天以后，食欲即恢复至正常，食量迅速增加。这一时期，母北极狐比较挑食，喜欢吃干净、新鲜的饲料，对动物饲料、蛋白质、维生素及矿质元素需求较多。而且，要求饲喂期内食物结构变化很小，保持相对稳定。

2. 机能

产仔泌乳期，由于产仔消耗很多，一般母北极狐比较虚弱，对外界各种不良环境抵抗能力很差，不能受凉、活动剧烈等。这一时期，母北极狐大量泌乳，喂食仔北极狐，负担也很重。

二、产仔泌乳期的饲喂

一般地讲，此期母北极狐的营养需求与妊娠期相似，既要满足自身正常代谢及恢复需要，还要满足仔北极狐乳汁需要。为了保证乳汁正常分泌，常在饲料配比中加入一些催奶饲料，如各种动物奶汁及奶粉、豆汁等高脂蛋白。

这个时期开始阶段，仔北极狐尚不能直接吃食，只能靠乳汁为生，所以饲料以母北极狐为核心配制，一般多吃多喂，不严格限制吃食数量。而过一段时间以后，母北极狐开始教仔狐吃食，往往从产后 3 周起，母北极狐即开始把饲料叼过来哺喂仔北极狐。这个时候，饲料的配制就必须特别考虑仔北极狐。

产仔哺乳期的日粮应维持妊娠期水平，饲料种类上应尽可能做到多样化，适当增加蛋、乳类和肝脏等容易消化的全价饲料。每天的投料量在 620～800 克之间。仔狐一般在生后 3 周起开始吃母狐叼入产仔箱内的饲料，所以此期母狐饲料加工要细碎，并且易于消化吸收。4～5 周龄的仔狐，可以从产仔箱爬到笼里吃食，为避免抢食，可将饲料放在盆里进行补饲。

三、产仔泌乳期的管理

产仔泌乳期的管理的主要任务是保证母北极狐顺利产仔，并帮助其迅速恢复身体机能，同时加强对仔北极狐的护理。

1. 巡查

在母狐进入预产后期，饲养人员就要对母狐进行经常的巡查。这个时间一般是交配后的 47～52 天。巡查时饲养员可轻开产仔箱的上盖，查看母狐的动静。一旦发现窝中的母狐开始产仔，就要守候在产仔箱旁观察。

2. 监护母狐产仔

母北极狐在临产前一周即出现明显的反应。首先表现为乳头外露，平时母北极狐乳房并不膨大、乳头为被毛覆盖。此时，母北极狐乳房迅速膨大，且用嘴拔去乳房处的被毛，露出乳头。

其次，出现频尿、多便反应，因为此时仔北极狐已剧烈压迫膀胱等部位，刺激排便。而且，临产前，母北极狐都迫不急待地叼草做窝，十分忙碌，并紧张不安。但是此时行动迟缓，并时常鸣叫。当母北极狐突然拒食时，产仔即迫在眉睫。

蓝狐生产时间，大多集中在夜间，尤其是黎明时分最多，分娩过程多数持续 2～3 个小时，也有的 1～6 个小时。

监护母狐产仔要特别注意产第 5～6 只仔狐后的情况。如果母狐对出生后的仔狐不管就要人工帮助处理。饲养员应取出刚产下的仔狐，撕去胎膜，撕断脐带，用红外线灯将仔狐烤干，然后放回窝中。一般高产母狐，在生第 10 只仔狐后很容易出现问题，因母狐这时体力下降，已无力对自己所产的仔狐进行舔干等处理，因此更需要进行人工辅助处理才能保证仔狐成活。过去老管理办法是要在母狐产仔后 24 小时之后才让饲养人员观察，而这时一些后出生的仔狐因得不到适当的照料而早已死亡。采用监护产仔后仔狐得到了及时护理，同时也使狐窝保持了干爽舒适，从而大大提高了仔狐的成活率。

采用监护产仔，仔狐成活只数多，对 1 窝仔狐 10 只以上时，可以由低产母狐来代乳。

实行监护产仔狐群中，可能会有极个别的母狐会有食仔现象，如果还有仔狐活着，马上把仔狐拿出来，找其他产期比较接近的母狐代哺。产仔结束后对这样的母狐进行淘汰，因这种母狐母性差，已无留种价值。

3. 难产的处理及其防止

如果是初产母狐头胎，对已有临产征兆又迟迟看不到仔狐的难产母狐，应做及时处理。这种已超出正常妊娠期的母狐，突然极度不安，虽然强烈努责已见胎膜和羊水，但是胎儿久不产出；或分娩中途受到惊吓，突然停止分娩，夹着部分露出的胎儿在笼箱内乱跑；或患狐精神沉郁，食欲减退，卧而不起，努责次数少、时间短且力量弱，长久不能产出胎儿。根据这些症状，可确定为难产。

经确定难产，首先应适时使用催产素。如果催产素使用过早，子宫颈口未开，在催产素的作用下子宫会强烈收缩，易造成子宫破裂；使用过晚，胎衣已破裂，羊水流出，易使胎儿窒息死亡。发现母狐难产可注射催产素 10～20 单位催产，催产失败应实施人工助产。助产时，术者手戴乳胶手套，对外阴部、器材手套用 0.1%高锰钾溶液严格消毒；然后用 75%酒精棉球对外阴部及手指进行 1 次消毒；用 5 毫升针管向产道内注射 2～3 毫升甘油或液体石蜡，方法先内后外缓慢注入，做产道润滑处理。术者将一指或二指伸入产道，矫正胎儿后用两指挟住胎儿，即可拉出胎儿。一般情况只要拉出第一胎，以后胎儿在短时间内可自然产出。经催产、助产无效时，要及时进行剖腹产手术。

(1)麻醉、保定、消毒：用 816 麻醉剂 2～3 毫升皮下肌内注射，使其全身麻醉，仰卧保定。术部在腹部正中线上脐后方至耻骨前缘处。用温开水把周围被毛打湿，用刮胡刀刮净被毛。先用碘酒(或高锰酸钾)消毒，再用 75%的酒精棉球消毒，固定好创口部(术者和助手也要注意消毒)。

(2)切开腹壁：切口约 10～15 厘米，依次切开皮肤、肌肉及腹内膜，随时用止血钳止血，并防止肠管脱出。

(3)拉出子宫：用二指伸入腹腔探寻子宫，慢慢将其拉出术口外。由助手将一块经消毒的大纱布把子宫与腹腔隔离，防止切开子宫时胎儿漏入腹腔。

(4)取胎：在子宫大弯部做 4～6 厘米的纵向切开，将覆盖着胎膜的胎儿顺次取出，然后轻轻剥离胎衣与胎盘。由另一位助手擦净胎儿鼻孔黏液，用丝线结扎并剪断脐带，胎儿交饲养员护理(注意保温)。另一侧子宫角如有胎儿，仍用同样方法处理。

在手术过程中，如发现胎儿在子宫里腐烂并与子宫粘连时，为保母狐性命须切除子宫。

(5)缝合：用温热生理盐水冲洗子宫腔，并在子宫腔内撒布青霉素粉，用 4 号丝线做子宫全层连续缝合。再用生理盐水冲洗子宫，将子宫复位于腹腔内，腹腔内撒布青霉素粉。把腹膜与腹直肌作连续缝合，再将皮肤进行结节缝合。切口处涂碘酊，用消毒纱布覆盖伤口并包扎。

(6)护理：术后用 5%葡萄糖、氨苄青霉素、地塞米松及维生素 C 进行静脉注射。对术部做定时检查，涂酒精或碘酊，7 天后拆线。对母狐注意保温，适当加强营养，可使母狐恢复快且避免感染。母狐经过手术会使乳汁不足，给仔狐饲喂母乳之后，要进行人工哺乳，以提高成活率。

手术中未切除子宫的母狐，下一年度仍可以参加配种并能怀孕。

4. 产后检查

检查时轻轻打开产仔箱后盖，用产仔箱小门板挡住母狐头部，把母狐用捕狐钳将狐脖子套住，提出产仔箱。提出产仔箱时要看母狐乳房周围的毛没有拔干净，应及时人工将毛拔掉(记住要顺着毛拔)。同时把产仔箱里的粪尿，用产仔箱里的毛擦干净，仔狐肚脐带如果长可用消毒好的剪子剪去，保留10厘米即可。检查结束后，把母狐从前门放入笼里，注意动作一定要快，不使母狐有挣扎的机会，否则会伤害仔狐。不要将母狐强硬驱赶出产仔箱检查，因驱赶过程中会造成母狐极度惊恐、乱蹦、乱跳，会踩伤仔狐。检查后个别母狐会叼仔狐在笼里来回走动，有的母狐扒箱底，这时饲养员不要去看，母狐叼一会儿仔狐，就会把仔狐放回产仔箱，一般不会叼死仔狐的。

产后检查一般在产后的6～8小时进行。检查主要采用听和看两种方法：听，主要是听仔狐的叫声；看，主要是观察母狐吃食、粪便、乳头及活动情况，从而判断仔狐是否平安健康。健康仔狐很少有叫声，或可听到宏亮有力的“吱吱”叫声，持续时间较短，这种情况下不必开箱检查。当听到嘶哑无力的叫声时，应设法引逗出母狐，开箱检查。检查时先用窝里的垫草搓手后再进行。检查内容包括胎产仔数、成活数、仔狐的健康状况、吃奶和垫草等情况。健康仔狐在窝内抱成一团，拿在手中挣扎有力，身体温暖，发育匀称；体弱的仔狐大小不一，毛色较浅，绒毛潮湿，在窝内东分西散，拿在手中挣扎无力、叫声嘶哑，腹部干瘪，此时，就应采取措施，首先诊治疾病，再进行人工饲喂。母性强的母狐，产后食欲正常，很少独自在箱外活动，乳头饱满。对于食欲差，稀便，频频出入产仔箱的母狐应及时检查。有些母狐，由于检查而引起不安，出现叼起仔狐乱走的现象，这时应将其哄入产仔箱内，关闭箱门，并保持环境安静，一般情况下 2 个小时后母狐便可恢复正常。

5. 产后护理

(1)对顺产母狐，因为产后胎衣胎粪都由母狐吃掉，所以产后 1～3 天采食量很小，有的甚至绝食。但应注意的是，无论母狐采食与否，都应保持笼内常有食物，并且保证食物新鲜卫生，直到正常采食为止。

(2)产后 3 天母狐采食量开始有所增加，这时多半在无人安静时快速采食，之后马上回到产仔箱内护理仔狐。此时应在饲料中加抗生素，预防乳房炎的发生，以提高仔狐成活率。可投喂复方新诺明，每次 2 片，一天 2 次，连用 3 天。在饲喂时应加喂一顿，每天最好加喂 2 个新鲜生鸡蛋，以提高奶水质量与产量，使仔狐快速成长。

(3)注意观察母狐及仔狐，看是否有脐带互相缠绕或脐带绕在母狐尾巴上等异常情况，如有，可及时处理，以降低死亡率，提高成活率。如发现仔狐掉出铁笼外，或仔狐在铁笼内而母狐不知道叼到窝内，这时饲养员可戴上干净手套把仔狐轻轻放入窝内。

(4)如发现母狐采食量突然下降，并且鸣叫不安，在铁笼中时间较长，这时应该打开产仔箱观察仔狐，这种情况下多半是仔狐已经死亡，应做相应处理。

6. 泌乳母北极狐的护理

(1)注意防治产后患病：母狐产仔后二三天之内是易患病的时期，如果产后食欲迟迟不能恢复，且乳头色淡、干瘪，活动出现异常，则可能患病，应及时诊断治疗，不能延误。

(2)注意饲料和饮水供应：产后母北极狐一般食欲恢复很快，需加强饲喂管理，多投喂新鲜可口饲料。与此同时，应保证供水充足的饮水。因为产后仔北极狐体内生理水分失散太多，需大量补充，都有强烈的饮欲，应及时供应干净饮水。否则，母北极狐很容易在口渴的驱使下去吃食仔北极狐。

(3)弱体质北极狐的照顾:有些体质较差的母狐产仔以后,更需要加强护理,特别关照。而对一些高产母北极狐要特别加以保护,以保证来年继续作种。因为高产母北极狐一窝产仔数量大,泌乳强度大,发生乳房炎可能性大,所以需要注意防治,同时应采取仔北极狐代养、提早分窝等措施,减轻其负担。

(4)母北极狐的催奶:产后母北极狐有的少奶、甚至无奶,给哺乳仔北极狐带来很大的困难。

无奶或奶不足的母北极狐乳头干瘪,无心哺乳,仔狐明显瘦弱,母仔关系疏远,影响仔狐正常发育。此时,除人工喂养仔北极狐以外,更重要的是采取积极措施,进行人工催奶,使母北极狐逐渐具备哺乳能力。催奶的主要方法有以下几种。

对于刚产仔的母狐,采取连续注射催产素的方法催奶。每日早晚各注射 1 次,每次剂量为 2 毫升左右。

分娩几天以后,催产素作用减小,此时可采用催奶片催奶。每日早中晚各 1 次,每次服用 4～5 片。

另外,采用食物催奶的方法也很奏效。每天在饲料中加入牛奶、羊奶或奶粉,以及猪蹄汤或肉汤等,都能起到催奶的作用。

(5)遇有母狐缺乳、无乳或母性不强不会护仔甚至弃仔等情况时,可将仔狐代养出去。整个哺乳期间,必须密切注意仔狐生长发育状况,以便及时采取措施,确保仔狐正常生长发育。

第五节　仔、幼狐的饲养管理

仔狐是指从出生到断乳这一时期的小狐,幼狐是指断乳后到 5 月龄这段时间的小狐。仔狐和幼狐的饲养管理时间,大约在每年的6月下旬至9月末左右。这一阶段的工作重点,一是加强卫生防疫工作;二是提高日粮的质量和营养水平,使仔、幼狐健康而迅速的生长发育。

我国养狐业目前普遍存在的问题是动物性饲料比例偏低,所饲养的狐狸个体小,皮张质量差,与养狐业发达的国家相比有较大的差距。因此,每个养狐从业者都要注意克服这个差距,在仔狐、幼狐时期就开始认真地搞好饲养管理。

一、仔狐的饲养管理

1. 哺乳期的特点

(1)仔北极狐哺乳特点:哺乳期是母仔共处时期,此期母北极狐则大量泌乳喂食仔北极狐。仔北极狐尚不能取食、只能以母北极狐乳汁为主。

由于一般每只母北极狐一胎往往产仔多只,所以仔北极狐的乳汁需求常常不能得到充分满足,出现缺奶现象。而且一只母北极狐也难以独立承担对于过多仔狐的护养。因此常常需要人工哺乳或代养。

(2)仔北极狐的生长发育及行为特点:仔狐初生时都闭着眼睛,没有听觉,没有牙齿,全身长着灰黑色的胎毛。初生仔狐体长8～12厘米,平均体重60～90克,如果低于60克,则不易成活。一般是母狐产仔多的,仔狐轻;母狐产仔少的,仔狐重。仔狐出生14～16天后才睁开眼睛,并陆续长出门齿和犬齿。3周起开始吃食,45～50日龄左右可断乳分窝。大约5～6月龄就能长到成年狐大小。

在这一时期,仔狐和幼狐生长发育的规律是:体重和体长在生后前2个月增长最快,2～4个月增长较快,5月龄以后,生长强度降低，到了 6 月龄生长基本停止，绝大多数达到性成熟。

(3)仔北极狐的抗逆性：哺乳期内，仔北极狐的发育尚处在稚嫩阶段，对外界变动抵抗能力很差，需要得到保护，人为检查照顾是重要的。

这一时期，仔北极狐要经历一个免疫系统变化的重要转折。它的机体免疫功能由遗传性向后天获得性转变。因此，这个时期免疫系统尚不完全，需要人工辅助防疫。

2. 仔狐补饲

仔狐 3 周龄开始采食饲料时开始补饲，一直补饲至 45～50 日龄，分窝前母、仔狐同补，分窝后幼狐单补。补饲的饲料要“优、稀、少、净”，“优”指饲料质量要好，比如初喂饲料中加点奶、鸡蛋等；“稀”指饲料不要太黏稠，以防伤胃；“少”指少量不要喂的太多；“净”指吃的净，不剩食。

(1)补饲配方

配方示例 1(开始补饲～30 日龄)：鲜鱼(或鲜肉)35%，鲜乳(或乳粉)55%，大豆饼粉 2%，玉米粉 8%，酵母 5 克/只，骨粉 2 克/只，食盐 1 克/只。

配方示例 2(30 日龄～断乳分窝)：鲜鱼(或鲜肉)30%，鲜乳(或乳粉)50%，大豆饼粉 5%，玉米粉 15%，酵母 6 克/只，骨粉 2 克/只，食盐 1 克/只。

(2)补饲方法：开始补饲时，往往由母狐带领仔狐同时采食。母狐饲喂仔狐，有三种情况：母狐不吃、等小仔吃完再吃；母狐和小仔同时抢着吃；母狐不让小仔吃，自己吃完再让小仔吃。根据这三种情况，要分别对待，母狐让小仔吃可给母狐喂食，如母狐和小仔同吃或不让小仔吃，可把母狐关在产仔箱内让小仔吃，然后再喂母狐。如果有个别仔狐不会吃，饲养员可将其嘴巴接触食物，或把饲料抹在仔狐嘴巴上训练它吃食。经过 3～4 次的训练，仔狐就能独立采食，而且食量猛增，这时可放在几个食盘里进行补饲。刚开始补饲，不要喂得太多，要逐渐增加食量，防止消化不良（表 6-1）。补饲的次数可根据日龄和消化情况来决定，一般每天 2～3 次。实践证明，在饲喂母狐的时候给仔狐补饲最好，这时母、子可以分开喂，防止母狐抢食。

表 6-1 不同日龄崽狐的补饲量

仔狐日龄	补饲量(克/只)
20	20～100
30	150
40	250
50	350

3. 哺乳期仔北极狐的管理

哺乳期内，仔北极狐的营养靠母北极狐乳汁供给，多数能得到基本满足。但一般在人工饲养环境下，进行人工哺乳以补充乳汁不足，是加强仔北极狐营养，促进其正常生长发育的重要措施。与此同时，进行哺乳检查、采取异母代养等，都是此期重要管理措施。

(1)适宜的产仔箱温度：仔狐初生时，产仔箱内温度宜温暖，35℃仔狐活力最强，20℃以上时，活力正常，低于 20℃活力下降，12℃时即假死呈僵蛰状态。仔狐 3 周龄以后由于采食饲料和运动增强，产仔箱内温度宜凉爽，应打开产仔箱上盖加强通风，有利于防止产仔箱内温度过高。

(2)仔北极狐的人工哺乳及代养：仔狐出生后 1～2 小时吃到初乳，然后大约 3～4 小时吃乳一次，吃饱后仔狐便进入沉睡，只有醒来未吃到奶时才发出短促有力的叫声，一旦吃到奶就不叫了，隔着窝箱可以听到其吮乳的“咂咂”声。如果总是听到仔狐发出嘶哑的叫声，母狐也躁动不安，时而走出窝箱，很可能是仔狐吃不饱，这时就应检查仔狐，看其腹部是否饱满，同时检查母狐，看其泌乳是否充足。当确定是因为母狐泌乳不足而使仔狐吃不饱时，就要视母狐的情况及时进行人工哺乳和代养。代养前一定要让每一只小狐及时、充足的吃到初乳。因为初乳中含有许多幼狐所必须的免疫球蛋白，并且，这些免疫球蛋白在小狐出生后大约72小时后，由于肠壁闭锁，就再也不能被肠壁吸收。把好开口关，是提高成活率的关键方法。

①仔北极狐的人工哺乳：先将全脂奶粉配成20%～25%的浓乳汁，温度为35～37℃；添加葡萄糖(25%～50%)3～5毫升和少许胃蛋白酶。也可用鲜牛、羊乳直接饲喂仔狐。开始时加适量水分，一周后可以直接用鲜乳饲喂，但鲜乳里应加胃蛋白酶或乳酶生以利于消化。

然后，用注射器吸入配合好的乳汁，在安针头处接上滴管(或自行车气门芯)，放入仔狐口中；用手缓缓推动注射器，将乳汁送到仔狐口里。开始时每日哺乳6次，每次4～8毫升；7～10日每日哺乳4～5次，每次10～12毫升；15日以后每日3～4次，哺乳量每次15～20毫升，以后根据消化情况逐渐增加，让仔狐吃饱为止。15日左右开始训练仔狐自己采食。用乳汁和少量的熟制的动物性饲料(越碎越好)混合后放在小盘内让仔狐自己舔舐。每次饲喂不宜太饱，若发现腹胀，应立即按摩腹部，以助消化。

人工哺乳的注意事项：人工哺乳的仔狐要单独饲养；每次饲喂后，都要用棉花或卫生纸轻擦仔狐的肛门和尿道口，刺激仔狐排便(否则，易使仔狐胀肚死亡)；人工哺乳饲料中应经常加入微量鱼肝油、维生素C、钙片和土霉素片，有利于仔狐生长发育及消炎防病。

②仔北极狐的代养：当母北极狐繁殖率很高，一胎产仔数超过10只以上，或泌乳严重不足、剖腹产、有食仔情况时，均需进行仔北极狐代养。

代养母狐与被代养母狐产期相近，初生仔狐代养时不宜超过

3 天时间，代养母狐母性强，奶水丰盈，自身产仔数较少。

代养的方法有两种：一是让代养母狐自己叼入被代养仔狐；二是把被代养仔狐混入代养母狐的仔狐窝内。两种方法成功率都高，但代养母狐叼入法更能直接观察到代养是否成功。

代养时的注意事项：代养时动作要快而轻，勿使代养母狐受到惊恐刺激；注意勿使被代养仔狐沾染较强烈的异味，代养前用代养母狐窝中或笼下垫草搓擦被代养仔狐身体，不必过多往其身体上涂擦代养母狐的粪尿；代养后要再观察一会儿，如母狐不接受，需及时更换母狐代养。

(3)注意卫生：仔狐采食前，母狐有吃仔狐粪便的习性，一旦仔狐开始采食，母狐便不再吃仔狐粪便。所以从仔狐开始采食起，每天要打扫窝箱，保持窝箱的干爽和清洁卫生。

二、幼狐的饲养管理

仔狐从分窝算起到长成成狐，也就是从分窝到取皮季节，留种公母狐性器官已长成熟，选优良的留种，其次的取皮，这个时期也称之为育成期。

1. 育成期特点

仔北极狐长到 45～50 天，即可以独立取食、断乳分窝，进入育成期。分窝后是育成期的关键时期，有很多工作要做，哪项都不能忽视或者省略，一旦忽视或省略某项，就会造成严重的不良后果。

(1)环境特征：进入育成期，气候已经是夏天，气温高、湿度大，饲料容易取得，却也容易腐败。而且病菌容易繁殖蔓延，引起北极狐群感病。

幼北极狐断奶后，与母北极狐分离，有一种失落感，开始时对周围环境不太适应。

(2)幼北极狐生长发育特点：幼北极狐育成期，生长发育特别快。在90～120日龄期间，幼北极狐体重及体长迅速增加，体重由60日龄的1400克左右提高到3000～4000克。而到了120～150日龄时，这种生长速度尽管有所降低，但仍然在进行个体生长，到了5月至6月龄时，这种生长才基本成熟。与此同时，幼北极狐的生殖生长也趋于成熟。

(3)幼北极狐行为发育特点：在幼北极狐育成期，幼北极狐取食量逐渐加大，同时对食物的多样性的要求越来越高。从活动而言，幼北极狐十分活跃，常在笼舍里积极活动，很少像有的成北极狐那样能静下来。

在育成期，幼北极狐的行为趋向成熟，首先慢慢形成在固定地位排便的习惯。其次，形成正常饮食的习惯，并表现出一定的出室活动的规律。第三，由于分窝后往往多只共养，所以慢慢形成一种群集的特征。

2. 幼狐的饲喂

(1)育成期的营养需求：育成期营养生长、生殖生长都很迅速，幼北极狐骨骼、肌肉生长都迅猛异常，对营养提出更高的要求。因此蛋白质、脂肪、矿物质及维生素的供给是很重要的。

育成前期与后期相比，生长更快，因此往往要求更多的营养供应，并且要求蛋白质充足、营养全价。这样才能保证幼北极狐长成大骨架，为形成大张幅毛皮打好基础。而后期对蛋白质的需求可稍微降低。

由于幼北极狐在育成前期消化系统尚不健全，所以必须适当喂食助消化药物，如酵母、胃蛋白酶等，并要求饲料配制得稍稀一些。

(2)日粮配给及饲喂：育成期的日粮量是变化的，尤其前、后期之间相差很大。一般要求育成前期每天日粮供应保持在500克左右,后期保持在600克左右。随着日龄增加,日粮量也增加。

幼狐分窝以后不能定量喂食,应吃多少给多少,而且食不能太稀,并增加脂肪的含量。多年流行一种说法,即让幼狐能吃多少吃多少,多多益善。为"撑大个",这样做无可厚非,但实际情况不能过于绝对,不能到过量饲喂的地步。过量饲喂,弊病之一就是对胃肠功能的损坏,并造成胃肠功能的紊乱。典型的弊病就是胸腹鼓胀,甚至造成死亡。所以,掌握适宜的饲喂量是非常重要的。应根据幼狐断乳的早、晚、大小、公母、食欲健康状况,合理定量。以幼狐快速吃食后食盆尚有些食渣为宜;全部吃光为饲料偏少;快速食后还有半盆,为饲料过量。也可以通过观察粪便进行判断,幼狐的粪便全是稀便,一滩一滩的,一定是饲料量偏多;幼狐的粪便全是硬干条,一定是饲料量偏少;幼狐的粪便全是软便,落地为塔状,说明饲料量适宜。所以,正规养北极狐场一般要求6~9月每日饲喂3次(8:00时饲喂一次,12:00时饲喂一次,17:00时饲喂一次),早喂饲量占日粮总量的30%,午喂饲量占日粮总量的20%,晚喂饲量占日粮总量的50%。

3. 育成期的饲养管理

育成期的管理除了抓好断奶分离,选种分群以外,主要应围绕防暑降温和预防疾病。

(1)幼北极狐断奶分窝:原则上仔狐分窝应达45~50日龄,过早分窝影响幼狐生长发育,过晚分窝不利于母狐产后恢复。当幼北极狐能够自己取食,具有独立生活能力时,必须结束母北极狐抚养,实行断奶分窝。

①断奶分窝的前期准备:在育成期开始前后,包括在哺乳期最后一段时间,应加紧进行分窝准备工作,具体包括幼北极狐吃食训练、分窝笼舍准备以及同窝幼北极狐的大致分类等。

当仔北极狐开始吃食糊状食物时,人为补饲高营养食物,如果有的不会吃，则采取喂食——将嘴接触饲料，让其主动吃食入嘴。经过一段时间后，即学会吃食。

育成期开始时，要准备供幼北极狐几只合养的圈、笼舍。圈、笼舍要求消毒干净，尤其是先前养过动物的，更应如此。另外，还要在小室之内铺垫足够干草，供其卧躺。

另外，在分窝前，还应该对每窝幼北极狐尤其是大窝幼北极狐进行检查、分类，以便分窝时进行分别对待。如发育不良的幼北极狐往往要再留窝一段时间，由尚具一定泌乳能力的母北极狐进行进一步的母北极狐哺养。一般地，断乳分窝越早，越有利于促进幼北极狐生长。

最后，还需要建立血缘关系卡片，以便为以后的选种等准备比较完善的种源档案。

②断乳分窝的具体实施：分窝时采用专门捕北极狐的工具或自制的工具，或者干脆采用徒手（戴上手套）进行捕捉。先把母北极狐赶入产仔箱关起来，把留在外面的幼北极狐先捕出分别投入准备好的笼舍，然后再将产仔箱打开，放出母北极狐及随之进入产仔箱的幼北极狐，再强行分窝。

同窝仔狐大小均匀，可一次将母、仔分开；若同窝仔狐数量多、发育不均匀，要分批分期断奶，即先将健壮的分出去一半，把弱小的一半暂时留给母狐继续哺乳，待健壮后再予分窝，但最晚不要超过60日龄。

狐仔和貉仔不同，貉仔分窝后可几只放在一起养，仔狐不行，分窝时必须把仔狐分成1只一笼或2～3只一笼，不然会产生互相残杀的现象，弱肉强食，会杀死部分仔狐。分窝后按笼挂签，登记谱系，以备选种时用，如果养的很多，凭记忆是记不准的，严防近亲选留种。到75～90日龄即可单笼饲养。

(2)选种分群：在育成期是选择狐种的好时机，无论是老狐场、新狐场，选择狐种是首要的工作，主要是补充种北极狐群的不断淘汰老龄种狐后留下的空缺，但为了保证种北极狐群体保持最佳繁殖年龄段(2～3 岁)，所以每年补充的数量不宜太高，最好占种北极狐群体的 25%～30%。选择狐种分初选、复选、决选三个阶段。

①初选：在断乳后，主要根据其祖先生产性能进行选择，将双亲生产性能优良、出生早且发育正常的留作种用。初选幼北极狐应是 5 月 20 日前出生的。初选时应按留种计划多留 40%的数量。

②复选：北极狐在 9 月中旬(即幼龄狐为 4～4.5 月龄时)进行。把生长发育快，体型大(4 月龄幼狐，体重达到 4～4.5 千克，体长 60 厘米以上)的幼狐全部选留下来，此选留的数目要比年底计划留种数多留 25%～30%。

③终选：一般在 11 月下旬取皮时进行。在复选群中应根据种狐标准选无褐色毛和杂毛，银色毛强度大，针毛稠密而有光泽，绒毛不缠结，12 月份体重应达 7000 克以上，换毛早，食欲旺盛的公、母狐留做种狐。精选应优中选优，选出的优良公、母狐，应加强饲养，控制好体况。

经过选种，剩下的就是皮北极狐，选留的种北极狐按照种狐准备前期的标准饲养。

(3)适时疫苗接种：全群幼狐每只用肠虫清 2 片或驱虫净 1～2 片进行一次性驱虫。同时，在 2 月龄左右时，要接种犬瘟热、病毒性肠炎、脑炎等疫苗，防止各种传染病的发生。

(4)加强卫生管理，预防疾病发生：幼狐育成期正值天气炎热的时期，也是各种疾病的多发期。首先，要经常保持干净卫生。夏季温度高、湿度大，剩食残水及粪便极易腐败，要随时清洗和打扫。并经常注意消毒防疫，把疾病消灭于萌芽之中。其次，夏季病菌滋生蔓延很快，活性很强，所以往往容易使幼北极狐得病。因此应该认真注意对幼北极狐进行观察，防病治病，并经常在饲养场准备一些必用药，如消毒水、青霉素、复方新诺明等。

(5)补硒:狐在育成期补硒非常重要,如不补硒育成狐易得白肌病,白肌病的症状为狐肌肉无力,往往一夜之间双腿拖地不能直立,而照常吃食,不久会逐渐死去。补硒的方法是每月每只往饲料里加亚硒酸钠维生素 E 粉 0.1～0.3 克。

(6)驱虫:寄生虫分为体外寄生虫和体内寄生虫两大类。分窝后应对老狐和幼狐同时驱虫,驱虫可用通灭、害获灭、阿维菌素、伊维菌素等,用法用量按药品使用说明书。

(7)防雨淋仔狐:分窝后正逢雨季,所以要特别注意防雨,雨淋后的幼狐易患感冒、肺炎、脱肛病,防雨应事先做好准备,覆盖好笼舍,另在下雨刮风时,注意检查覆盖物是否被风吹翻、漏雨,已被淋狐及时擦干,另观察其 1～3 天,看是否感冒、脱肛,如感冒、脱肛要及时治疗。

(8)仔狐易患的疾病:该时期狐狸对疾病的抵抗力增加,天气渐冷,患疾病的机会减少,但有些疾病不容忽视。入冬时天气变化异常,温度下降,狐狸不能马上适应,易患感冒,引发卡他性支气管炎、卡他性肺炎。由于食物变质引起中毒,引发胃肠炎、出血性胃肠炎。食物不易消化,消化不良胃肠功能紊乱,胃胀气。如果进食正常,但变得消瘦,则应考虑体内有寄生虫。如果缺少必要的微量元素和各种维生素,易患各种代谢性疾病,这些疾病某些症状可直观反映出来,有些则经过长时间才能反映出来。应按需求量添加。

(9)严防幼狐中暑:夏季炎热,尤其是高温、高湿无风天气时,要严防幼狐发生中暑。预防措施是向笼舍地面洒水降温,中午和午后经常驱赶熟睡的幼狐运动,张挂遮阳网防止阳光直射笼舍等。要准确掌握食盐喂量,用量增多又缺乏饮水时,极易导致幼狐中暑。

(10)驯化:对留种的幼狐,可采用食物引诱和爱抚等方法进一步驯化,能收到显著效果,有利于将来的饲养繁殖。

①驯化与人亲近:留种的幼狐应进行人工驯化,多与狐狸接

触，使之与人亲近，消除恐惧。

②驯化适应环境：驯化对周围的事物及发生的各种声音相适应，有条件的地方可人为模拟各种声响使其适应。这种驯化要逐步进行，不可突然袭击、惊吓，以免狐狸惊恐。

③卫生条件驯化：为使狐狸卫生，毛皮光泽，防止黏结，应驯化幼狐排便有固定的地方，防止便在产仔箱内、食槽内和水槽内的不良习惯。

(11)定时称重：种用狐应定时称重，定时称重可分为分窝时称重，分窝后每15天、30天称重，如留种用狐太多，可称其一部分，比如称重量大、中、小三类小狐的代表，余下可大、中、小狐来酌情猜定，不必各个称重。称后做好记录，以便给选种打基础。

(12)留种公狐的配种训练：配种初期，主要任务是训练公狐尤其是幼公狐学会配种，以便为配种旺期打好基础。

①训练公狐学会配种主要是选择性情较温驯的发情母狐与其放对。注意观察公狐的交配行为，只要公狐有性欲要求，每次放对交配行为逐渐正常和熟练，就应坚持训练。

公狐学会配种以后，再交配其他母狐就比较容易成功了。训练公狐交配的过程中要有足够的耐心和爱心，禁止粗暴地恐吓和扑打公狐。

要特别注意防止公狐被母狐咬怕（公狐最怕头部被咬）或咬伤。否则，会使公狐发生性抑制而失去种用机会。

②放对配种中要注意观察每只种公狐交配行为的特点，对交配速度快、母狐不站立不抬尾也能交配成功的有特殊交配技能的公狐要控制使用，以便专门用来解决难配母狐的配种。

③前一日要做好翌日放对计划，翌日放对时优先给交配急切和达成交配成功率高的公狐放对，同日内既有复配又有初配时，应优先给需复配的母狐放对。

④公、母狐之间均存在不同程度的择偶性，有些个体表现出很

强的择偶性。择偶性强的公狐应控制使用，择偶性强的母狐可通过多与公狐试情来选择合适配偶。

第六节　恢复期的饲养管理

公狐配种结束，母狐即进入妊娠期，往往把主要精力都放在妊娠母狐身上，而忽略了公狐恢复期的饲养管理；当仔狐断乳分窝后又把工作的重点转移到对育成狐的饲养管理上，忽略了对母狐恢复期的饲养管理工作。实践证明，恢复期的饲养管理好坏，对翌年的生产有非常重要的意义。凡生产效果好的狐场，饲养的经产母狐应占繁殖母狐的 60%～70%，如果这部分母狐翌年繁殖失败，其生产将受到严重的影响。恢复期的饲养管理必须引起足够的重视。

1. 恢复期的特点

恢复期是产后种北极狐进行机能恢复的时期。

这一时期，种北极狐经过繁殖期的营养消耗，体况较差、机能稍有衰退。公狐由配种期紧张的交配转为相对静止状态，变得行为懒散，不爱活动，身体逐渐发胖，慢慢变得臃肿松弛。而母狐由于哺乳的大量消耗，一般体况偏瘦，而且食欲较差，采食量少，体重处于全年的最低水平。所以其营养供应要考虑这种差异。

另一方面，静止期气候炎热，正值盛夏至初秋，动物消耗很大，而高温酷暑，又使北极狐群不思饮食，所以饲喂难度很大。

2. 恢复期的饲喂

刚进入恢复期的种用公母狐，消耗营养大，体质极度消瘦，为此在进入恢复期的前半个月时间里，它们的饲养标准必须保留和继续按着公狐配种期的日粮标准；母狐按妊娠期的饲养标准饲喂，以后逐渐转入恢复期的饲养。

恢复期第一个月的日粮配合按妊娠期日粮配合的规定，以后可降低饲料中蛋白质含量；日粮中肉类占30%，谷物占40%，蔬菜占30%；供给足量维生素C，入秋后逐渐提高到配种准备前期的水平。一般要保证饲料日量达到母北极狐550～650克，公北极狐达600～750克，每日饲喂2次(7:00时饲喂一次，17:00时饲喂一次)。早喂饲量占日粮总量的40%，晚喂饲量占日粮总量的60%。

3. 恢复期的管理

这一时期的管理应围绕防暑降温，防病治病来进行。

(1)防暑降温：此期正值炎热的夏季，应注意防暑降温，确保北极狐在一个舒适的环境下机能得到迅速恢复。

①防暑降温：在笼舍周围经常撒上干净的水，蒸发散热，以达到降温效果。从长远来看，应该在饲养区的周围种植草坪、栽植树木，以防暑降温，调节小气候。

②保证充足饮水：炎热夏季，北极狐失水多，饮欲强烈，应供应充足饮水，保证北极狐能够随时饮用到干净卫生的清凉饮水。而且经常放置水盆在笼中，也可起到调节空气湿度，降低温度的作用。

(2)注意防治疾病：夏季温度高、湿度大，而且处于恢复期的北极狐群抵抗能力较差，所以往往也是疫病流行的季节，应特别注意防治。

①要加强卫生防疫，坚持防疫制度，把疫病控制在萌生之时，使之不能蔓延流行。

②加强卫生检查，发现疾病及时诊治，以免贻误时机，造成流行甚至大量死亡。

③对疾病造成的死亡北极狐体，应妥善处理，以防治病菌再次

感染致病。

④经常性地消毒、检查，尤其在发现疾病以后，更应如此。

(3)根据繁殖期的表现情况，把不能用的种狐做出标记，准备淘汰，淘汰的老种狐及时埋植褪黑激素（具体方法见本章第七节）。继续留种的种狐要集中在一起，以便于管理，注意及时发现和治疗所出现的疾患，并于繁殖结束后和翌年繁殖前接种 2 次疫苗防疫。

(4)监查种狐恢复情况：恢复期至秋分（9 月下旬）时结束，秋分时节种狐秋季换毛明显是恢复良好的体现。如秋分时节老种狐换毛尚不明显，在准备配种期内更要加强饲养管理。

第七节　皮用狐的饲养管理

皮用狐也称商品狐，就是以取皮为目的而饲养的狐狸。皮用狐由两部分组成：一是不能继续留种的被淘汰的种狐，这部分狐狸数量较少；二是当年生的不能留种繁殖的幼狐，这部分狐狸数量较大。

皮用狐的饲养管理一般是从 9 月末开始，直到 11 月末或 12 月初毛皮成熟宰杀取皮为止。在皮用狐饲养过程中为了减少胴体的药物残留，禁止使用抗生素类药物。

1. 减少光照

在取皮前 2～3 月，要将皮用狐养在棚舍光照度较低的地方（如北侧、树阴下），尽量减少光照，这样能提高毛的光泽度，强烈的光照是毛色退化的重要原因。

2. 皮用狐的育肥饲养

在饲养上，主要是保证皮用狐的正常生命活动及毛绒生长成熟的营养需要。为获得优质皮张,9月份以后开始催肥,催肥方式生产的皮张,皮板厚而白,毛色光泽油亮,等级高。同样的北极狐由于脂肪层厚,体积相对增加,皮板的面积亦增加。皮用狐要求9～11月份每天日粮供应保持在850克左右,12月份每天日粮供应保持在600克左右,1月份每天日粮供应保持400克左右。9～11月每日饲喂2次(7:00时饲喂一次,17:00时饲喂一次),12～次年1月每日16:00饲喂一次。日饲2次的,早喂饲量占日粮总量的40%,晚喂饲量占日粮总量的60%。

9～11月份,是狐体成熟的关键性的时期,过于瘦弱或皮毛不光亮的皮用狐可适当加些油脂,和含硫的氨基酸添加剂。油脂可用猪油、鸡油、鸭油、猪皮等。

3. 卫生管理

在日常管理上,狐笼应保持清洁干燥,经常打扫,对地面和笼舍要定期消毒。要注意防止粪便和饲料污染毛绒和防止绒毛黏结。若发现绒毛黏结,要及时梳理,清除缠结毛,以保证毛皮的质量。

4. 患自咬症狐的处理

当年新生的幼狐若患有自咬症疾病,一般在9月的中、下旬就会显现出来。刚开始时,常常朝向一侧转圈;过一段时间后,个别幼狐病情加重,在转圈的同时,啃咬自己的后腿或尾根,并发出恶狠狠的哼哼声。多数自咬病狐啃掉后臀一侧或两侧的针、绒毛,甚至啃掉部分尾毛;严重的咬坏皮肤,甚至咬掉自己的尾巴。这样的狐狸,即使不死,也会因皮毛受损而卖不上好价钱。

由于这种病目前尚无有效治疗的办法,所以只能采取一些对应的控制措施。

(1)带脖套:用塑料编织袋卷成小捆(直径6～8厘米),像给拉车的马带套包一样给狐狸带在脖子上,这样能制止住病狐回头啃咬毛绒。

(2)笼内插棍：狐笼内上下方向插入光滑的木棍或钢筋，棍间的距离比狐身体的宽度稍宽一点。这样患狐能在笼内运动，而不能回头咬自己的身体。

(3)断掉犬齿：将上下 4 颗犬齿用钳子掐断。

(4)药物治疗

①静脉点滴氢化可地松：按狐个体大小决定用药剂量。体重 1～2 千克，每天用药 2 毫升加 5％葡萄糖 10 毫升；体重 3～4 千克，每次用药 6 毫升加 5％葡萄糖 20 毫升；体重 5 千克以上，每次用药 8～10 毫升加 5％葡萄糖 20 毫升。病症稍轻者隔天用药 1 次即可，严重的每天用药 1 次，连续用药 3～4 天。若病症好转不明显，可在停药 2 天后，再用药 1 次。

为了辅助治疗防止病症复发，可在用药静脉点滴同时每天喂给防止自咬粉(配方：蛋氨酸 2 克，地西泮 0.25 克，地塞米松 0.5 克，扑尔敏 0.5 克，塞庚定 0.5 克。这些药品研末混匀拌料进行内服，每天 3 次，每次 1 包)。

若咬伤面积较大，需对咬伤部位用双氧水冲洗后外涂消炎粉，同时每天肌注青霉素 2 次，每次 80 万单位或用其他抗菌药以防发炎；咬伤面积较小者可自然愈合。

②非拉更 2.5 毫克，地塞米松 0.375 毫克，维生素 B_1 2.5 毫克，一次性口服，每天 2 次。

③盐酸氯丙嗪 2.5 毫克，每天 1 次肌注。

④青霉素 40 万单位，氟美松 2 毫克，用水 5 毫升，一次性肌注，每天 2 次。

5. 注意幼狐生长发育及冬毛成熟情况

幼狐育成前期要定期对幼狐检测体重增长情况，了解幼狐生长发育情况；幼狐育成后期则要定期观察冬毛生长成熟情况，如发现幼狐生长发育落后或皮狐冬毛生长成熟缓慢，则应及时查找原因，并迅速加以改正。

6. 褪黑激素的应用

褪黑激素是根据聚合原理合成的内含松果状腺激素的制剂。在狐颈部皮下埋植后，对毛皮动物的生理机能产生影响，提高动物新陈代谢的水平，提高动物对营养物质的吸收率，促进动物生长速度加快，体型加大，毛皮张幅加大，促使毛皮早熟，缩短生长期，使毛皮动物毛皮提前40～45天成熟。

(1)埋植方法

①购买质量可靠的褪黑激素产品：质量可靠的褪黑激素应含量充足、埋植后缓释时间长(3～4个月)，效果明显。褪黑激素产品性质较稳定，一般常温避光保存1～2年亦不失效，如在冰箱中低温保存效果更佳。

②褪黑激素适宜埋植时间

淘汰老种狐的适宜埋植时间是在种狐繁殖结束即仔狐断奶分窝后，淘汰的老种狐在6月份内埋植褪黑激素。但埋植时老种狐应有明显的春季脱毛迹象，如冬毛尚未脱换应暂缓埋植，否则效果不佳。

幼狐埋植时间：当年淘汰幼狐应在断奶分窝3周以后，一般进入7月份埋植褪黑激素。出生晚的幼狐也可在断奶分窝后的8～9月份埋植。虽然提前取皮效果不明显，但埋植后有促进生长、加快育肥和促进毛绒成熟的作用，对提高毛皮质量有益。

③埋植部位：均在皮狐颈背部略靠近耳根部的皮下处。埋植时先用一只手捏起皮狐颈背部皮肤，另一只手将装好药粒的埋植针头斜向下方刺透皮肤，再将针头稍抬起平刺至皮下深部，将药粒推置于颈背部的皮肤下和肌肉外的结缔组织中。注意勿将药粒置入到肌肉中，否则会因加快药物释放速度而影响使用效果。

④埋植剂量：老、幼狐均埋植 2 粒。没必要增加埋植剂量。但要注意防止埋植中药粒丢脱。

⑤埋植时的药械消毒：褪黑激素埋植使用专用的埋植注射器埋植。要严格注意埋植药械和埋植部位的消毒，要用 75％酒精充分浸湿药粒和埋植器针头，埋植部位毛绒和皮肤也要用酒精棉擦拭消毒，以防感染发生。

（2）埋植后皮狐的饲养管理

①采用冬毛生长期饲养标准：皮狐埋植褪黑激素后已转入冬毛生长期生理变化，故应采用冬毛生长期饲养标准饲养。

②适时增加和保证饲料量：皮狐埋植褪黑激素 2 周以后，食欲旺盛，采食量急剧增加，要适时增加和保证饲料供给量，以皮狐吃饱而少有剩食为度。

③低照度环境饲养：皮狐宜养在狐舍内光照较低的地方，防止阳光直射，可提高毛皮质量。

④及时活体梳毛：查看皮狐换毛和毛被生长状况，遇有局部脱毛不净或毛绒初结时，要及时活体梳毛。

⑤加强笼舍卫生管理：要根治螨、癣类皮肤病。

（3）埋植褪黑激素皮狐的取皮：从埋植日计算，90～120 天内为适宜取皮期，正常饲养管理条件下皮狐的毛皮，在此时间内均能正常成熟。如埋植 120 天后皮狐的毛皮仍达不到成熟程度，也要强制取皮。一般不要再继续等待，否则会出现毛绒脱换的不良后果。

7. 做好皮狐取皮准备工作

11 月下旬以后皮狐毛皮已逐渐成熟，应在取皮前做好各项取皮准备工作。

第八节　狐的季节管理

狐狸在不同的季节，其机体各器官的功能也相应地做些调整，以适应变化了的气候和环境。因此，在饲养管理上也应根据季节变化，实行季节性管理，以适应狐狸的生理需要，获得养狐高产丰收。

一、春季管理

春季饲养管理的重点是使所有公狐都能参加配种，母狐能尽早发情并及时准确地受配，并使其全部受胎。这就要求饲养管理人员具有丰富的专业技术知识和高度的责任心，细心饲养，精心管理，才能获得良好效果。

1. 饲喂

在饲养上，要求饲料一定要新鲜，营养全面，易消化，适口性强，禁止饲喂腐烂变质的饲料。日粮以动物性饲料为主，植物性饲料及青菜为辅，同时要增加土霉素、骨粉、大麦芽和维生素 A、维生素 E、B 族维生素、维生素 C 的供给量，促使母狐尽早发情。对性欲强、配种次数多的公狐，每日中午要补喂新鲜的海杂鱼或奶蛋类的动物性饲料 100～150 克，这样能保持公狐有旺盛持久的配种能力，提高母狐受胎率。

2. 及时配种

在管理上，要密切注意母狐外阴部发情变化情况，要掌握母狐发情时机，抓住最佳配种期，及时配种。

3. 注意天气变化

春季气温变化大，要做好防春寒保温工作，保障母狐不受寒流侵袭，防止感冒、肺炎、肠炎等疾病的发生。要定期对狐场周围地面、笼网、食具及各种工具进行消毒，及时清除粪便，使场地清洁卫生，做好灭鼠、灭蝇、灭蛆工作，防止各种传染病的发生。

二、夏季管理

夏季是高温、潮湿季节，此时母狐正处于妊娠期或产仔哺乳期，公狐也处在休情恢复期。因公狐经过配种，母狐经过妊娠和产仔哺乳，体内营养消耗大，体况普遍下降，体形消瘦，食欲减退，易造成营养不良。因此在夏季对狐的饲养管理上，应采取高水平饲养，以提高母狐产乳量，来保证仔狐成活率和正常发育，使公狐体质能得到尽快恢复，为下一年的正常配种繁殖打下良好基础。

1. 饲喂

饲喂的饲料要保证新鲜无变质，品种要多样化，质量上要全价，及时饮足清水，以提高母狐乳汁量和乳汁的质量，促进仔狐正常发育成长。日粮中要添加适量的食盐、骨粉、土霉素及维生素A、维生素B、维生素C等。

2. 加强管理

因母狐妊娠后期或产仔初期对外界环境变化反应敏感，常因喇叭、锣鼓、鞭炮声及各种异味、鲜艳服装等都会引起母狐受惊，而造成母狐叼咬仔狐，甚至吃掉仔狐，所以给产仔母狐创造一个安静合适的环境，是十分必要的。对刚产仔的母狐，要及时进行检查，并应采取听、看、查相结合的方法，仔细进行周密检查。

3. 搞好防暑降温

狐狸怕热不怕冷，夏季气温升高，对种公母狐狸和仔狐狸都要认真搞好防暑降温工作，维修狐棚，防止日晒中暑，要饮足清洁水，狐舍要保持清洁卫生，食盘及各种使用工具要经常清洗干净，以保证种狐、仔狐吃饱吃好，喝足水，健康地度过气候炎热的夏季。

4. 搞好清洁卫生

夏季正值各种病菌繁殖高峰期，故要搞好清洁卫生、驱除狐体内外各种寄生虫，做好防疫灭鼠、灭蝇、灭蛆工作。

5. 搞好防疫治病

对犬瘟热、病毒性肠炎、病毒性脑炎等传染病要及时打好防疫针，对感冒及因食物变质而引起的中毒和仔狐胃膨胀、出血性胃肠炎等常见病都要做到早检查、早发现、早治疗、早痊愈。

三、秋季管理

秋季天气渐渐凉爽，仔狐分窝后，母狐从繁重的产仔哺乳中解脱出来，体质十分瘦弱，性器官处于萎缩状态，开始进入恢复期。仔狐分窝后开始独立生活，进入育成期。此时在饲养管理工作中，要对经产母狐在恢复期继续采取高标准饲养，使其体质尽快得到恢复；对刚分窝的仔狐饲料要先精后粗，逐渐改变饲养标准，使其获得生长发育所需要的足够营养成分，后期主要以提高狐的膘情为重点。

1. 饲喂

在饲养标准上，产仔母狐断奶后，不要立即降低饲养标准，至少也要保持 20 天的哺乳期饲养标准，对产仔多、母性强、泌乳质量好的母狐和在配种中发现不择偶、性欲强、配种次数多、精子品质优良的公狐要特殊饲养，有条件的，中午要适量补喂新鲜的鱼肉类或奶蛋类饲料。

对刚分窝仔狐应逐渐改变饲养标准，先以精饲料定时、定量，每日 3 次饲喂，让仔狐慢慢适应独立生活后，再采取粗放一些的饲料，以不限量，但要不浪费、不剩食为原则。口粮中以谷物性饲料为主，动物性饲料为辅，尽量节约动物性饲料费用的投入，又能使其吃饱吃好，体格长到最大限度。日粮配方添加适量的食盐、骨粉、土霉素粉、维生素 A、维生素 E、B 族维生素、维生素 C 等。

2. 做好留种工作

在管理工作中，要注意在当年母狐产仔多，成活率高的同窝仔狐中选择食欲旺盛、体格大、毛色纯、体质健壮的小公、母狐进行重点培养，留做种狐，同时将产仔少。成活率差、有恶癖及体弱多病的种狐淘汰出种狐群，将其与不能留做种用的商品狐一起饲养，至皮张成熟期宰杀取皮。在平时管理中要经常对全群每一只狐的食欲、粪便、精神、体况等情况进行认真检查，及时发现问题，并随时采取有效措施处理好。

3. 做好疾病的预防工作

在秋季要用犬瘟热、病毒性肝炎、病毒性肠炎、脑炎等疫苗及时进行逐个防疫接种，并对狐的体内外寄生虫进行一次性驱除，防止各种病症及传染病的发生。

四、冬季管理

冬季气候严寒，狐易受寒而患呼吸道疾病，冬季又是病毒性疾病的高发季节，所以，冬季的卫生、防病等管理工作也不可忽视。冬季还是狐群休养生息的季节，需要增补营养，增强狐体抗寒、抗病能力。

1. 注意保暖防寒

注意狐舍保暖防寒及时封闭门窗，堵塞串堂风道，防止贼风侵袭。卧位要厚铺保温垫料，加强狐舍和物体保温，保持清洁干燥。

2. 加强户外活动

晴暖天气要令狐狸在运动场多运动，这是积极防寒的重要手段，让狐在运动场内自由活动并进行日光浴，对预防狐狸的佝偻病和增强狐体抗寒、抗病力是十分重要的。

3. 搞好狐体狐舍卫生

勤换垫料，理刷被毛，保持狐舍内外清洁卫生、空气清新，及时打扫并定期消毒狐舍和运动场，加强狐狸冬季易感染、多发传染病等疾病的预防和诊治，确保狐狸安全越冬。

4. 调整体况

进入 12 月，要对种用狐进行体况调整，对偏肥的逐渐减少日粮中谷物和蔬菜供给量，每天只饲喂 1 次；对偏瘦的或初产狐要适当增加饲料供给量，以增强体重和体质。进入 12 月，在饲料中要适当添加维生素 E 和鱼肝油乳剂及多维素，以便促进种狐的发情，为来年适时配种打下良好的基础。

5. 及时取皮

冬季根据皮用狐的毛皮成熟情况适时取皮，留做种用的狐群转入准备配种期的饲养管理。

第九节　种狐的选种、选配与淘汰

北极狐选种就是要选出最优秀个体留做种用。在日常饲养管理上要注意观察，培育出自己养狐场生产需要的高产良种狐群，同时淘汰产仔少、有恶癖和品质低劣的种狐，以提高种狐繁殖力和毛皮质量，降低饲养成本，增加经济收入。

一、种狐的选留

成年公狐配种结束后，根据配种能力、精液品质、所配母狐产仔数量、健康情况和体况恢复情况，母狐断奶后，按繁殖力、泌乳力、母性好坏等情况，进行选留。繁殖种群组成应以 2～4 岁狐占 70%～80%、育成预备种狐占 20%～30%较为适宜，只有这样的狐群组成，才能保证稳产高产。

选种是一项既细致又复杂的技术性很强的工作。应坚持三看、三选，用优选法选种，坚持普中选良，良中选优，优中再选优的方法缓慢进行。以预选留种狐的个体品质、系谱和后代鉴定指标等为综合考察的依据。当年幼狐留种要选择发育良好，同窝仔抓 8 只以上，性情温驯，食欲旺盛，生殖器官发育良好，个体健康，在 5 月 20 日前出生的幼狐。成年种狐使用年限在 4～5 年，5 年以上，繁殖力下降。因此，选择种狐必须严格把握选种标准，尤其老种狐要严于年幼种狐，不符合留种标准的个体，一律严格淘汰。

1. 根据个体状况选留

要求毛绒品质优良，体质外型好；4 月龄幼狐体长 55 厘米以上，体重4.5千克左右；成年公狐体长65厘米以上，体重7.5～8.5千克左右，睾丸发育良好，性欲旺盛，配种能力强，无恶癖，不择偶，每年能交配母狐4～5只，年龄在2～4岁；母狐体长60厘米以上，体重5.5～6.5千克左右，体长、体重要符合种狐标准。成年母狐应具备发情早、受胎率高、产仔多（初产6只以上，经产8只以上）、泌乳能力强、母性好、仔狐成活率高、无恶癖的特点。当年母狐应选择亲代繁殖力强，遗传性能稳定，本身生长发育良好，性情温驯，同一窝产仔8只以上，出生早的狐。

2. 根据毛色选留

蓝色北极狐要求全身浅蓝色，即浅化程度大，毛被无褐色或白色斑纹。白色北极狐要求被毛洁白如雪，不带任何杂色，底绒灰色。皮面要求针毛略长于绒毛、丰满、有光泽，无弯曲，狐皮成熟时针毛长度在40毫米左右，针毛占总数量的2.9%以上。绒毛色正，长度在35毫米左右，密度适中，使毛皮外观平齐呈灵活感，留种母狐毛质与公狐毛质同等重要。

3. 根据后裔鉴定选留

幼狐应具有清楚完整的系谱，双亲具有较优良的遗传特性，遗传性稳定。成年狐应具有优良的遗传性能，遗传力高，遗传稳定，经后代测定其后代的生产性能和遗传性能优良。

根据后代的毛绒品质、产仔性能来考察种狐的品质、遗传性能、种用价值等。常用后代与亲代比较、后代之间比较、后代与全群平均生产指标的比较方法。

二、种狐的选配

狐选种是通过表型性状的选择，优选有优良遗传基因的个体。而选配是通过公、母之间的配偶选择，使优良遗传基因得以巩固和发挥的过程。选配是选种工作的继续，是繁育过程中重要的技术环节。

1. 选配原则

(1)品质选配

①同质选配：选择具有相同优良性状的个体交配，以期在后代中巩固和提高双亲所具有的优良特征。同质选配中要注重遗传力强的性状，且公狐要优于母狐。常用于纯种繁育及核心群的选育提高。

②异质选配：选择具有不同优良性状的个体交配，以期后代中用一方亲本优点去改良另一方亲本的缺点，或者结合双亲的优良性状，创造新的优良类型。常用于杂交选育中。

(2)亲缘选配

①远亲选配：指祖系三代内无亲缘关系的个体选配，也称远血缘选配，是一般繁殖过程中所要求尽量做到的选配。

②近亲选配：指祖系三代内有亲缘关系的个体选配，是在育种过程中有目地进行。一般生产群中应尽量杜绝近亲选配。

(3)年龄选配：不同年龄的个体选配，对后代的遗传性有影响，一般老龄个体间选配，老、幼龄个体间选配更优于幼龄个体间的选配。

(4)体格选配：公狐体格要大于母狐体格，且宜大配大、大配中、中配大、中配小，不宜大配小和小配小。

(5)色型选配

①除同色型选配会因基因纯合胚胎致死的色型外，其余色型宜同色型选配。同色型选配后裔中不出现毛色分离现象，有利于生产色型一致的批量狐皮产品。

②北极狐中蓝色北极狐宜同色型同质选配，而白色北极狐宜与蓝色北极狐异质选配。

③显性基因纯合胚胎致死的色型不宜同色型同质选配。

2. 繁育方法

种狐繁育、选育是重要的育种过程，是不断提高种群品质和产品质量的长远大计。

(1)纯种繁育：纯种繁育是在种狐主要遗传性状的基因型相同、表现型大部分相同的种狐群中，进行同类型自繁，并逐年选优去劣，选育提高的过程。

①尽量采用同质选配：通过同质选配巩固提高有益遗传性状的遗传能力。

②尽量采用远血缘选配：尽量减少近亲交配，以防近亲交配给生产繁殖及各项性能所带来的退化和危害。

③严格选种：对自繁后代要严格选种，选优去劣，一般淘汰率不应低于40%。

④采用品系、品族繁育：品系是指以1只优秀的公狐个体为系祖，采取远亲或近亲繁殖所获得的一群优秀后代；品族是以1只优秀母狐为族祖所扩繁的一群优秀后代。品系、品族形成后，不同品系、品族间再进行自群繁殖，这样不仅可避免近亲交配，还可以起到选育提高的良好作用。

(2)杂交繁育：杂交繁育是指采用2个(或2个以上)具有不同遗传类型或不同优良性状的种狐群相交，旨在获得杂交优势或新类型的繁育过程。

①改良杂交：引进优良种群对原有种群进行杂交改良称为改良杂交。

第一，必须引入纯种的优良种群。

第二，并且必须采用级进杂交的方式，

第一年　　良种狐×原有狐

↓

子一代(含良种遗传性 50%)

第二年 良种狐×子一代

↓

子二代(含良种遗传性 75%)

第三年 良种狐×子二代

↓

子三代(合良种遗传性 87.5%)

第四年 良种狐×子三代

↓

子四代(合良种遗传性 93.75%)

第三,级进杂交中注意远血缘选配。

第四,杂交后代要严格选种,选优去劣。

第五,杂交子三代之前公狐不作种用。

第六,子四代后可开展横交固定。

②不同类型种狐间的杂交:适用于显性遗传基因且纯合胚胎致死的狐类型,狐属狐中有白金狐($bbW^{p}w$)、白脸狐(bbWw),北极狐属中有影狐(Ss)等。

例 1:影狐×影狐 影狐×蓝狐

(Ss) ↓ (Ss) (Ss) ↓ (ss)

SS+Ss +ss Ss ss

(致死)(影狐)(蓝狐) (影狐)+(蓝狐)

显性遗传基因且纯合胚胎致死的彩狐,不宜同色型选配,同色狐选配少得 1/3 的仔狐。异色型选配不减少产仔数,也同样获得显性基因的后代。

例 2:银黑狐×北极狐

(bb) ↓ (Ss)

bs

银蓝杂交狐

例 3:银黑狐×影狐

(bb) ↓ (Ss)

Sb + sb

类似金岛狐 银蓝杂交狐

三、种狐的淘汰

北极狐不宜超过 5 岁,种狐年龄太大者,繁殖力下降,应在屠宰取皮时淘汰。

凡患慢性疾病,食欲不振,营养不良,机体消瘦,换毛迟缓的个体一律淘汰。

第十节 提高经济效益的主要措施

提高狐场经济效益的主要措施是降低饲养成本和增加收入,即以最小的投入,换取最大的经济效益。这与合理的、科学的饲养管理,建立适当规模的高质量狐群,灵活掌握市场信息和提高经营管理水平有直接关系。

1. 降低饲养成本的措施

(1)降低饲料成本:饲料是养狐业中的最大支出项目,因此,合理的利用饲料,减少饲料浪费,是降低饲养成本的关键。这就要制定合理的饲养标准,按标准配制日粮,不能随意提高日粮水平;在狐的繁殖期要合理地利用肉、蛋和奶类饲料,而在非繁殖期,要适当用廉价的海杂鱼、肉副产品,在保证狐营养需要的前提下,尽量使用廉价饲料。但决不能为了降低饲料成本,而忽略狐对营养的需要。如在狐冬毛生长期喂给劣质的饲料,会使毛皮质量下降,或造成延期取皮,反而形成更大的经济损失。

(2)减少饲料浪费:饲料在采购、运输、贮存、加工中,数量和质量上的损失也是一个不小的数字。在饲料管理工作中,应特别注意质量管理,常因饲料质量不好,不能喂狐而造成直接经济损失。勉强使用也会增加加工费用,有时影响狐的健康会造成更大的损失。饲料贮存不当,造成氧化酸败,既降低饲养价值,又常因添加抗氧化剂而使支出增大。

(3)降低间接支出:如尽量减少不必要的后勤管理人员。贯彻"预防为主,防重于治"的方针,杜绝恶性传染病的发生,减少死亡,节约医疗费用等。

2. 增加收入的措施

(1)提高产品的数量和质量:在饲养条件允许的情况下,狐的饲养总头数的产品数量越多,每头狐所均摊的直接费用和间接费用越少。因此,要把提高生产水平,增加产品数量作为增加收入的主要措施。当然产品质量好坏对增加收入更有直接影响,例如,甲级毛皮比丙级皮售价高出 1 倍以上,而两种皮的生产成本是一样的。此外,狐群质量水平高的养狐场,出售种狐量增加,也相应增加了收入,所以,养狐场应始终把育种工作作为常年任务,不断提高产品的数量和质量。

(2)掌握市场信息,生产对路商品:如近年来市场"0"号和"00"号狐皮抢手,就应加强计划,生产这种对路毛皮。

总之,养狐场的经营应以市场需求为目标,以效益为中心,以产品为龙头,以种狐为基础,以技术为后盾,加强经营管理,才能使效益不断提高。

第七章　狐狸疾病及其防治

北极狐在野外生存对疾病有较强的抵抗力。但是，在人工饲养的情况下，由于生活环境的改变，生活习性也发生了某些变化，再加上饲料、饲养条件和饲养经验等方面的原因，都会影响和削弱北极狐其原来的适应性，发生疾病的几率增加。所以狐场管理人员应遵循预防为主、防重于治、防治结合的方针，根据北极狐的生长发育与繁殖规律，采取科学的管理措施，以防止和减少各种疾病的发生。

第一节　狐场卫生与防疫

养狐场制定有效的卫生与防疫措施，减少或杜绝狐狸发生疫病，对于提高狐皮质量和经济效益意义重大。因此，在日常的饲养管理中，必须坚持防重于治的原则。

一、卫生措施

1. 饲料卫生

饲料与北极狐的健康有密切关系。当北极狐食入不健康的动物性饲料或被污染的饲料时，很容易发生某些传染病、寄生虫病或急慢性饲料中毒病等。

(1)绝对禁止从疫区采购饲料：有不少传染病是家畜和狐共患疫病，如果北极狐吃了患病家畜制成的肉类饲料，则会引起疫病发生。

(2)控制饲料的霉变：不新鲜、变质的饲料不能饲喂。实践证明，北极狐吃了腐烂变质的饲料，轻则厌食，拒食，感染疾病，重则造成死亡。

(3)清除饲料中的有害物质：鱼、肉类饲料在加工前要清除杂质，如泥沙、变质的脂肪等，然后用清水充分冲洗，方可进一步加工使用。

(4)蒸煮处理：除非确认为新鲜卫生的肉类和海鱼类饲料可以生喂外，一般饲料都要进行蒸煮后熟喂。

(5)对每批饲料必须检疫，检疫后方能应用。

2. 饮水卫生

水也是传播传染性疾病和寄生虫病的重要途径之一，特别是肠道传染病和寄生虫病。

(1)水源卫生：饮水要清洁干净，达到人、畜饮用水标准，水源要严加管理，严防流入污水和有害物质。饮水供给要勤给勤换，不洁水应及时更换。

(2)水具卫生：盛水用的水盒要经常清理污渍，定期消毒，防止真菌和藻类孳生。

3. 笼舍卫生

(1)笼网卫生管理：及时清理笼舍内的宿便、污物，严禁粪便在笼舍内贮留。

(2)垫草卫生管理：垫草是为防潮、防污和产仔保温而使用的。一是要保证选购垫草的清洁、干燥、无霉变和农药污染；二是垫草使用前要充分晾晒经日光紫外线消毒，妥善保管，严防雨雪淋湿而发霉。发霉的垫草不能使用,用过的垫草也不能晒干后重复使用;三是用过的垫草要及时清理,采取焚烧或和粪便一起沤肥等生物消毒处理。

(3)笼舍地面卫生管理:笼舍地面上的粪便和垃圾要及时清理,保持地面清洁和干燥,防止泥泞和积水。

4. 饲料加工室和喂食用具卫生

(1)饲料加工室卫生:饲料加工室应门窗密闭,防止动物和老鼠窜入,夏季门窗还应安装纱网,防止蚊、蝇进入。墙壁和地面要经常用水清洗,生熟饲料加工要相对隔离。饲料室内严禁存放和使用有害、有毒物质。

(2)加工饲料用的绞肉机、搅拌机和食槽等用具:要保证卫生,加工饲料后随时用清水冲刷干净。食盆、食碗要及时刷洗,平时每3天用新洁尔灭或百毒杀消毒一次,发生疫病时应每日消毒处理。

二、防疫措施

防疫是预防传染病的发生和流行,是养狐业中非常重要的一环。传染病是指由特定病原微生物如细菌、病毒、寄生虫等引起的一类疾病,一旦发生,往往导致大群死亡或严重影响生产。因此,应特别注意防疫工作。防疫工作应着重加强引起传染病发生的三个环节,即传染病源、传播途径和易感动物等的预防和控制。

1. 消灭病原,切断传染途径

(1)加强种狐检疫:在引进种狐时要请兽医部门检疫。为防止带入传染病源,对新引进的种狐,到场后必须单独隔离饲养半个月左右,进行观察。当确认其健康无病后,再归入原有群体饲养。

(2)禁止混养:猪、鸡、猫、狗等动物要严禁进入,还要禁止混、散养于场内,以防互相传染疾病。场内养有护院犬时要拴养并进行疫苗接种防疫。

(3)设消毒措施:入场处设置与大门宽度相同的水泥结构消毒池,池内消毒液 2～3 天更换一次,可选用氢氧化钠、石灰等。进场人员必须更换鞋只,脚踩消毒池(垫)消毒后才能进入。入场后,人员还应随时进行洗手消毒,采用的消毒剂应对人的皮肤无刺激性、无异味,可选用过氧化氢溶液、新洁尔灭(季胺盐类消毒剂)溶液。任何车辆不得进入生产区,外来运狐车辆车轮、车厢内外都需要进行全面的喷洒消毒。

(4)死狐及剖检场地要严格消毒。特殊病致死的狐要焚毁。

2. 做好基础免疫工作

通过物理、化学、生物等方法使相应病原失去活力,但是该灭活物保持了良好的免疫原性,接种动物后,机体产生针对相应病原再次感染的免疫力。

(1)预防接种的疫苗种类:狐要求接种犬瘟热病疫苗、病毒性肠炎疫苗、脑炎疫苗、阴道加德纳氏菌病疫苗和绿脓杆菌疫苗。狐阴道加德纳氏菌病疫苗,最好在种狐检疫的基础上对检测结果阴性的个体进行预防接种。

①犬温热弱毒疫苗:用于预防犬瘟热,也可做紧急接种;预防量无论狐的大小均为 3 毫升,皮下注射,每年免疫 2 次,间隔 6 个月,仔狐断乳后 2～3 周接种;冰冻运输,于－15℃以下保存,融化后要在 24 小时内用完。

②病毒性肠炎灭活疫苗:用于预防细小病毒引起的腹泻,也可做紧急接种;预防量无论狐的大小均为 3 毫升,皮下注射,每年免疫 2 次,间隔 6 个月,仔狐断乳后 2～3 周接种;常温保存和运输,严防冻结。

③加德纳氏菌灭活疫苗:该苗系由阴道加德纳氏菌标准株经灭活研制而成,用于预防狐、貉、水貂由该菌感染引起的空怀、流

产、子宫内膜炎、阴道炎、尿道炎、睾丸炎、包皮炎等。预防量无论狐的大小均为1毫升；肌内注射，每年免疫2次，间隔6个月，常温保存和运输，严防冻结。

④狐绿脓杆菌多价灭活疫苗：绿脓杆菌可引起狐化脓性子宫内膜炎，导致妊娠狐子宫积脓、死烂胎，最终母狐死亡。本品系用国内狐绿脓杆菌主要流行血清型强毒菌株经灭活加佐剂研制而成，用于预防狐化脓性子宫内膜炎。免疫剂量为2毫升，肌内注射，每年免疫1次，仅供配种前15～20天的母狐使用；常温保存和运输，严防结冻。

⑤狐(貂、貉)巴氏杆菌灭活疫苗：巴氏杆菌病为狐(貂、貉)的一种急性败血性传染病，导致狐(貂、貉)急性死亡，本品系用3株狐源巴氏杆菌强毒菌株经灭活加制剂研制而成，用于预防狐(貂、貉)巴氏杆菌病。预防量无论狐的大小均为2毫升，肌内注射，每年免疫2次，仔狐断乳后2～3周接种；常温保存和运输，严防结冻。

⑥TM制剂：为活菌制剂，液体型，应避免与抗生素合用；预防和治疗狐细菌性腹泻；均匀混于饲料中喂给，预防量1毫升，治疗量2毫升，每天1次。本品尚有促进消化吸收、提高饲料报酬、增重及粪便除臭作用。

⑦狐狸脑炎疫苗：本疫苗系由免疫原性强的CAV-2弱毒株经犬肾传代细胞培养制成，疫苗结冻时呈橘黄色。适用于狐狸病毒性脑炎的免疫预防，接种后无不良反应。免疫期为6个月。每只狐狸1毫升，背部皮下或皮内多点注射。

⑧犬瘟热、病毒性肠炎、传染性肝(脑)炎三联高免血清：本品系由犬瘟热、病毒性肠炎、犬腺病毒标准毒株，采有现代免疫学技术精制而成，用于犬、狐、水貂、貉感染上述三种疾病的治疗。

(2)预防接种的时机：老种狐每年预防接种2次，第一次是在繁殖结束后，即仔狐断奶分窝后预防注射，继续留种的在第一次预防接种后的第 6 个月内再次预防接种。幼狐于断奶分窝后的第 3 周内进行第一次预防接种，留种幼狐在第一次接种后的第 6 个月内再次预防接种。幼狐预防接种必须按上述时间要求分期分批及时进行，不能提前和错后。

(3)预防接种的程序：一般冷冻的疫苗(犬瘟热、脑炎)宜皮下接种，非冷冻的病毒性肠炎疫苗，属灭活疫苗，宜肌内深部接种。

(4)使用方法：免疫接种前，对使用的疫苗进行仔细的检查。瓶签上的说明(名称、批号、用法、用量、有效期)必须清楚，瓶子与瓶塞无裂缝破损，瓶内的色泽性状正常，无杂质异物，无霉菌生长，否则不得使用。

使用时不需要稀释的疫苗，先除去瓶塞上的封蜡，用酒精棉球消毒瓶塞。需要注射途径接种的疫苗，在瓶塞上固定一个消毒的针头专供吸取药液，吸液后不拔出，用酒精棉包裹，以便再次吸取。给动物注射用过的针头，不能吸液，以免污染疫苗。弱毒冻干苗或需要稀释的疫苗用自来水和热水稀释。吸取和稀释疫苗时，必须充分振荡，使其混合均匀。已经打开瓶塞或稀释过的疫苗，必须当天用完，未用完的疫苗经加热处理后废弃，以防污染环境。吸入注射器内未用完的疫苗应注入专用空瓶内处理。

(5)接种疫(菌)苗注意事项

①购买的疫苗应是国家指定的有生产批文兽药生物制品生产单位，经实践证明免疫性能较理想的疫苗。购买时必须当面检查，凡无瓶签或过期，或瓶子有裂纹，或瓶塞松动，或无详细说明书，或瓶内疫苗性状与说明书上所叙述的不符，均不要购买。

②运输前须妥善包装，防止碰破流失。运输途中避免高温和日光照射，应在低温下运送。大量运输时使用冷藏车，少量时装入盛有冰块的广口保温瓶内运送。但对灭活苗在寒冷季节要防止冻结。

③疫苗从生产日期起有效期一般为 6 个月时间，超过有效期

不能使用。

④接种疫(菌)苗时,必须按照该疫(菌)苗的接种要求去做。如注射部位、剂量大小等等,不得随便更改。皮下注射时,防止将注射器针头穿至皮外而造成漏注现象。

⑤注射器与针头煮沸消毒,一个狐一只针头,注射部位最好先用2%的碘酊擦拭后,再以75%酒精棉球擦拭,大群注射时,也可直接以酒精棉球消毒。

⑥预防接种的时机应在狐群健康状况良好,免疫功能健全时进行,如果狐群健康状况不良,免疫功能降低,应暂缓进行预防接种。如预防接种时恰遇相应的传染病发生,则应立即紧急接种,但紧急接种用的疫苗必须保证质量(说明书中注明可供紧急接种使用)。

⑦某些疫苗注射后可能发生暂时性的微热反应及食欲减退、精神不振等,属正常反应。个别狐可能出现呕吐、肌肉震颤等过敏反应,及时用肾上腺素或地塞米松抢救。

⑧购买的疫苗应尽快使用。距使用时间较短者置于2～15℃阴暗、干燥环境,如冰箱冷藏室;量少者也可保存于盛有冰块的广口保温瓶中。需要较长时间保存者,弱毒疫苗保存于冰箱冷冻室(0℃以下)冻结保存,灭活苗保存在冰箱冷藏室。注意防止过期。

(6)狐用常规疫苗免疫失败的原因

①疫苗效价低,免疫后不能产生有效保护:这是疫苗生产厂家在检验时把关不严所致。

②疫苗在运输和保存过程出现问题:如湿冻苗在运输时保温不好或封闭不严或贮存时温度偏高、受日光照射等,都能造成效价折损。

③免疫剂量不足:如没有详细看说明书或记错免疫剂量,注射时急于操作,看错针管刻度或漏注。

④免疫程序不当:没有按疫苗的免疫程序去做,疫苗免疫过早

或过晚。

⑤疫苗融化后放置时间过长：特别是湿冻的病毒疫苗融化后必须在6小时内注射完，如在夏季融化后长时间放置，病毒将失活，造成免疫失败。

⑥同步接种产生的后果：这主要发生在夏季，有些养狐场或用户对仔狐同步接种，结果早生下来的狐已断乳超过15天以上，甚至达到此时可能已潜伏感染，当接种疫苗后出现犬瘟热的发生。

⑦疫苗接种过早。指的是在断乳后15天内接种疫苗，由于母源抗体干扰，接种疫苗后，母源抗体中和了疫苗部分抗原，其实质相当于免疫剂量不足而导致免疫失败。

3. 药物预防

在饲料中加入一些药物，能有效地预防疫病的发生。如加入土霉素，不但能防止饲料酸败，还可预防肠道疾病的发生。

4. 定期消毒

传染病的发生给养殖业带来了巨大的损失，成为制约养殖业发展的一大问题。传染病的流行和发生是由于病原体（病原微生物）存在。要消灭和根除病原体，有效的方法是消毒。消毒是兽医卫生防疫中的一项重要工作，是预防和扑灭传染病的重要措施。特别是在养殖业规模化、集约化和舍内高密度饲养的条件下，消毒工作显得更加重要，成为养殖生产过程中必不可少的环节。

（1）常用的消毒方法

①物理消毒法：清扫、洗刷、日晒、通风、干燥及火焰消毒等是简单有效的物理消毒方法，而清扫、洗刷等机械性清除则是狐场使用最普通的一种消毒法。

煮沸法：适用于金属器具、玻璃器具等的消毒，大多数病原微生物在100℃的沸水中，几分钟内就被杀死。

蒸汽法：适用于布类、木质器具等的消毒，可蒸笼蒸煮，也可高压蒸汽蒸煮，效果更好，可杀死细菌芽孢。

焚烧法：可用火焰喷射法对金属器具、水泥地面、砖墙进行消毒。对动物尸体也可浇上汽油等点火焚烧。

机械法：即清扫、冲洗、通风等，不能杀死微生物，但能降低物体表面微生物的数量。

②化学消毒法：应用化学消毒剂进行消毒是狐场使用最广泛的一种方法。化学消毒剂的种类很多，如氢氧化钠（钾）、石灰乳、煤酚皂溶液、百毒杀、漂白粉、新洁尔灭等多种化学药品都可以作为化学消毒剂，而消毒的效果如何，则取决于消毒剂的种类、药液的浓度、作用的时间和病原体的抵抗力以及所处的环境和性质。因此在选择时，可根据消毒剂的作用特点，选用对该病原体杀灭力强，又不损害消毒的物体，毒性小，易溶于水，在消毒的环境中比较稳定以及价廉易得和使用方便的化学消毒剂，有计划地对北极狐生活的环境和用具等进行消毒。

氢氧化钠（苛性钠）：主要用于外部消毒，用 3%～5%溶液消毒地面，浸泡饮食具（腐蚀性强，注意保护皮肤，饮食具消毒后要用清水冲洗）。易吸收空气中的二氧化碳，须封闭保存。

氧化钙（生石灰）：白色或淡黄色块状。用于消毒槽内或地面消毒；也可以加水制成 10%～20%液体喷洒消毒。

苯酚（石炭酸）：主要用于外部消毒。用 3%～5%溶液消毒笼舍、器械。饲料加工室、日粮调制室和保存食品等场所，禁用本品消毒。

煤酚（甲酚）：常用的是 50%煤酚皂溶液（俗称来苏儿），1%～2%溶液用于体表、手和器械的消毒，5%～6%溶液用于狐舍或污物的消毒。

漂白粉（含氯石灰）：白色或灰白色干粉末（有效氯的含量不能低于 25%），遇潮湿气易分解，须封闭保存。用 10%～20%液体喷洒地面（不能消毒金属和有色衣物）。

高锰酸钾：外用、饮服均可。用0.1%溶液洗涤化脓创口、消毒饮食用具等，用0.01%溶液饮用，作胃肠消毒。现配现用。

新洁尔灭：常用本品配制成0.1%的水溶液喷雾，对一般病原细菌有强大的杀灭效能。此法也可用于手指皮肤、手术器械和玻璃用品等物的消毒。值得注意的是此法忌与肥皂、碘、高锰酸钾或其他碱性药物配合使用。

百毒杀（双链季铵盐消毒剂）：1∶(10 000～20 000)稀释用于饮水、笼具等的消毒。

过氧乙酸（过醋酸）：有醋酸气味，是一种广谱杀菌药，市售商品为15%～20%溶液，有效期为6个月，稀释液只能保存3～7天，所以，应现配现用。0.3%～0.5%水溶液可用于狐舍、食槽、墙壁、通道和车辆的喷雾消毒。

过氧化氢溶液（双氧水）：主要用于外部消毒。用3%溶液洗涤化脓创口效果较好。本药品性质不稳定，必须封闭保存。

碘酊：5%碘酊用于外科手术部位、外伤及注射部位的消毒，用碘酊棉球涂抹局部。本品对外伤虽有一时的疼痛，但杀菌能力强，用后不易发炎，并对组织毒性小，穿透力强。

乙醇（酒精）：市售酒精浓度常为95%，用蒸馏水配制成75%的酒精，消毒效果好。75%酒精浸泡脱脂棉块，便制成了常用的酒精棉。本品具有溶解皮脂、清洁皮肤、杀菌快、刺激性小的特点。用于注射针头、体温计、皮肤、手指及手术器械的消毒，是必备的消毒药。

③生物热消毒法：生物热消毒也是狐场常采用的一种方法。生物热消毒主要用于处理污染的粪便及其垫草，将其运到远离狐舍地方堆积，在堆积过程中利用微生物发酵产热，使其温度达70℃以上，经过一段时间（25～30天），就可以杀死病毒、病菌（芽孢除外）、寄生虫卵等病原体而达到消毒的目的，同时可以保持良好的肥效。

(2)消毒的先后顺序:要先净道(运送饲料等的道路)、后污道(清粪车行驶的道路),先后备狐区、后孕狐区,先种狐区、后皮用狐区,各消毒桶严禁混用。

(3)消毒频率:隔周或每隔2周要对笼舍及其周围环境消毒一次。

5. 防鼠灭鼠

鼠是许多疾病的储存宿主,通过排泄物污染、机械携带及直接咬伤畜禽的方式,可传播多种疾病,主要有鼠疫、钩端螺旋体病、脑炎、流行性出血热、鼠咬热等。因此,鼠类不仅传播人类各种传染病,而且直接或间接传播畜禽传染病。为保证人类健康和发展畜禽养殖业,必须将灭鼠杀虫和畜禽养殖消毒结合起来。

(1)防鼠:鼠的生存和繁殖同环境和食物来源有直接的关系。如果环境良好,食物来源充足则鼠可以大量繁殖;如果采取某些措施,破坏其生存条件和食物来源则可控制鼠的生存和繁殖。

①防止鼠类进入养殖场舍:用砖、石铺设的地面,应衔接紧密并用水泥灰浆填缝。各种管道周围要用水泥填平。通气孔、地脚窗、排水沟(粪尿沟)出口均应安装孔径小于1厘米的铁丝网,以防鼠窜入。堵塞鼠的通道,禽舍外的老鼠往往会通过上下水道和通风口处等的管道空隙进入养殖场,因此,对这些管道的空隙要及时堵塞,防止鼠的进入。养殖场和饲料仓库应是砖、水泥结构,设立防鼠沟,建好防鼠墙,门窗关闭严密,则老鼠无法打洞或进入。畜栏及墙体抹光,堵塞孔隙。

②清理环境:鼠喜欢黑暗和杂乱的场所。因此,养殖场和饲料加工室等地的物品要放置整齐、通畅、明亮,使害鼠不易藏身。笼舍周围的垃圾要及时清除,不能堆放杂物,任何场所发现鼠洞时都要立即堵塞。

③断绝食物来源:大量饲料应放置饲料袋内在离地面15厘米

的台或架上，少量饲料应放在水泥结构的饲料箱或大缸中，并且要加金属盖，散落在地面的饲料要立即清扫干净，使老鼠无法接触到饲料。

(2)灭鼠

①器械灭鼠：器械灭鼠方法简单易行，效果可靠，对人、畜无害。灭鼠器械种类繁多，主要有夹、关、压、卡、翻、扣、淹、黏、电等。近年来还研究和采用电灭鼠和超声波灭鼠等方法，方法简便易行、效果确实、费用低、安全。

②毒饵灭鼠(化学灭鼠)：将化学药物加入饵料或水中，使鼠致死的方法称为毒饵灭鼠。毒饵灭鼠效率高、使用方便、成本低、见效快，缺点是能引起人、畜中毒，有些老鼠对药剂有选择性、拒食性和耐药性。所以，使用时须选好药剂和注意使用方法，以保证安全有效。

6. 寄生虫检查

定期对种狐及仔狐的粪便进行镜检，发现有棘、球、绦虫等寄生虫或虫卵时，应立即进行驱虫，并严格处理好粪便。

7. 隔离与封锁

(1)隔离：当养狐场发生疫病时，将患病狐、可疑狐和健康狐隔离饲养，以便消除传染源，切断流行过程。对于临床症状明显的动物，应在彻底消毒情况下移入隔离区，这是最危险的传染源。这类动物要有专人饲养，严加护理治疗，不需逃离出隔离场所。对于可疑动物(指无临床症状但与病狐或其污染的环境有过明显的接触，这类动物可能处于潜伏期)，应在消毒后另地看管，仔细观察，出现症状的则按病狐处理(隔离期间可采取免疫接种或药物治疗，1～2周后不发病者，可取消限制。对于假定健康群，应与前两者分开饲养，同时立即进行紧急接种)。

(2)封锁：当暴发某些传染病时，除严格隔离病狐之外，还应划区封锁。采取“早、快、严、小”的原则，即封锁应在流行早期，行动果断迅速，封锁要严密，范围不宜过大。

①在封锁区边缘设立明显标志，禁止易感动物通过封锁线；对必须进出的车辆、人和非易感兽禽进行消毒。

②对病狐进行治疗、扑杀等处理，彻底消毒污染的饲料、场地、圈舍、用具及粪便等；病死的狐尸体应焚毁，不能进行取皮；对疫区和受威胁区内易感动物及时做预防接种，建立防疫带；在最后一只病狐痊愈、急宰和扑杀后，经过一定封锁期再无疫病发生时，经全面的终末消毒后解除封锁。

第二节　狐病的判断

狐生病的判断方法主要包括现场检查和实验室检查。现场检查又称临床诊断，是利用人的感官和手进行现场检查，根据所掌握的病状进行初步诊断。实验室检查又称实验室诊断，是在临床诊断的基础上，利用仪器和化学药物进行病原体分离、培养、鉴定、寄生虫检查以及毒物分析、测定等，可提供准确的判断，比现场检查更完善。

一、一般检查

1. 整体观察

整体观察主要包括体况和营养、姿势和动态性情、被毛及精神状态等情况变化。

(1)体况和营养：狐发病后，营养体况开始下降，有的迅速消瘦，如急剧腹泻；有的渐进消瘦，多见于慢性病。

(2)姿势和动态：姿势不正或异常是发病的重要表现，如躺卧不起、强迫性站立及强迫性运动等状态，则是发病的症状。

(3)被毛：健康狐的被毛有光泽，毛绒生长正常。发病时则出现被毛蓬乱无光，长短不齐，以及掉毛、脱毛、卷毛与色素变化等异常现象。

(4)精神状态：病狐多表现精神不振、沉郁，但患有狂犬病等则表现狂暴和不安。

2. 食欲和饮水

病狐初期多表现食欲不振。随着病情加重，出现拒食；有的出现亢进现象。当狐出现下痢、大叶性肺炎等情况时，病狐虽拒食，但渴欲增强。

3. 粪便性状观察

发生便秘时，大便干结，腹泻时便稀，出血性肠炎粪便带血；卡他性胃肠炎粪便稀薄，带有不完全消化的饲料和剥落的肠黏膜上皮，有的混有血液，即脓便和血便，气味恶臭。

4. 体温检查

北极狐的正常体温是38.8～39.6℃，凡属超出正常体温者均系发病症状。体温升高称发热，较正常体温升高1℃为微热，升高2℃为微热，升高3℃以上为高热。有的体温低于正常体温者称低烧，如饲料中毒、大失血等。体温测定方法是由一人保定或机械保定，先把体温计水银柱甩回原有位置，涂上润滑剂后从肛门慢慢插入，一般每日测定1～3次，可根据病情具体酌定。当患直肠炎时，可测定阴道温度。

5. 脉搏检查

一般在后肢股内侧的股动脉处检查，检查时要在狐安静状态下进行，要注意脉数，脉性和脉搏的节律，北极狐正常脉搏 60～110 次/分钟。当狐剧烈运动、兴奋、恐惧、过热、妊娠等时，脉搏可一时性增高。脉搏数增高可见于各种发热性疾病、心脏疾病及疼痛等；脉搏数减少，见于某些脑病及中毒病。脉搏数明显减少，提示预后不良。

6. 可视黏膜检查

一般指肛门、阴道、口腔等黏膜检查。苍白为贫血引起；潮红为充血所致；黄染是黄疸征兆，多见于肝病；发绀是血中还原血红蛋白数量增加导致，多见于心力衰竭、大循环障碍等疾病。

7. 呼吸动作观察

狐的呼吸次数是 25～30 次/分钟，呼吸的间隔时间一致，而且呈胸腹式呼吸，并且左右对称，呼吸表现十分平和。如果呼吸次数、节律、呼吸式等发生变化，则出现呼吸困难。

8. 咳嗽和鼻液的检查

咳嗽往往由感冒、肺炎、支气管炎等引起。出现大量鼻液，往往是犬瘟热、传染性鼻炎引起。

9. 排尿观察

狐排尿有固定或规律性姿势，而且定点排尿。如果排尿时努责、不安，后肢及后腹部托在笼网上，是因排尿疼痛引起，多见尿道结石、膀胱炎等病。排尿失禁，多见于犬瘟热。排尿次数减少，多见于肾炎、呕吐、下痢等疾病。

10. 运动观察

如果发现运动不协调，如静止失调、摇晃、四肢发软、关节屈曲、四肢分开或肌肉紧张力过低、过高引起的患肢拖后，或腹肌紧张、变硬等现象，以及运动麻痹等，均反映了神经系统发生病变。

二、实验室检查

有条件作实验室检查的可自己进行检查，若无可送到当地的动物检疫部门进行检疫（如畜牧部门、防疫部门等）。

1. 实验室需要检查的项目

（1）血液检查：血液循环于狐体各组织和器官之间，不论整体或局部发生疾患，必然影响血液量及其成分，所以查血液对狐体健康的监测意义重大。血液检查项目有血沉、红白细胞计数、白细胞分类、钙和磷、血红蛋白含量等。

（2）尿液测定：检查项目有尿蛋白、尿潜血、尿糖测定、尿胆红素、尿沉渣。

（3）粪便检查：该项检查对诊断消化系统疾病意义重大。检查项目有粪潜血、虫卵。

2. 病理剖解

病理剖解是死后诊查疾病的重要手段。因为有些疾病仅靠临床症状和流行病学是难以确诊的，还需进行剖检用肉眼观察组织、器官的异常变化（如出血、水肿、溃疡、破裂、移位等）。同时采取病料进行病原检查、病理组织学检查。

（1）剖解地点的选择及善后处理：剖解应在远离狐舍的指定地方进行，不可就地剖解。否则易造成场地污染，引发疫病大流行。同时，剖解完毕应进行严格消毒（撒布生石灰或用5%～10%火碱洒场地）。将尸体烧灰或深埋。

（2）剖解前的检查：炭疽病是人畜共患烈性传染病，禁止剖解。为此，若狐突然死亡，疑为炭疽时，先取末梢血管（耳静脉）血液一滴，制作涂片、染色、镜检，排除炭疽后（未发现炭疽杆菌）才可剖解。

(3)剖解和采料的时间:死后立刻剖解,最迟不过 6 小时。尤其在夏季,时间过长肠内细菌很快增殖,使尸体腐败,不仅影响病原微生物的检出,而且也干扰组织器官的观察,得不到客观的资料。

(4)病例的选择:若大批死亡,应选临床症状和剖检变化明显的病例为取材对象。

(5)取材要有目标:不同传染病,其病原体在机体内分布的密度不同;不同的疾病,其组织器官的病变程度不同。因此取材要有目标,不可“全面开花”。若难以估计是哪种病时,可根据临床表现和病变程度,决定取材对象。如生前有明显的神经症状。则可取脑和脊髓病料;若有明显的黄疸症状,则应取肝脏;如胃肠病变明显,则取胃肠病料。一般情况下,不管是何种疾病,都要取心血、肝、脾、肾、肺、淋巴结,作为被检材料。

(6)器械和容器的消毒:不管是传染病,还是非传染病,取料的器械和容器都需消毒。刀、剪、镊子、注射器、针头、试管、平皿、玻璃容器、棉拭等用笼蒸 20 分钟左右。玻片先用 1%～2%的碳酸钠水煮沸 15 分钟,再用清水充分清洗,之后用清洁纱布擦干,在酒精和乙醚的等份溶液中保存备用。

取料时,最好是一套器械取一种病料,一种病料放一种容器,不可混装。若器械不够,可将用过的器械用酒精棉擦过后,在火焰上消毒,接着再采另一病料。

(7)尽量减少污染机会:用作检查病原微生物的病料,先取。然后再取其他病料。用作查病原菌的病料不可用酒精和福尔马林固定,也不准接触消毒液。若取材部位已被污染,则可用生理盐水冲洗,再用无菌纱布擦干,干后方可采料。

(8)尸体剖检顺序:狐剖检顺序为皮下→腹腔→胸腔→头部。

①皮下检查:皮下检查是在剥皮的同时进行的,主要检查有无出血、水肿、脱水、炎症、脓肿等,还要检查皮下脂肪的量、颜色、性

状、皮下淋巴结的形状、大小、重量、颜色、硬度、切面状况等。各种传染病和中毒病常引起淋巴结增生肿大。

②腹腔检查：主要是检查腹腔液、腹腔内有无异常内容物，腹膜有无异常，腹腔器官(肝、脾、肾、胃肠、膀胱、胰脏)的位置、质地、色泽等有无变化，胃肠道和膀胱黏膜及其内容物有无异常变化等。

③胸腔检查：主要是看胸腔内有无异物，胸腔液的量和性状，胸膜有无病变，心脏的表面有无出血，纵沟和冠状沟的脂肪量和性状，心脏的大小、色泽，心包膜、心外膜、心内膜、心肌等有无变化，肺脏及气管有无出血、炎症、异物、结节等。

④头部检查：主要是看颅腔内脑膜有无充血、淤血、出血等，脑组织有无脓肿、出血、充血，脑室有无积水，口腔内气味、黏膜状况，牙齿及口腔分泌物是否异常等。

3. 常用病料的采取

(1)血液：血液病料有全血和血清两种。

①全血：从静脉(耳静脉、颈静脉)采血 10 毫升左右，立即沿管壁注入盛有 5%柠檬酸钠溶液 1 毫升的无菌试管中，防止凝血。抗凝剂最好用肝素，用量是每毫升血液加肝素 1 毫克。若死后采血，应从右心室采取。采血前，先用烧红的废刀片烙心肌，加以消毒灭菌之后在灭菌后的心肌处刺入针头，抽取血液。

②血清：采 10～20 毫升血液，沿试管壁缓缓注入灭菌试管内，倾斜放置，以流不出血液为度。自然凝固后便有血清析出，用无菌吸管将血清吸出置于另一无菌试管内。用作检查病毒抗体的血清，应取病初和病后 2～4 周的血清各 1 份，以便比较。为了防腐，可在每毫升血清中加入 5%石炭酸生理盐水 1 滴。为防止用作查抗体的血清变质，可于每毫升血清中加青霉素 500 单位和链霉素 500 毫克。送检血清应采 3 份以上，每份 2～3 毫升，血清样品应加编号，以免混乱。

(2)脏器和淋巴结

①脏器:选病变严重的组织或器官,连同部分正常组织,在灭菌条件下切取 1～2 块,每块不小于 1～2 立方厘米。供检查微生物的放入灭菌瓶内;供做病理组织学检查的放入盛有福尔马林固定液的瓶内。

②淋巴结:淋巴结的采取应取完整的。存放方法同上。

(3)肠管:把病变肠段的两端结扎,剪取。连同肠内容物一同放入灭菌瓶内。供做病理检查的肠段,放入装有 10%福尔马林的瓶内。

(4)肠内容物:用烧红的废刀片烙肠表面,加以灭菌。剪一小口,将灭菌棉球插入肠腔沾取内容物或肠黏膜,放入灭菌瓶内。亦可用灭菌吸管吸取肠内容物。

(5)皮肤:取病变明显的皮肤 10 平方厘米,放入无菌瓶内。若怀疑为疥癣病则取皮痂,或于病变与健康组织交界处刮皮肤组织,直至出血,收取刮取物,放入平器内供检。

(6)脑和脊髓:取出的脑和脊髓,各将其一半浸入 50%甘油缓冲盐水中,供做微生物的检查;另一半放入装有 10%福尔马林的瓶内,供做病理组织学检查。

(7)胎儿:将流产胎儿严密包装,立刻送检。

(8)尿液:把用无菌操作采取的尿液放入无菌瓶内。

(9)玻片标本制作:把脓汁、血液、渗出液制成涂片;把脏器制成触片;把结节、脓汁等黏稠物制成压片。每种病料制 2 张片子。放空气中自然干燥,包装。把 2 张片子涂面相对,2 片之间的两端夹以火柴杆或厚纸条,用线将 2 片缠牢,送检。

4. 病料的保存

无条件作实验室检查又不能立即送检时,采取的病料应加以保存。

在短期(夏季不过 20 小时,冬季不过 2 天)能送检时,将装病料的容器放入冰箱内,或放入有冰块的广口保温瓶内存放。

短期内不能送查的病料,需用保存液(灭菌的液体石蜡、30%甘油缓冲盐水)保存。供细菌学检查的病料放入灭菌的液体石蜡中,或放入 30%甘油缓冲盐水中存放。液体病料放入小瓶内塞紧,用蜡封存。肠道病料,先用灭菌生理盐水冲洗干净,放入装有上述保存液的容器中存放。

供作病毒学检查的病料。一般保存在 50%甘油缓冲盐水中,病料与保存液的比例是 1∶10。供作病理学检查的病料,用 10%福尔马林溶液保存。脑和脊髓病料保存在中性的 10%福尔马林溶液(在福尔马林中加入 30%～50%碳酸镁即成)中。冬季为了防冻,可把在福尔马林溶液中固定的病料,置于含 30%～50%甘油的 10%福尔马林溶液中。

用作血液学检查的病料,如血清和渗出液,可按每毫升供检材料加 5%的石炭酸 1～2 滴保存。

5. 病料的包装与运送

(1)严密包装:将装病料的容器加塞并蜡封,贴上标签,注明病料名称与编号。装入塑料袋内扎紧,装箱或放入加冰的广口保温瓶内运送。

(2)冷藏防腐:为防止病原微生物死亡,应避免高温和日晒。为此可采取以下措施:按每 100 克碎冰,配加 33 克食盐之比例,混合后放入装病料的保温瓶内,可降温至 21℃。如无冰块,可在保温瓶内加入冰水,并加等量的硫酸铵(化肥),搅拌,使其溶解,可使水温降至零下。夏季运送,若途中时间较长,应更换降温材料 1～3 次。还可在保温瓶内放入氯化铵 450 克,再加水 1500 毫升,能保持零度达 24 小时之久。

(3)要附病料送检单:送检单注明送料单位及地址;病狐品种、

年龄、发病时间；采料时间、死亡时间、病料名称、编号、病料中有何种保存液；主要临床症状；病理剖解的主要变化；治疗情况；流行病学情况；送检的目的要求。

第三节　狐常见疾病的治疗

在"预防为主，防重于治"的基础上，应根据不同病症，有的放矢，对症下药。坚持"消除病因，合算则治，先轻后重，易好优先"的原则，切实避免造成人力、财力、药物的严重浪费。

一、狐的保定

狐的捕捉是养殖狐的一项基本技术，目前，许多饲养者是带上棉（皮）手套抓狐，有的用网套，不易抓到，且狐常咬住网不放或不进网。不但耗费饲养人员时间和精力，而且狐长时间处于紧张状态，体力消耗非常大，给生产带来负面影响。捕捉可采用捕套保定法、钳挟保定法、仰卧保定法、横卧保定法和化学保定法等。

1. 捕套保定法

用铁丝将三角带（边宽 1～1.2 厘米，长 150～200 厘米）或与其直径相当的尼龙绳的一端与木棒（直径 2.5 厘米，长 100 厘米）一头固定，在中间铁丝上安装铁圈（直径 3 厘米），三角带另一端从圈中拉出。用三角带形成的圈套住狐脖子后即拉紧三角带，从笼中提出狐，一手持杆，一手提狐尾保定。

2. 钳挟保定法

取两根直径 8～10 毫米、长 90 厘米的钢筋，在钢筋一端 15 厘米处制作成弧状，两弧之间距离 7～8 厘米（此夹可请铁匠铺加工）。使用时，用捕狐夹夹住狐的颈部，提出笼，用一手抓住狐夹，另一手提狐尾保定。

3. 仰卧保定法

先用横卧保定法将狐放倒于台上，再用 4 条细绳或绷带分别固定狐的四肢，使狐呈仰卧姿势，然后用细绳或绷带固定头部。此法适用于狐的腹腔手术和其他诊疗。

4. 横卧保定法

先用绷带将嘴箍好，然后用两手分别握住狐的两前肢部和两后肢足部，将狐提起横卧于保定台上，以右臂肘压住狐的颈部，即可保定。这种保定方法适用于检查狐体、打针、灌肠和其他诊疗。

5. 化学保定

化学保定是一种安全有效的保定方法。将化学麻醉剂注射到病狐体内，或混在饲料中喂给以及喷撒在空气中吸入，都可达到麻醉保定的目的。常用麻醉保定剂有甲苯噻嗪、二甲苯胺基噻唑（静松灵）、地托咪啶、埃托啡、双氢托啡、噻芬太尼（新保灵）、甲咪酯氯胺酮、复方氯胺酮、氯丙嗪、普吗嗪、丙先马嗪、保定宁、速眠新（846 合剂）、眠乃宁、BD 合剂等，其用法见说明书。

二、常用给药方法

1. 拌食服药法

将药物拌混在适口性强的饲料中或夹在肉食中喂给。

2. 饮水给药法

将药物或疫苗溶混在水中，让病狐自由饮用。

3. 注射给药法

针剂药物应采取注射给药法(包括皮下注射法、肌内注射法、静脉注射法和腹腔注射法)。注射前应将注射用具,如注射器和针头等清洗干净,严格消毒(煮沸消毒 30 分钟或高压灭菌消毒)。剪掉注射部位的毛后,先用 2%～5%碘酊消毒,再用 75%酒精消毒。

(1)皮下注射法:常用于刺激性较小的药物,如血清、疫苗等。药量多时则分点注射,注射部位可选择在皮肤较薄、易于进针的颈侧部或大腿外侧。方法是注射者以左手拇指及食指轻轻提起皮肤成一个皱褶,右手持吸好药液的注射器,将针头由上向下刺入皮下约 2～3 厘米后,即可注射。注入药液后,可见局部形成一个小丘。注射完毕,拔出针头,用 5%碘酊消毒针孔。

(2)肌内注射法:常适用于药量少或刺激性小的药物。注射部位在丰满厚实的或无大血管通过的颈部、臀部、股部后外侧、胸肌部。方法是将针尖垂直或与皮肤成 60°角迅速刺入肌肉内,即可注射。注射完毕,拔出针头,用 5%碘酊棉球消毒。

(3)静脉注射法:本法见效快,排泄快,作用时间短,适用于药量大、刺激性强的药物如补液、输血等。常用注射部位有颈静脉、耳静脉、股静脉等。方法是采取前肢臂头静脉注射时,伏卧在保定台上,助手站在左侧。左臂抱住颈部保定头颈不动,右手握住右前肢肘关节下部,也可用橡皮带或止血带扎紧,同时拇指稍向内转,使静脉怒张。消毒后,注射者左手握住前肢脚掌部,右手持注射器在腕关节稍上方刺入静脉。若刺入正确到位,回抽针管注射栓马上可见到血液回流。此时,助手松开压紧的手,或解开橡皮带或止血带,并将针头顺血管腔再刺入一些,固定针头,缓慢地将药液注入静脉内。注射完毕后,拔出针头,局部消毒,并在针孔处压迫片刻,以免血液顺针孔流入皮下形成血肿。静脉注射的针头可用人用一次性输液器的刺入针代替。

(4)腹腔注射法:是将药液注入到腹腔内。常用注射部位有左右侧肷部、腹下部(脐与耻骨前缘连线中部的腹中线旁开 5 厘米处)。

4. 口服给药法

不管患病狐有无食欲,刺激性小的药物均可采用本法。口服给药法的方法是将病狐保定后,使其头部平伸,给药者左手抓住狐口嘴,右手持放有药液或药沫的小勺,将小勺沿舌面送入口腔,把药物倒在舌根部,让狐自行吞咽。灌药时,动作要慢,要有耐心,切忌粗暴,谨防将药液或药末灌入气管或肺中。

5. 胃管投药法

胃管投药法即是用胃管将药物直接投入动物胃内的一种方法。狐胃管投药方法是先准备好胃管(可用人用 14 号导尿管代替)和开口器(可用木块或厚竹板削制成表面光滑能放入动物口腔内的带手柄的纺锤状,正中凿挖一个能使胃管自由通过的小孔)。投药时,必须保定好狐,使其头部前伸,将开口器放入口内,此时狐自动咬紧开门器。投药者只需用左手抓住口嘴稍加用力,即可达到固定开口器的目的,并用右手拿胃管(用前应洗净并将其前端涂以润滑剂或以温水润湿),沿开口器中央小孔插进口内,经咽部缓缓送入食道内。此时必须检查胃管是否确实在食道内,检查的方法是将数根毛发或小纸片放在胃管开口处,若毛发或小纸片不随着动物的呼吸而动,则说明在食道内;若随着动物的呼吸而翻动,则可能插入气管,应拔出重插(或将胃管的末端放入盛水的杯子中看有无气泡冒出,无气泡冒出是在食道内)。当确认胃管插入食道内后,再插入一定深度,然后在胃管开口处接上小漏斗,将药液倒入漏斗内,也可以用注射器吸取药液注入胃管内,使药液慢慢流入胃内。灌药完毕,捏住胃管口,慢慢拔出。此法适用于水剂的药物,若为片剂、粉剂、散剂或丸剂,则应先将药物磨成细末,溶于温水后，再行投服。

6. 体表涂擦法

将特制的涂擦浇注剂，涂擦在病狐的背部皮肤上，吸收后可达到治疗的目的。如驱虫擦就灵、左旋咪唑浇注剂、驱虫精擦剂等均可通过涂擦达到驱虫的目的。

7. 子宫洗涤法

适用于母狐化脓性阴道炎、子宫内膜炎的治疗，对恢复病狐的生殖功能有良好的作用。用输液管，插入阴道 5～6 厘米处，反复冲洗，排尽液体后，再向阴道内注入适量的抗生素溶液，以促进快速痊愈。

8. 直肠灌注法

将配好的药液通过肛门直接注入直肠。常用于狐的补液、缓泻。大多使用人用输液管连接在大的玻璃注射器上作灌肠用具。灌肠前器具应严格消毒，药液的温度应接近狐体温。

三、常见病的诊治

(一)传染性疾病

对养狐业危害最大的是传染病。预防传染病的发生，除了做好日常的卫生防疫工作外，更重要的是对狐群定期进行预防接种疫苗工作，用抗原激发狐狸体内相应传染病的特异免疫力。

1. 犬瘟热

狐犬瘟热是由犬瘟热病毒引起的犬科高度接触性传染病。除犬、狐、貉患该病以外，多种肉食性毛皮动物几乎都可感染。其主要特点为发热，眼结膜炎、鼻炎及消化道炎症，幼龄狐易感染。狐犬瘟热严重危害毛皮动物饲养业、被称为毛皮动物三大疫病之一，具有较高的发病率和死亡率。

(1)致病因素：狐犬瘟热分布于世界各地，所有年龄的狐均易感，但以2.5～5个月龄幼狐感染性最大，断乳后的仔狐最易感，死亡率高。注射犬瘟热疫苗的母狐所产的仔狐，在哺乳期不得本病，因在此期从母狐中得到抗体，而获得坚强的被动免疫。病毒存在于鼻液中唾液内，还存在体内多数器官和尿液及阴道分泌物中，通过接触传染，也可通过传染物或传递者传染。

(2)发病规律：狐犬瘟热无明显的季节性，一年四季均可发生。但于8～11月间发病达最高峰，带毒至少5～6个月。在毛皮动物饲养场内，犬瘟热常在一种毛皮动物中间流行，经过一定时间传染给另一种毛皮动物。

在狐配种期，由于动物频繁接触，由一个笼子换到另一个笼子；护理不当或不遵守防疫规则等，都能促使本病传播。犬瘟热病的初期可能在一个饲养班组内发生，随着毒力增强，很快波及其他狐群和整个狐场。在夏季，狐犬瘟热常暴发于断乳的幼狐中间，开始不易被认识，直到秋季大批发生时方可能获得确诊，而已造成严重损失。配种期也特别危险，起初症状不明显，难于发现，由于母狐配种流动，而促进病的传播，公狐配种能力下降，母狐大批空怀及胚胎被吸收。

(3)临床症状：此病隐性感染多而显性感染少，幼狐多呈显性发病。此病潜伏期为3～7天，有时可持续2周以上。最急性型表现为突然发生高热，于2～3天后死亡。急性型也以发热开始，体温迅速升至39.5～41.0℃，持续2～3天后又暂时下降。如发生严重器官疾病特别是肺炎，则体温又升到40℃或40℃以上，此时病情恶化。而病的末期则逐渐或迅速降至常温以下(可降达32℃)。

患病开始时，病狐神情改变，不如平常活跃，精神不振，鼻镜干燥，喜躲隐蔽处，烦躁，有时全身战栗，被毛粗乱，食欲减退。随着病情加重，病狐出现精神极度委顿，废食，眼结膜潮红、肿胀、羞明流泪，并有浆液性或黏液脓性分泌物，甚至眼睑肿胀。鼻裂纹明显肿大，鼻皮肤龟裂并覆有干燥痂皮，鼻黏膜发炎、肿胀，流出浆液性鼻液或黏稠性脓性分泌物。有时咳嗽，并发肺炎。腹泻、排出黏液或血液的恶臭粪便。慢性病程出现脚掌肿胀，比正常大3～4倍。有的病狐有皮疹症状，皮肤出现红斑并形成小结节，后期变脓包，破溃干燥而形成痂，皮肤变厚，失去弹性。有的病狐肛门和外生殖器发生肿胀。

当病狐神经系统被侵害时，其咬肌、头肌和四肢肌肉出现痉挛性收缩、抽搐或麻痹。病狐起初表现兴奋，目光凶狠。接着病狐出现嘴唇、鼻翼和嚼肌痉挛（咬牙切齿和口吐泡沫）或在全身发生强直性痉挛和阵挛，或间歇性抽搐、转圈、动作失调和后肢麻痹。极少数病例可见强制运动，甚至自行咬断自己的尾巴或后腿。

本病持续时间短者为2～3天，长者可达20～30天，通常是发病急，病程短，很快死亡。多数有细菌性混合或继发感染。老狐死亡率为30%～50%，幼狐死亡率可达80%～90%。

(4)病理检查：剖检死狐，可发现呼吸道、消化道、尿道都有卡他性炎症病变。直肠黏膜呈点状、条状或弥漫性出血。肝脏淤血、暗红色，胆囊肿大。脾脏和淋巴结肿胀，心肌脆弱有出血点，肾脏被膜下有出血点，膀胱黏膜、心外膜和脑实质均有点状、条状出血。

(5)诊断方法：分离到犬瘟热病毒可做出确定论断。在感染组织内发现典型的胞质内或核内包涵体对作为确诊的依据。但仅根据包涵休的存在，可能导致假阳性诊断，最好还要进行病毒学或血清学检查。

(6)治疗方法：犬瘟热具有高度接触性传染，因此，发现病狐应及时隔离加强饲养管理。降低谷物饲料的比例，增加易消化的新鲜肉、肝、蛋、鱼、乳，以保证病狐营养和良好的卫生条件。

①对健康狐进行紧急接种:一般认为单纯应用犬瘟热免疫血清对有临诊症状的病狐治疗效果不佳,免疫血清只有配合抗菌药物和对症疗法对早期病狐才有一定疗效。

②将健康狐和病狐分开,用含碘、氯的消毒剂带狐喷雾消毒,每天2次。每天清理粪便,用3%～5%的火碱水喷洒地面,病死狐尸体烧毁并深埋。

③健康群免疫后进行药物预防,每天药量分为2次,饮水投服,连用4天。每只狐每天按1千克饮水计算,100千克饮水中加入病毒唑10克,黄芪多糖50克,庆大霉素15克,维体健200克,葡萄糖2.5千克。

④病狐治疗:抗病毒血清每日1次,每只1支,连用2～3天;安乃近每日2次,每次每只5毫升;头孢塞肟钠每日2次,每次每只0.5克;开胃消食灵每日2次,每次每只1.5毫升,有呕吐现象的注射爱茂尔,每次每只1支,连用3～5天;犬无敌注射液,肌内注射,每10千克成狐每日注射2次,每次1.5毫升;速效炎敌注射液,病狐每日肌内注射2次,成狐每千克体重0.2毫升,口服每千克体重0.5毫升。当发生浆液性和化脓性结膜炎和鼻炎时,可用青霉素(20万IU青霉素溶于10毫升生理溶液中)作结膜和鼻腔滴注;消化系统受侵害时,随同饲料喂给土霉素1日3次,每只剂量,仔狐为0.25克,成狐为0.5克,羧基本甲酰磺胺噻唑或爱他唑尔也可随饲料一起喂给,每只剂量为0.2～0.3克;呼吸器官受侵害时,用磺胺二甲基嘧啶磺胺噻唑,1日3次,每只剂量为0.5～1.0克;青霉素肌内注射每日2次,每次80单位。

⑤有神经症状时,用苯巴比妥,4月龄前的仔狐为0.02～0.10克,成狐为0.2克。

(7)预防措施

①建立健全严格的兽医卫生制度,是预防该病的重要保证。因本病传染来源主要是病狐和带毒狐,应严格控制流散的狗和猫

进入狐场，对疑似犬瘟热的狗要及时扑灭，严禁从犬瘟热疫区调入饲料。狐场工作人员要用专用工作服和用具，用后放专用房间内保管。禁止从犬瘟热的狐场调入毛皮动物，对新进场的毛皮动物，隔离15天后方可入场。

②及时隔离病狐，在发生犬瘟热时，对病狐和可疑病狐一律隔离，严格封锁。由专门饲养人员管理，保证给以优质、全价、新鲜饲料，并进行对症治疗。

③被病狐分泌物和排泄物所污染的笼子，要用喷灯火焰消毒，或用菌毒敌加200倍水刷洗或用5%苛性钠煮沸消毒；地面用1.5千克火碱加48.5千克水消毒。此期禁止称重、打号，狐尸体要烧毁，皮张放专门房间晾干。

④要彻底淘汰带毒病狐，保证狐场群健康。犬瘟热病狐痊愈后至少仍能自然带毒6个月，因此，6个月内狐场禁止狐输入和输出。特别在年末发病时，已迫近配种期，最好不留作种，打皮期一律取皮淘汰。

⑤目前我国制造的犬瘟热疫苗均为活毒弱毒，免疫持续期限定在6个月，选择适宜时机进行接种可有效预防狐犬瘟热的发生。通常于每年的1月中旬前对狐群进行一次免疫，剂量为每只皮下注射3毫升；第二次免疫是在仔狐断乳后15～21天连同老狐同时接种，剂量与第一次免疫相同。由于仔狐出生日期不一，因此最好不要同步接种，这样才能保证免疫效果。一旦出现过早接种情况，建议隔15～30天再加强免疫一次。同时也要避免仔狐的过晚接种，如断乳后超过21天，母源抗体对仔狐已没有保护作用，此时极易受犬瘟热病毒侵袭，随时可发生犬瘟热感染，因此，对仔狐的免疫要认真对待，一定要按免疫程序操作。

2. 狂犬病

狂犬病俗称疯狗病，是人、畜和野生动物共患的传染病，是以中枢神经系统活动障碍为主要特征的病毒性传染病。狂犬病毒对酸、碱、福尔马林、升汞等消毒药物敏感。用1%～2%的肥皂水、43%～70%的酒精、0.01%的碘液等都能杀死病毒。该病毒不耐湿热，50℃加热15分钟，60℃加热10分钟都能杀死病毒。紫外线和X射线也能杀死病毒。但病毒能耐低温，在冷冻或冻干状态下可长期保存，在4℃时或在50%的甘油缓冲液中能存活1年。

(1)致病因素：该病是由狂犬病病毒引起，病犬或其他隐性携带病毒的动物是主要传染源。家畜和人多数都是被病犬唾液中的病毒通过咬伤或舐啃接触传染。在人工饲养条件下发病的狐狸，可能由于患病动物跑入养殖场内与其接触或被咬伤引起感染；也可能通过接触带病毒污染物(飞沫、尘埃、食物)而感染。

(2)发病规律：本病一年四季均可发生，但在春秋季节发生较多。

(3)临床症状：狐狂犬病多呈暴发型，病程分为三期。前驱期：呈短时间沉郁，不愿活动，不吃食，此期不易察觉；兴奋期：攻击性增强，性情反常凶猛，扑咬人和笼舍内物品；后期：病狐经常反复发作，或狂躁不安，或躺卧呻吟，流涎，腹泻，一直延迟到死亡。有的病狐出现下颌麻痹，病程3～6天，最后死亡。

(4)病理检查：尸体无特异性变化。尸体消瘦，有咬伤、裂伤，常见口腔和咽喉黏膜充血或糜烂，胃内空虚或有异物，胃肠黏膜充血和出血，中枢神经实质及脑膜肿胀，充血和出血。

(5)诊断方法：根据临床症状出现高度兴奋，食欲反常，后躯麻痹，并有过野犬窜入场内的事实，可初步怀疑为本病。如果在其组织中检查出包涵体，是最有确诊价值的。但不能与神经型犬瘟热相混淆，犬瘟热无攻击性，不狂暴，幼狐对犬瘟热最易感，而狂犬病任何年龄的狐均可得病。再者，狂犬病呈散发，而犬瘟热为群发。犬瘟热的包涵体可在膀胱黏膜中找到。

(6)治疗方法：一旦发现狐狸被患狂犬病狐咬伤，应立即隔离，处理伤口。先从咬伤部位挤出血液，然后用肥皂水或酒精清洗伤口，最后用5%的碘酒涂于伤口处。尽快用狂犬疫苗进行紧急接种，使伤狐在病的潜伏期内产生主动免疫。

对已经出现狂犬病症状的狐狸，要立即捕杀，无治疗价值。死于本病的狐狸尸体应烧毁禁止取皮。

(7)预防措施：本病目前无治疗方法。一旦发现狐被病犬咬伤，在未发生典型症状前可以强制接种狂犬病疫苗；当出现症状时，则无法救治，只有扑杀以消灭传染源。

①严防狗、猫等兽类进入养殖场。

②场内所有的健康狐狸一律接种狂犬病疫苗或免疫血清。

③场内饲养管理人员也要进行狂犬病疫苗的接种。狂犬病疫苗的接种时间和接种方法，见该疫苗的使用说明书。

3. 伪狂犬病

伪狂犬病又称阿氏病，是多种动物共患的急性病毒性传染病。本病的特点是侵害中枢神经系统和引起皮肤瘙痒。

(1)致病因素：伪狂犬病病毒属于嗜神经性疱疹病毒科。病毒主要存在于病畜的脑、鼻液、血液、水肿液、乳汁及脏器中。在自然条件下，除牛、羊、猫、猪及啮齿类动物外，毛皮动物水貂、貉和北极狐等均易感。特别是喂猪下水及杂肉类饲料时易感本病。另外，鸡、鸭、鹅及人均可感染本病。病兽和带毒的下水及杂肉类饲料，是毛皮动物的主要传染来源。猪是本病毒的主要宿主，其本身症状不明显，多呈隐性经过，生前不易诊断，猪自然带毒6个月以上。

病毒侵入机体的主要途径是消化道。当毛皮兽口腔黏膜有外伤时，更易感染本病。皮肤有外伤也可能感染。

(2)发病规律：在毛皮兽中，发生本病无季节性，但以夏秋季居多，常呈暴发流行，初期死亡率高，当排除污染饲料以后，病势很快停止。

(3)临床症状:该病的特征是发热、奇痒以及表现为脑脊髓炎症状,一般都在急性经过之后以死亡告终。当狐狸患此病时,最初表现为委顿、拒食,蜷缩蹲伏,发热;继而出现奇痒、骚动、哼叫、咬笼等行为;接着食欲废绝,流涎呕吐,对外界刺激的反应极为敏感,眼裂和瞳孔收缩,抓、啃、咬自身各部位,但绝不攻击人和其他动物(这是区别狂犬病的重要依据),最后倒下死亡。

(4)病理检查:解剖肾脏有针尖点状出血,可见不同程度的卡他性胃炎和肠炎,中枢神经系统症状明显时,脑膜明显充血,脑脊髓液量过多,肝、脾等实质脏器可见灰白色坏死病灶,肺充血水肿和坏死点。

(5)诊断方法:根据流行病学、特征性临床症状瘙痒及病理学变化特点,进行综合分析,可以做出初步诊断,为了进一步确认,可进行血清学和生物学试验。

(6)治疗方法

①如已发病,应将狐舍彻底打扫后用 0.1%火碱液消毒。

②伪狂犬病高免血清,15～20 毫升,肌内注射,每日 2 次,连用 2～3 次。

(7)预防措施:此病目前尚无特效药物治疗,主要是采取综合性措施进行预防。

①对肉类饲料,如猪肉及其副产品进行卫生检查,凡是可疑的必须做无害处理,如蒸煮处理等。

②加强灭鼠,并严防猫、狗、猪等动物窜入养殖场。

③接种我国研制的鸡胚细胞氢氧化铝甲醛疫苗,该疫苗免疫期 1 年,效果较好。

4. 犬传染性肝炎

犬传染性肝炎是由犬腺病毒引起的一种急性、败血性、接触性传染病。不同型或株的犬腺病毒引起不同的疾病。犬腺病毒Ⅰ型可引起犬的传染性肝炎和狐狸的传染性脑炎。

(1)致病因素:犬传染性肝炎病(狐狸脑炎)常由患病猫、犬等耐过病狐和隐性感染的毛皮动物进行传染。病狐发病初期血液内便出现病毒,耐过狐更是永久性带病毒者;病毒随病狐的分泌物和排泄物排出,并通过被污染的饲料、饮水,经消化道或由皮肤和黏膜损伤或经污染的生殖道而感染健康狐。

(2)发病规律:在自然条件下,任何年龄的狐狸均易感此病,但是最敏感期是3～6月龄。

(3)临床症状:此病潜伏期多在10天以上,临床症状各异。除共同表现有高热、呕吐、贫血以外,北极狐则表现为脑炎型。病狐最初症状是体温升高并流鼻涕,轻微腹泻、眼球震颤。4～6天后,出现中枢神经系统的病象,如高度兴奋,肌肉抽搐痉挛,有时有转圈运动;在痉挛的间歇期表现精神萎靡,对周围环境漠不关心,步态踉跄、躺卧,以至后肢麻痹和轻瘫;病狐还往往有角膜炎症。

(4)病理检查:大多数病狐在各脏器中,特别是心内膜下,脑径中间或在唾液腺、胰腺、胸腺和肺脏中有点状出血。组织学检查时,可见脑径、脊髓和软脑膜中有血管周围细胞浸润灶,并伴有毛细血管出血,有时还有较大的出血。在血管内皮细胞、肝主质细胞和软脑膜细胞中,有细胞核内包涵体。

(5)诊断方法:根据流行病学和临床症状可做出诊断。有条件的还可以做组织切片检查进一步确诊。

(6)治疗方法

①初期发热,可用血清进行治疗,以抑制病毒的繁殖扩散,但在病的中后期应用血清治疗,效果均不理想。

②给病狐注射维生素B_{12},成年狐每只注射量为350～500微克,幼狐每只注250～300微克,持续给药3～5天,同时随饲料给予叶酸,每日每只0.5～0.6毫克,持续喂10～15天。

③丙种球蛋白也能起到短期的治疗效果。

(7)预防措施

①除了加强饲养管理、搞好防疫卫生外，还应进行预防接种，这是行之有效的预防本病的根本办法。我国生产传染性脑炎弱毒犬肾细胞苗，已广泛使用。

②发生狐传染性脑炎时，应将病狐和可疑病狐隔离、治疗，直到取皮期为止。对污染的笼具应进行彻底消毒。地面用10%～20%漂白粉或10%生石灰乳消毒。

③被污染的(发过病的)养殖场到冬季取皮期应进行严格兽医检查，精选种狐。对患过本病或发病同窝幼狐以及与之有过接触的毛皮动物一律取皮，不能留作种用。

5. 传染性肠炎

此病又称为下痢，狐狸患此病时，又称为狐狸病毒性肠炎。这是一种由犬细小病毒引起的一种接触性急性致死性传染病。

(1)致病因素：犬细小病毒属细小病毒科，在自然条件下，犬、狼、狐、貉、浣熊等均可感染，犬最易感染，幼犬、幼狐发病率更高。病犬、病狐以及隐性感染的犬、狐是主要传染源。

该病毒对外界抵抗力很强，在粪便、呕吐物和污染物中能存活很长时间。对热有抵抗力，在56℃至少能存活60分钟。对乙醚、氯仿也有抵抗力，但对甲醛、β丙内酯、羟胺和紫外线十分敏感。4%甲醛溶液、10%戊二醛溶液和5%～6%次亚氯酸钠的20倍稀释液均能很快杀死病毒。

(2)发病规律：由于该病毒对外界抵抗力强，同时病毒又随粪便、尿、唾液等排泄物和呕吐物排出扩散，所以一经污染很难彻底根除，从而形成地方流行性。

(3)临床症状：病狐典型症状是呕吐、剧烈腹泻。粪便初为黄灰色液状，而后变为混有血液的黄灰绿色水样，有恶腥臭味，混有黏液和气泡，或脓血便呈粉红色、暗红色；后期多呈煤焦油状，并往往混有血丝。早期鼻镜干燥、拒食，高热 40～41.5℃，精神沉郁、虚弱、脱水；后期尿呈黏稠茶色，卧笼不起，消瘦衰竭，麻痹痉挛而死亡。死前腹部膨胀，口鼻流淡红色血水。个别新生仔狐和老狐由于病毒侵害心肌，往往未见任何症状就突然死亡。

(4)病理检查：以急性心肌炎类为主症的幼狐病例，心外膜和心内膜有出血点、出血斑、心肌和肌纤维损伤或坏死；肺严重水肿或突变。以肠炎为主症的病例，整个小肠段浆膜下充血或出血，呈暗红色；肠容物呈红色水样，黏膜坏死，脱落，有出血点，肠系膜淋巴结出血。

(5)诊断方法：此病比较典型，可根据病狐临床症状即可确诊；必要时，做尸体剖检进一步确诊。

(6)治疗方法

①当狐发生细小病毒性肠炎流行时，首先应对全群进行紧急接种，由于该疫苗注射后产生抗体较快，一般于免疫后 7～15 天流行即停止。该疫苗为灭活疫苗，因而对处于潜伏期感染狐也同样会产生一定的免疫保护，紧急接种的剂量可为正常免疫剂量的 2 倍。

②特异治疗给病狐皮下分点注射高免血清，每日 1 次，每次 10～20 毫升，连用 3 天。对拒食的，静脉输入 5%的葡萄糖，每日 1 次，每次 150～250 毫升。脱水严重的，输入复方氯化钠溶液 100～200 毫升，为防止心肌炎发生，还要考虑使用病毒灵、三磷酸腺苷(ATP)及辅酶 A。

③为防止肠道菌继发感染，使用庆大霉素、卡那霉素、氯霉素、诺氟沙星、乳酸环丙沙星、黄连素、穿心莲等注射。

(7)预防措施

①目前我国制造的狐病毒性肠炎疫苗为灭活疫苗，免疫期限定为 6 个月，每年按免疫程序定期接种 2 次即可。另外，要坚持定期消毒，彻底消除传染源。

②患病毒性肠炎的狐在出现症状的早期，从粪便中大量向外界排毒。因此，及时清除病狐粪便，如深埋、生物发酵等，可有效阻断病原扩散。

6. 大肠杆菌病

大肠杆菌病是由致病性的大肠杆菌引起的，以严重腹泻、胃肠炎症为特征，对狐狸危害最大的一种传染病。

(1)致病因素：本病的病原主要是大肠杆菌。此病菌抵抗力不强，50℃加热 30 分钟，60℃加热 15 分钟即可杀死。带菌的毛皮动物是本病的传染源，被污染的肉类、乳品类饲料是传播本病的主要因素。当狐狸食用被污染的饲料或饮水后，若机体抵抗力差，存在于肠道内的大肠杆菌很快繁殖，毒力不断加强，从而破坏肠道侵入血液而引起发病。

(2)发病规律：此病毛皮动物易感，仔狐、幼狐发病率高于成年狐。

(3)临床症状：食用污染饲料和饮水感染时，多呈急性型，潜伏期 2～5 天，病狐精神萎靡食欲减退或废绝，体温升高，卧伏，很少活动。粪便初期呈黄色水样，随着腹泻加剧，颜色呈灰白、暗灰色，带黏液和泡沫；或粪便呈绿色、黄绿色、褐色。有时出现呕吐，病仔狐排出未经消化的凝乳块，有时混有血液；病幼狐则排出未经消化的食物残渣。后期患病狐迅速消瘦，被毛蓬乱无光泽。后肢无力，排便失禁，后躯被粪便污染。部分病狐出现抽搐、痉挛、后肢瘫痪。妊娠母狐常发生大批流产和死胎。

(4)病理检查：心肌呈淡红色，心内膜有点状或带状出血。肝脏土黄色，表面有出血点，个别病例肝内充满血液。肾呈灰黄色，有时带绿色，有时带紫色，包膜下出血。肠道内黏膜肿胀充血，有黏稠的黄绿色或灰色液体。脑充血、出血，脑室常聚集化脓性渗出物或淡红色液体。仔狐有时出现脑实质变软。

(5)诊断方法:根据流行病学和病狐的临床症状即可做出诊断。必要时做尸体剖检进一步确诊。

(6)治疗方法

①口服氯霉素 0.1～0.25 克,或肌内注射氯霉素注射液0.3～0.5 毫升,1 日 2 次;严重脱水时,皮下多点注射 5%～10%葡萄糖,内加维生素 C。

②按每千克体重链霉素 0.01～0.02 克、新霉素 0.025 克、土霉素 0.025 克、菌丝抗霉素 0.01 克,经口投给,治疗效果较显著。

(7)预防措施

①免疫:在健康母狐配种前 15～20 天内,注射大肠杆菌和副伤寒多价灭活苗,间隔 7 天注射 2 次;健康仔狐可在 30 日龄起接种上述疫苗 2 次。

②消毒:平时可用“狐貂貉消毒王”300 倍和“病荃灭”400 倍对环境、狐舍交叉喷雾消毒,可有效控制传染病和病毒病发生。

③饲料预防:平时饲料中添加了狐貂快壮 1 号、2 号营养强化补充剂或狐利高、狐貂肠炎灵、狐貂毒灭、狐貂痢刻停、狐貂快康、狐貂快好粉(任选一种),则很少会发生此类疾病。

7. 病毒性肠炎

病毒性肠炎育成狐发病率高,老狐很少发病,并出现一定的死亡率,细菌性肠炎虽然育成狐发病多,但成龄狐和幼龄狐也占一定比例,如用药及时得当,95%以上可治愈,很少出现死亡。

(1)致病因素:本病的传染源为患病动物和带毒动物。

(2)发病规律:在发热和具有明显临床症状的传染期,不断向体外排毒,并通过污染的饲料、饮水、食具传染给健康狐。

(3)临床症状:主要特征是呕吐和持续性、重度腹泻,粪便变软,形如牛粪,呈黄灰白色至稀便,水样便,后期粪便呈酱油色且有恶臭、腥味,病狐明显消瘦,严重脱水,而呈急性衰竭死亡。心肌炎型多见于 5 周龄幼狐，表现为呼吸困难，心律加快，可视黏膜苍白，常以突发性心力衰竭而死亡。

(4)病理检查：尸体消瘦呈失水状；肛门周围沾满污物；胃肠道空虚，肠壁菲薄，有的肠腔内有少量的血样、煤焦油样或烂肉样物；肝呈土黄色，质脆；肾苍白有出血点，脾亦有出血点；膀胱空虚，黏膜充血。其他器官变化不明显。

(5)诊断方法：根据流行病特点、临床症状、剖检变化以及病理组织检查，可诊断为狐病毒性肠炎。

(6)治疗方法

①对病狐可注射“肠炎灵注射液”(中药制剂，主要成分为金银花、连翘、黄芩等)，每天 2 次，每次注射 2.5 毫升，效果很好。

②肌内注射(任选一种)：庆大-小诺霉素、狐貂快壮、狐貂快康、宠爱特号、宠爱 2 号。

③口服(任选一种)：诺氟沙星、狐利高、狐貂肠炎灵、狐貂毒灭、狐貂痢刻停、狐貂快康、狐貂快好粉。

④日粮中补喂狐貂快壮 1 号、2 号营养强化补充剂或狐貂金维，有助于疾病恢复。

⑤脱水严重病狐，必须口服补液盐。

(7)预防措施

①对病狐和可疑病狐，一律隔离，严格封锁后，专人管理。被病狐分泌物和排泄物所污染的笼舍，要用喷灯火焰消毒，食具用 3%火碱溶液消毒；地面用白灰消毒，还可用“菌毒敌”(复合酚)加 300 倍水对笼舍、地面进行消毒。

②秋季是各养狐场购种狐的季节，引种要严格把关。要认真检查狐的精神状态和饲喂的饲料。喂狐的肉食必须煮熟再喂。狐场工作人员及工具要专管、专用。对新购入的种狐在观察、隔离 30 天后，经检疫确诊无病后方可入场。如发现病狐，在 6 个月内养狐场应禁止购买和出售种狐。如果接近取皮时间，最好不留作

种，一律取皮淘汰。

③特异性预防：应用中国农业科学院特产研究所和中国农业科学院哈尔滨兽医研究所研制的狐病毒性肠炎疫苗，效果非常好。健康仔狐应在断乳后接种，经过2周后再进行第2次接种，仔狐剂量为2毫升，成年公母狐每次每只注射剂量为3毫升。每年1月20日至7月20日接种疫苗。

8. 巴氏杆菌病

狐的巴氏杆菌病，又名出血性败血症，是由多杀性巴氏杆菌引起的一种急性败血性传染病。

(1)致病因素：该病病原为巴氏杆菌，所有毛皮兽均易感染，特别是幼龄毛皮兽感染性强。当狐狸饲喂患有巴氏杆菌病的畜、禽肉及其副产品，以及饲喂被污染的饲料和饮水，即被感染。当饲料经消化道感染时，则突然发病，并很快波及全群；有时本病也经呼吸道、皮肤黏膜感染。

(2)发病规律：本病多在春、夏、秋季发生，呈散发性流行。

(3)临床症状：各种年龄的狐均可感染本病，但以幼龄狐最易感染。本病没有明显的季节性，以春、夏、秋季多发。通过呼吸道和消化道侵入体内感染的多呈急性型，病程1～3天，个别的达5～6天；慢性型经过1～2周，身体极度消瘦而死亡。病狐多数是突然发病，出现萎靡不振，食欲减退或拒食，渴欲增强，呼吸困难等症状；病狐时有呕吐、下痢，粪便中混有黏液和血液等情况；还有的病狐头颈水肿，体温可上升到40.8～41.5℃，常在抽搐和痉挛发作中死亡。

(4)病理检查：气管内有多量泡沫样液体，肺轻度肿大，色暗红，有出血点，肺门淋巴结肿大，有点状出血；肝肿大、质脆、色暗紫，表面有坏死点；脾点状出血；心肌、心内膜、肾皮质层、膀胱均有不同程度的出血点；肠黏膜有出血性炎症。

(5)诊断方法:根据该病的临床症状和流行病学,可做出印象诊断;但本病的最后确诊,还需经过病狐的尸体剖检或通过实验室的微生物学的检查。

(6)治疗方法:对病狐进行隔离治疗,用抗出血性败血病单价或多价血清 5～30 毫升,每日皮下注射 1 次,连用 2～3 天;或青霉素 15 万～40 万单位,链霉素 2～10 毫克,每日肌内注射 2～3 次,连续 3～5 天;或卡那霉素 5～25 毫克,每日肌内注射 2 次,同时用复方新诺明 0.2～0.5 克,磺胺嘧啶片按 0.5%比例混于饲料,每日 2 次,连续 5～7 天。对未发病的狐,用磺胺嘧啶混入饲料饲喂,预防发病。

(7)预防措施

①禁止其他畜禽进入狐场。

②严格检查肉类饲料,特别是禽类副产品,剔除巴氏杆菌污染的饲料;对可疑饲料需煮熟后再喂。

③对狐饲养场地及周围环境彻底清扫,饲养铁笼、用具清洗后,用 5%甲醛消毒液喷洒消毒,每天 2 次,连续 6 天。病死尸、粪便集中深埋处理。

④被污染狐场的狐每年用巴氏杆菌疫苗免疫预防。

⑤平时,应注意加强饲养管理,保持饲料和饮水清洁。

9. 沙氏杆菌病

沙氏杆菌病又叫沙门菌病或副伤寒,是由沙氏杆菌引起的各种家畜、家禽以及野生动物以胃肠道机能紊乱和败血症为特征的传染病。人工饲养的狐狸容易感染。

(1)致病因素:狐狸的沙氏杆菌病常由猪霍乱沙氏菌、肠炎沙氏菌、鼠伤寒沙氏菌和鸡白痢沙氏菌引起的。多数沙氏菌是条件性病原菌,在多种动物的肠道内寄生,成年兽、鼠类、禽类和蝇类常为带菌者。

(2)发病规律:当狐狸在不卫生的饲养管理、气候的剧烈变化等不利条件下抵抗力降低时,沙氏菌便侵入其内部脏器引起发病。质量差的饲料,或饲料更换不适当,常引起胃肠炎,从而加剧本病的发生。沙氏杆菌病呈地方性流行。

(3)临床症状:本病主要的临床症状是发热和下痢,具有明显的季节性,常流行于夏季,多发于6～8月份,1～2月龄的幼狐最易感染。本病自然感染期为3～20天,发病可分为急型、亚急型、慢型三种。

①急型:病狐拒食,精神沉郁,体温上升到41～42℃。喜卧、背弓起,两眼流泪,时而呕吐,并发生下痢。

②亚急型:胃肠高度紊乱,粪便水样,混有卡他性黏液,个别混有血液。体温上升到40～41℃,拒食,呼吸浅表,两眼羞明流泪,精神沉郁。

③慢型:病狐食欲不好,消化机能紊乱,机体虚弱,贫血,被毛蓬乱不洁,两眼羞明流泪,粪便稀而恶臭,呈绿色或茶色;由于慢性消耗,极度衰竭,很快死亡。

母狐妊娠期若发生此病,会早产或流产。产后能成活的仔狐虚弱、不爱活动、吸乳无力、较严重的发生昏迷、抽搐而死亡。

(4)病理检查:剖检病死狐狸,可见黏膜黄疸,皮下组织、骨骼肌、浆膜和胸腔内器官黄疸。胃空虚,脾脏肿大,肾脏稍肿大,肺时有点状出血点,肝脏、心肌变性等。

(5)诊断方法:根据流行病学和病狐的临床症状即可做出诊断,如有必要,可做尸体剖检进一步确诊。

(6)治疗方法

①四环素或氯霉素,仔狐0.1～0.3克,成年狐0.4～0.8克,连用4～6天。

②新霉素或左旋霉素混于饲料中饲喂,连喂7～10天。幼狐5～10毫克,成年狐20～30毫克。

（7）预防措施：预防此病，主要是把住饲料和饮水的卫生关；幼狐可接种多价的甲醛疫苗1～2毫升，成年狐2～3毫升，分两次接种，间隔7～10天，可免疫7～8个月。

10. 布氏杆菌病

布氏杆菌病是人、畜和毛皮兽共患的慢性细菌性传染病。本病呈周期性弛张热或长期波状热，妊娠母狐发生流产，或产弱小仔狐，周龄内仔狐死亡率高。个别公狐出现睾丸炎，配种能力下降。

（1）致病因素：本病是由于布氏杆菌属的羊型、猪型、牛型病菌引起的慢性传染病。

（2）发病规律：本菌对外界环境有较强的抵抗力，在体外能保持很长时间仍具有传染性。该菌对湿热特别敏感，55℃2小时，70℃5分钟被杀死，煮沸可立即杀死。对一般化学药物抵抗力也较差，1%～2%甲醛溶液3小时杀死，5%新石灰乳液2小时内杀死，1%～2%甲醛溶液经3小时杀死，5%新石灰乳液2小时即可杀死。

（3）临床症状：北极狐感染后，潜伏期为4～5天，潜在经过是北极狐患此病毒的主要特征。母狐主要表现是流产、体温呈弛张热或波状热或产弱小仔狐，食欲下降，个别的出现化脓性结膜炎。有的公狐出现睾丸炎，配种能力下降。

（4）病理检查：流产胎衣绒毛膜下组织胶样浸润，胎衣增厚、充血、出血。胎儿真胃中有微黄色或白色黏液和絮状物，胃肠浆膜上有絮状纤维蛋白凝块。

（5）诊断方法：患病狐缺乏特征临床症状，病理解剖变化亦不明显，因此，细菌学检查具有重要意义。病狐静脉采血分离血清，用凝集反应来检查出阳性者可诊断。

（6）治疗方法：本病无特异治疗方法，应通过血清检查，并结合冬季取皮，对阳性狐进行淘汰，自群净化。对流产后继续子宫内膜炎的病狐可用 1∶96 高锰酸钾冲洗子宫和阴道，每日 1～2 次，经 2～3 天后隔日 1 次，直至阴道无分泌物流出为止。严重病例可用抗生素或磺胺类药物治疗。

(7)预防措施：预防本病，要严格执行兽医卫生防疫制度，严禁有布氏杆菌病的动物进场。不喂不明来源的生肉类及牛羊下水，如喂一定要高温处理后再喂。

11. 狐阴道加德纳菌病

狐阴道加德纳菌病是由阴道加德纳菌引起的一种人畜共患传染病。以妊娠狐的空怀、流产为主要特征。在我国各毛皮动物饲养场广泛发生，给养狐造成了极大的经济损失。

(1)致病因素：病原体为阴道加德纳菌属阴道加德纳菌。不同年龄、不同品种及不同性别的狐均可感染。但通常是母狐感染率明显高于公狐，育成狐感染率低于成年狐。流行病学调查表明，北极狐的感染率最高。

(2)发病规律：在我国，流产、空怀狐 45%～70%是由阴道加德纳菌感染所致，患病狐是主要传染源，主要通过交配传染，外伤也是一个较重要的感染途径。怀孕狐感染该菌可直接传播给胎儿。

(3)临床症状：本病的突出临床症状是受配狐多数于妊娠后 20～45 天出现流产及在妊娠前期的胎儿吸收。流产前母狐从阴门排出少量污秽物，有的病例出现血尿。流产后 1～2 天内，母狐体温升高 0.5～1℃，精神不振，食欲减退，经治疗后随即恢复正常。公狐在配种期性欲减退并常出现血尿。

(4)病理检查：剖检可见病变主要在生殖与泌尿系统。可见阴道和子宫黏膜肿胀、发红，上皮易脱落，尿道和膀胱黏膜均可见炎症变化。卵巢肿大。公狐有包皮炎、睾丸炎以及前列腺炎。

(5)诊断方法：在排除非传染性因素后可疑似本病。妊娠期饲料质量不佳，饲料不稳定，营养单一不全价，管理粗放、环境不安定和突然的外界刺激，都可造成空怀和流产，有个别狐常出现习惯性流产。因此，在诊断时必须考虑到上述诸因素。

采集流产胎儿、胎盘、流产狐阴道分泌物、公狐的包皮分泌物，以5%的兔血胰蛋白胨琼脂平板进行分离，选取37℃培养48小时的β溶血菌落进行接触酶和氧化酶试验，如两者均为用阴道加德纳菌虎红平板凝集抗原对感染狐进行血清学诊断，具有敏感、特异性，检出率达92.2%，可对感染狐快速定性，结果可靠，适于大群检疫。

(6)治疗方法：阴道加德纳菌对氨苄青霉素、红霉素、氯霉素及庆大霉素敏感，对病狐可选用上述药物治疗。实践证明，以氯霉素进行7～10天治疗，每日口服2次，每次0.1～0.2克，治愈率可达99%。

(7)预防措施

①狐阴道加德纳菌佐剂灭活疫苗是预防狐该菌感染的最有效制品。该疫苗安全，免疫期为6个月，保护率达90%以上，每年定期免疫2次，可控制该菌感染。

②不可随意用手直接触摸流产胎儿，感染阴道加德纳菌的母狐流产胎儿及其阴道流出的恶露是重要的传染源，应严加注意和彻底消毒。

12. 脐炎

狐脐炎是狐的一种以中枢神经系统损害、伴发激动性增高和癫痫性发作为特征的急性病毒病。

(1)致病因素：本病病原为狐腺病毒，又称狐脐炎病毒。在自然条件下8～10月龄幼狐易感，病死率10%～20%。本病可经消化道和呼吸道感染。

(2)发病规律：地方流行性是本病的特点之一，被污染的狐场在多年内对幼狐常有发生，大体上在夏季和秋季(7～10月)发生，流行期的延长和一定程度接触传染是本病的又一特征。

(3)临床症状：潜伏期6～7天，体温升高，流鼻液，腹泻，眼结膜震颤。继而兴奋，肌肉痉挛性收缩，对刺激反应特别敏感。后期共济运动失调，精神沉郁、迟钝，出现偏瘫或截瘫，病程约2～3天，多以死亡告终。本病慢性经过时，引起母狐流产、难产，产后最初几天仔狐死亡。

(4)病理检查：脑实质、脑膜和脑脊髓出血，心内膜、胸膜、胰腺和肺均出血，肝肿大出血。

(5)诊断方法：确诊有赖于病原检查、分离和鉴定，以及血清学试验。

(6)治疗方法：目前尚无有效疗法。可试用中药如双花、连翘、板蓝根、大青叶等研末，内服每只狐5克，1天2次，连用3～5天。

(7)预防措施：加强卫生防疫，定期消毒。病狐及时隔离。从国外引种，必须加强海关检疫工作，隔离观察1个月，无病才能运回。

13. 炭疽病

炭疽病是由炭疽杆菌引起的毛皮畜、家畜和人共患的急性、热性、败血性传染病，以脾脏肿大、皮下和浆膜下结缔组织浆液性出血浸润为特征，本病首先在水貂中发现，死亡率较高。狐也有发生。

(1)致病因素：炭疽病病原体为炭疽杆菌。炭疽杆菌本身抵抗力不强，75℃经一分钟可被杀死，一般消毒液也能很快杀死炭疽杆菌，但炭疽杆菌在外界不良条件下形成芽孢后，具有较强的抵抗力，能在土壤和水中保持10年仍有生活力。在干燥的条件下，40℃经3小时，煮沸经10～15分钟，110℃高温下经5～10分钟才被杀死。1%甲醛溶2小时，0.1%升汞液数分到数小时才能杀死。

(2)发病规律:本病没有季节性,一年四季均可发生,但夏季多见,且幼狐易感,一旦患上该病,其来势凶猛,很难治愈,病狐在2～3天内发生大批死亡。因此,预防该病的发生尤为重要。

(3)临床症状:北极狐感染此病,潜伏期为1～2天。急性经过者无任何临床表现,刚吃完就会突然死亡。病程稍长者,表现体温升高,呼吸加快,步态蹒跚,渴欲增强,拒食,血尿,腹泻,粪便内有血块和气泡,常从肛门和鼻孔中流出血样泡沫,出现咳嗽,呼吸困难及抽搐症状,咽喉水肿扩大到颈部和头部,有时蔓延到胸下、四肢和躯干。一般转归死亡,很少有康复的可能。

(4)病理检查:当发现病狐死亡、天然孔出血时,首先要怀疑炭疽病。此时严禁剖检尸体,因为炭疽杆菌在动物体内不形成芽孢,很容易被杀死,但解剖后,细菌在外界环境中很快会形成芽孢,形成芽孢的炭疽杆菌具有强大的抵抗力和生命力,在土壤中和水中可存活10年,所以千万不要随意解剖。

(5)诊断方法:根据临床症状和天然孔出血,可以做出初步诊断,但最终确认要靠血清学和细胞学检查。

(6)治疗方法

①当发生炭疽病时,应立即向上级有关兽医卫生部门报告。对狐场实行封锁,从最后一个病例死亡起,再经半个月没有死亡的,方可宣布撤销封锁。

②当周围有炭疽病流行时,要对狐进行抗炭疽血清紧急接种。药物治疗用青霉素有效,每次20万～40万单位,每天3次。

③对病狐和可疑狐实行隔离治疗,死亡尸体一律焚烧不剖检。被病狐污染的笼位应用喷灯火焰消毒,或用20%漂白粉溶液、5%硫酸石炭酸合剂消毒。地面用1份漂白粉和3份土混合消毒,之后连同漂白粉一起铲除地面土层。

(7)预防措施:建立健全卫生防疫制度,严禁采购、饲喂来源不明或病死的动物肉。疫区每年应进行一次炭疽疫苗注射。对可疑狐要进行隔离饲养治疗。该病是人兽共患病,饲养人员应严格遵守防疫制度,严加防范。

14. 钩端螺旋体病

本病是重要而复杂的人畜共患病和自然疫源性传染病。

(1)致病因素:钩端螺旋体和出血黄疸钩端螺旋体是主要的病原。波摩那钩端螺旋体多为隐性感染,病原对酸碱都很敏感。加热至50℃10分钟,即可致死,对冷冻抵抗力强。常用消毒剂的常用浓度即可杀灭。出血黄疸钩端螺旋体的感染源是肾脏带菌动物,如鼠等啮齿动物和野生动物的尿中排菌,危害很大。

(2)发病规律:狐钩端螺旋体是由狐传播的。公狐发病居多,老狐比幼狐死亡率高。感染狐均可出现菌尿症。

(3)临床症状:北极狐一般表现为精神沉郁、食欲下降,体温高的达到41℃,鼻镜干燥;排尿频繁,尿呈茶色;粪便有的变稀,含有隐血;体表淋巴结肿大,脉搏增数,呼吸加快;后期有肌肉痉挛,口流泡沫样液体,窒息死亡。

(4)病理检查:可视黏膜、皮下组织、全身黏膜及浆膜黄染严重;扁桃体充血肿大;血液稀薄,呈淡红水样;肝黄染,胆囊充盈,胆液呈深绿色,胶状;肾脏肿大,被膜易剥离,皮质出血,有白色坏死点;膀胱黏膜出血;胃肠黏膜充血,出血肿胀,内有黄色内容物;肺脏肿大;心外膜和心内膜有带状出血;脑血管充盈,脑组织水肿。

(5)诊断方法:根据临床表现可初步诊断,但最终确诊需实验室相关检查。

(6)治疗方法

①将全场狐分成发病狐、可疑狐、健康狐,分别隔离饲养。

②用抗钩端螺旋体血清皮下注射,每次间隔1～2天,共2～3次。

③将青霉素和链霉素一起合用,还可用强力霉素。

④严重病例可采用静脉注射给药，并用强心利尿剂，直至症状完全消失，再巩固治疗几天。

(7)预防措施

①保持养殖场清洁卫生，积极做好消毒工作，圈舍全面清扫，用0.1%氢氧化钠消毒7天。

②开展灭鼠运动，防止鼠类污染饲料和饮水。

③污染场的北极狐每年必须用单价或多价苗进行免疫预防。

15. 附红体细胞病

狐附红细胞体病是由附红细胞体附着在狐的红细胞表面和游离于血浆中引起的一种传染疫病。此病以腹泻、发热、贫血、脚掌皲裂等症状为主，类似犬瘟热、细小病毒性肠炎、弓形体病等，但防疫注射相应疫苗不能控制本病发生，发病后采用磺胺类药物和其他常用抗生素治疗效果不佳。

(1)致病因素：附红细胞体病的病原，是一种寄生在红血球上的立克次体，是细菌中的一种，一般的理化药物都能很快的将其杀灭，在56℃时10秒就可以将病原杀灭。其产生的毒性物质是脂多糖，可引起红血细胞溶解、全身发热、末梢血管的通透性增加、血液渗出、血压下降，引起休克或死亡。

(2)发病规律：蚊蝇等节肢动物的叮咬或由其粪便污染伤口而感染人畜。北极狐一般都是隐性感染，对人的致死率不强，只有1%，但是，感染能力却很强。

(3)临床症状：急性型发病前1天晚上食欲、饮水及活动均正常，第2天早晨死于笼中；有的狐食后突然倒地抽搐、口吐白沫、迅速死亡。亚急性型体温升高至41～42℃，呼吸困难，鼻流泡沫样血液，全身间歇性抽搐，进而死亡，病程1～2天。慢性型多为发病后期，间歇性抽搐，持续5～8天后死亡。

(4)病理检查：脑部血管出血、淤血，脑实质有针尖大小的出血点。肺脏大面积淤血、出血，呈紫黑色。心包积有淡黄色或淡红色液体，色泽变浅，心内膜有条状出血。肝脏肿大，呈土黄色，切面模糊不清，胆囊充盈。胃脏苍白，表面有丝状出血。膀胱内膜、膈肌、腹膜出血。

(5)诊断方法：根据临床症状、剖检病变可疑诊，确诊需做血液检查(通过光学显微镜镜检，发现红细胞形状不规则，红细胞周围由于病原黏附而呈锯齿状，但细胞不破裂)。

(6)治疗方法

①肌内注射血虫净(贝尼尔)：用注射用水或生理盐水稀释成5%的溶液，按3～5毫克/千克体重，深部肌内注射，隔48小时注射1次，连注3次。

②注射血虫清：按0.2～0.3毫升/千克体重，静脉注射或肌内注射，间隔24小时注射1次，连注3次。

③注射血虫杀：按0.2～0.3毫升/千克体重，静脉注射或肌内注射，隔48小时注射1次，连注3次。

④用血虫清和血虫杀注射液后3～4小时，药物杀死部分虫体，会使狐体温升高，一般情况下不必用药降温。

(7)预防措施

①一旦发现可疑狐群，应早期进行鲜血附红细胞体检查，及时确诊，并及时采取措施，杜绝传染源。

②狐附红细胞体多以节肢动物为传染媒介，所以，要彻底消除病原传染途径，定期驱杀蚊蝇、疥螨、虱等吸血昆虫，搞好环境消毒，减少发病率和死亡率。

16. 肺结核

结核病是由结核分支杆菌引起的一种慢性传染病，引起内脏器官干酪化或钙化性结节。

(1)致病因素：结核病可能由人型杆菌，或牛型杆菌所致。在少数情况下，也曾见禽型杆菌的感染。

(2)发病规律：主要通过呼吸道、消化道传染。患病动物的肉类饲料、病狐的分泌物等是重要的传染源。

(3)临床症状：临床上大多数病例表现衰竭、被毛零乱、咳嗽、很少运动、呼吸困难，有的发生腹泻、便秘、腹部膨胀增大、腹腔积水。实质器官(肝、肾等)被侵害时，常无明显症状。

(4)病理检查：肺脏或其他器官常见有很多突起的白色结节。

(5)诊断方法：当狐群发生不明原因的渐进性消瘦、咳嗽、肺部异常、顽固下痢、体表淋巴结肿胀等，可作为怀疑的依据，必要时进行微生物学检验。

(6)治疗方法：雷米封治疗，每千克体重每天 10 毫克，需 3 个疗程，1～2 月份进行第一疗程，6～7 月份第二疗程，9～10 月份第三疗程，每个疗程 45 天，可使狐活到取皮期。

(7)预防措施

①严把饲料关，对结核病畜的肉类不能生喂。

②带有结核杆菌的牛奶，必须经巴斯德菌消毒或煮沸后饲喂。屠宰前进行结核菌素接种，将结核菌素阳性可疑反应的一律淘汰，留健康幼狐作种用。

③病狐要隔离饲养，一直到取皮。对病狐住过的笼子要用火焰喷灯消毒，也可用 2％氢氧化钠溶液消毒，地面用漂白粉喷撒消毒。

④患过结核病的人不能饲养健康狐。

17. 假单胞菌病

假单胞菌病是由绿脓杆菌引起的毛皮经济动物急性出血性肺炎。水貂、毛丝鼠、北极狐均可感染本病。

(1)致病因素：绿脓杆菌广泛存在于自然环境中。

(2)发病规律：患病家畜的肉类饲料、病狐和带菌狐是主要传染源，毛皮经济动物食入病畜的肉类饲料、被绿脓杆菌感染的饲料、饮水而感染，也可以通过病健狐之间的接触、空气中的飞沫传播。另外，患病时不合理的使用抗生素，破坏了可抵挡绿脓杆菌的细菌群，导致体内小量原本正常的绿脓杆菌迅速繁殖，而引起发病。

(3)临床症状：本病常突然发病，最急性者未见症状而死亡，急性型者一般表现为精神沉郁、采食减少或完全停止采食，卧于笼中，很少活动，体温升高，鼻及眼常有分泌物，呼吸困难，死前貂的鼻及耳道有出血，一般停止采食1～2天死亡。如经及时治疗，约50%～60%的发病动物可治愈。

(4)病理检查：打开胸腹腔可见肺大面积出血，呈黑红色，肺泡及各大小支气管内充满出血性泡沫状液体。脾脏肿大出血呈黑红色，肾出血呈黑红色。胃黏膜出血、肠管出血、肝肿胀出血。

(5)诊断方法：根据临床症状、病理剖检变化和流行特点，初步可以确定本病，但确诊需做细菌学诊断，如涂片镜检和细菌分离培养。

(6)治疗方法

①确诊本病后立即对全场进行彻底消毒，搞好环境卫生并对病死貂污染的笼具和地面彻底消毒，对病死貂深埋或焚烧。

②对全场健康群用新诺明片，每只0.5片饲喂。

③庆大霉素2万单位，链霉素10万单位肌注，1天2次，连用3～5天。

④10%葡萄糖250毫升×1，维生素C2毫升×2，氨苄青霉素0.5克×2，磷酸地塞米松2毫克×4，磷酸阿托品5毫克×1，ATP 2毫升×1。以每分钟35～40滴的速度静脉滴注，一般2天痊愈。

(7)预防措施：此病为条件性致病菌，打早熟针的狐绒毛厚，不利于散热，抵抗力差，所以出现死亡。建议在这个期间，加强饲养管理，注意环境的消毒，不喂被病菌污染的饲料，在饲料中增加维生素、抗菌药物可以有效地预防该病的发生。

18. 魏氏梭菌病

本病又称产气荚膜杆菌病。本病的发生无明显季节性，除哺乳仔狐外，各种年龄、品种、性别的狐均有易感性。

(1)致病因素：魏氏梭菌性肠炎主要由 A 型和 E 型菌及产生的 α 毒素所致。它广泛存在于土壤、饲料、蔬菜、污水、粪便中。

(2)发病规律：传染途径主要是消化道或伤口，粪便污染的病原在传播方面起主要作用。本病的主要传染原是病狐和带菌狐及排泄物。病原菌自消化道或伤口侵入机体，在小肠和盲肠绒毛膜上大量繁殖并产生强烈的 α 毒素，改变毛细血管的通透性，使毒素大量进入血液，引起全身性毒血症。

(3)临床症状：发病急，无任何临床症状而突然死亡，病程一般 12～24 小时。有的病貉食欲减退，呕吐。粪便为液状，呈绿色，混有血液。

(4)病理检查：皮下组织水肿，胸腔内混有血样的渗出液，膈和肋膜有出血点；肝脏肿大，呈黄褐色或黄色；小肠及大肠黏膜出血，外观似血肠样，肠内容物充满紫黑色血液；肠系膜淋巴结肿大，出血；脾切面呈紫黑色；肾质地稍软，皮质和髓质出血。

(5)诊断方法：根据狐群发病情况，临床症状和病理变化可以做出初步诊断，确诊需结合试验室诊断。

(6)治疗方法：本病的治疗，可内服氧氟沙星、乳酸诺氟沙星、新霉素和氯霉素等，一般新霉素每千克体重按 10 毫克投于饲料中喂给，1 天 2 次，连续 3～4 天，可获得一定效果。

(7)预防措施：魏氏梭菌病以发病急、死亡快、致死率高、零星散发为特征，该病临床治疗效果较差，主要以预防为主。正确的饲养可减少本病的发生；采用较低能量、较高纤维素的日粮可明显减少腹泻死亡率。一旦发现病狐或可疑为病狐，应立即隔离或淘汰。预防方法可用魏氏梭菌氢氧化铝灭活菌苗，每只狐皮下注射 2 毫升，7 天后开始产生免疫力，免疫期 4～6 个月。

(二)寄生虫病

1. 蛔虫病

寄生在狐狸体内的蛔虫有两种，即毒蛔虫和弓蛔虫。

(1)致病因素：狐主要是吃了含有蛔虫卵的饲料，或饮了被蛔虫卵污染的水而感染，或者仔狐养在一起，其中有患蛔虫症者，经接触互相感染而发病。本病幼狐多于成年狐，主要寄生于肠道。

(2)临床症状：患狐身体虚弱，精神萎靡，腹部胀满，消化不良，下痢和便秘交替进行，被毛蓬乱无光。有时呕吐，痉挛，抽搐，有时可看到吐出或便出蛔虫。病情严重的患狐，常因蛔虫过多造成肠梗阻而死亡，剖检可见肠内蛔虫堵塞成团。

(3)诊断方法：检查狐狸呕吐物和粪便，看是否有蛔虫体；还可以进行粪便中虫卵的检查(用水洗沉淀法)，结合临床症状(呕吐、腹泻、精神紊乱等)可以确诊。

(4)治疗方法：驱虫要在仔狐断乳后进行，投药后 4～5 小时后喂食。对人用的其他驱虫药，都可酌情应用。

①可用驱虫灵，每头每日 1～2 片，隔 2 周再重复喂一次，或用四氯乙烯 0.3 克。

②可随饲料投给哌啶盐，每千克体重 0.2 克，连用 3 天；或用驱蛔灵(枸橼酸哌哔嗪)，每千克体重 0.2 克，混入饲料 1 次性服用。

(5)预防措施：预防本病，要加强饲料和笼舍的卫生管理。蔬菜要洗干净，畜禽内脏要高温处理后再喂。

2. 绦虫病

狐绦虫病寄生于小肠里，常见的有犬绦虫、线绦虫及裂头绦虫。

(1)致病因素:绦虫卵随宿主粪便排除体外,落入水池中发育成蚴,寄生于中间宿主水蚤体内。水蚤被小鱼吞食,小鱼又被较大鱼吞食,裂头幼虫不死,而寄生于大鱼体内。当饲喂已被裂头幼虫侵袭的生鱼时,狐即可感染此病。

(2)临床症状:由于裂头幼虫的寄生,病狐在其毒素的作用下发生贫血,白血球增多,生长迟缓,消瘦,被毛粗糙。有时出现癫痫、抽搐、惊厥等神经症状。剖检病狐尸体可见肠道内有数十条成团的绦虫。小肠受害明显,黏膜充血,绦虫头节固着的部位呈卡他性炎症。

(3)诊断方法:根据临床表现并结合虫卵检查,可以确诊。

(4)治疗方法:采用下列药物驱虫后必须用显微镜检查粪便,看绦虫是否已排出体外。

①采用氢溴酸槟榔碱粉驱虫。先将病狐饿 16～18 小时,按每千克体重 0.01 克将粉剂混于饲料中饲喂。此药有时引起呕吐,为防止呕吐用 0.5%的奴夫卡因溶液将氢溴槟榔碱溶解,使之成为 1%溶液,按每千克体重 1 毫升混于饲料中投喂。服用后 6～8 小时再喂饲料。

②将南瓜籽 200～250 克捣碎,混于少量无脂肪的饲料中,停食 12 小时后投喂。隔 1 天后再投喂 1 次。

③虫可清每头用 0.5 毫升,肌内注射,

(5)预防措施:平时不喂被污染地区的生鱼;对于病、痘猪肉必须经高温处理后,方可饲喂。

3. 螨虫病

螨病是由疥螨科和痒螨科所属的螨寄生于毛皮动物的体表或表皮下所引起的慢性寄生性皮肤病,多为接触性传染。如果饲养管理不当、治疗不及时,会直接影响动物健康和毛皮的质量,给饲养带来严重损失。

(1)致病因素:患病动物是主要的传染源,它与健康动物直接接触可以传播本病,如密集饲养、配种均可传播。通过直接污染的笼舍、食盆、产仔箱以及工作服、手套等也可间接传播。秋冬季节,尤其是阴雨天气,有利于螨虫发育,故螨病蔓延较广,发病较重。春末、夏初,狐体换毛,通气改善,皮肤受光照充足,疥螨和痒螨大量死亡,这时症状减轻或完全康复。

(2)临床症状:皮肤红肿(尤其四肢、趾掌耳、颈部皮肤)、被毛脱落,形成黄色痂皮,发痒不安,经常可见到用爪趾抓挠和摩擦笼舍现象。病狐食欲下降,消瘦。

(3)诊断方法:在患部皮肤的病、健交界处刮取痂皮至微微出血,放至玻璃皿内。用10%苛性钾溶液浸泡3～5分钟,放在低倍显微镜下镜检。如有疥螨虫,就可见到黄褐色或白色的成虫和有脚的幼虫,以及灰白色半透明的椭圆形虫卵。

(4)治疗方法

①涂药疗法适用于患部面积较小和天气较冷的季节。先将患部及周围被毛剪掉,用温肥皂水刷洗,除去硬痂和污物,然后用新洁尔灭溶液刷洗,擦干后涂药。必须涂擦2～3次,每次间隔5天,以杀死成虫和幼虫,达到彻底灭虫的目的。处理时,要注意把用具、场地进行彻底消毒,防止病源扩散。治疗方法:可用硫磺甘油(硫磺、甘油等量混合),碘甘油(碘酊3份、甘油7份)进行涂擦;烟叶或烟梗1份、水20份煮1小时,待降温后进行涂擦;蜈蚣1条,香油50克,冰片50克,共研磨成粉涂擦患部;将敌百虫粉5克溶于95毫升的温水中,然后进行涂擦;用肥皂水将患部污物痂皮去掉,然后用毛刷蘸取60%硫代硫酸钠溶液(硫代硫酸钠60克加热水40毫升搅拌使其溶解)均匀涂于患部,待干后,再用5%的盐酸溶液涂于患部,此时能闻到硫磺味,隔2～3天再涂1次,直到痊愈。

②药浴疗法主要用于患部面积大且温暖的季节。可用2%的

敌百虫溶液，2%的氯磷水溶液，50×10^{-6}的溴氰菊酯溶液或1%均化克辽林水乳剂等进行药浴。利用桶、盆等容器进行，药液量以能完全浸泡狐整个身体为度(大约3万毫升)，溶液温度不能低于30℃，否则影响药效，大批应用前，要先进行小群安全实验。药浴时要注意选择晴天和无风天气进行。药浴前让狐充分饮水，药浴时间为2～3分钟，同时清除结痂。处理头部时，用于闭锁鼻孔和口，浸入浴盆2～3秒钟，经7～8天可再进行1次，当发现病狐精神不佳，口吐白沫，可皮下注射1%的硫酸阿托品水溶液(每千克体重0.3毫升)，或氯磷定(每千克体重0.3～0.4毫升)，同时注意工作人员的安全。

(5)预防措施

①为预防螨虫病发生，严禁将狗、猫等带入狐场，并定期进行灭鼠。

②当狐出现有皮肤病变(秃毛、抓伤、皮肤炎症及其他异常)时，应对刮下的皮屑进行检查。

③当狐场发生螨虫病时，要进行逐只检查，立即把病狐转入隔离室内饲养治疗。

④对病狐的笼具用2%～3%的来苏儿水溶液消毒或火焰消毒。

⑤对发病狐群中假定健康的狐进行一次药浴，同时对狐场进行一次机械清除和消毒。

4. 球虫病

球虫病是危害养殖业的常见寄生虫病，本病多在温暖、多雨季节流行，卫生条件恶劣、拥挤潮湿的环境最宜促成本病的发生传播。

(1)致病因素：球虫病是一种由单细胞寄生虫艾美耳引起的。饲料或饮水中的感染性卵囊被狐吞入后，子孢子在消化道内脱囊逸出，进入上皮细胞吸取营养，长成第一代裂殖体，经分裂而成为第一代裂殖子。每个裂殖子进入一个新的上皮细胞，再发育为第二代裂殖体，并再分裂产生第二代裂殖子，重新进入新的上皮细胞内生长发育。如此不断反复，可使上皮细胞遭受严重破坏，导致疾病发作。卵囊多呈卵圆形、椭圆形或近似球形，长度多为 11～48 微米，宽度为 9～35 微米，在适宜的温、湿度条件下完成孢子发育后便具有感染性。

(2)临床症状：幼狐多出现精神不振，食欲减退，渴欲增加，被毛粗乱，腹泻，粪便中混有血液和黏膜，有恶臭味。体温升高至 40℃。

(3)诊断方法：在载玻片上涂适量甘油与水的等量混合液，再用牙签挑取少量粪便，混匀成粪膜。置显微镜下检查，若发现有球虫卵囊即可确诊。

(4)治疗方法：对所有狐只投喂氨丙啉粉剂，剂量为 500 毫克/千克体重，每日 2 次，连喂 7 天。对有临床症状的病狐口服氨丙啉，肌内注射磺胺二甲嘧啶，剂量为 25 毫克/千克体重，每日 2 次，连用 7 天。并结合应用止泻、强心和补液等对症治疗。

(5)预防措施：

①采用隔离治疗和消毒的综合性措施。成年狐一般为带虫者，因此幼狐应与成狐分群饲养管理。

②狐舍要天天清扫、消毒。

③定期用沸水或 3%～5%的热碱水消毒饲槽、饮水槽及地面。

④哺乳母狐的乳房要经常擦洗、消毒。

5. 心丝虫病

狐心丝虫病是由狐恶丝虫成虫寄生于狐狸心脏的右心室及肺动脉(少数见于胸腔、支气管)引起循环障碍、呼吸困难、贫血、猝死等症状的疾病。本病感染狐等多种动物,几乎所有在发生心丝虫病区域中未被保护的动物都有可能感染,甚至危害人类健康。

(1)致病因素:心丝虫的微丝蚴随时可在病狐的外周血液中出现,周期性不明显,但以夜晚较多。中华按蚊、白纹伊蚊、淡色库蚊等多种蚊子均可作为其中间宿主。微丝蚴被蚊吸入体内后,经过两次蜕皮变为感染性幼虫。除蚊外,其微丝蚴也可在猫蚤与犬蚤体内完成发育。犬类动物被丝虫阳性蚊叮咬而感染本病。

(2)临床症状:主要症状为循环障碍、呼吸困难和贫血。患狐咳嗽剧烈,呼吸困难,运动后尤为显著;心悸,脉搏细弱,心脏有杂音;腹围增大;末期血液稀薄,红细胞减少,重症患狐因贫血逐渐衰竭而死。患心丝虫病的狐常伴发结节性的皮肤病,病狐瘙痒,结节破溃常发生化脓性肉芽肿炎症,在肉芽肿周围的血管里常见有微丝蚴。经对心丝虫病治疗后,皮肤病变亦随之消失。

(3)诊断方法:可根据临床检查结合外周血液微丝蚴检查,进行确诊。

(4)治疗方法

①驱杀成虫:硫乙胂胺钠,按 0.22 毫升/千克体重,静脉注射,一天 2 次,连用 2 天。注射时严防药物漏出血管外;菲拉辛,1 毫克/千克体重,口服,每日 3 次,连用 10 天;海群生,按 22 毫克/千克体重,每天 3 次,连用 14 天;酒石酸锑钾,按 2～4 毫克/千克体重,溶于生理盐水后静脉注射,每天 1 次,连用 3 天;菲拉松,按 1 毫克/千克体重口服,每日 3 次,连用 10 天对成虫有效。

②驱微丝蚴:碘化二硫噻啉,4.2 毫克/千克体重,拌饲,每天 1 次,连用 7 天,如微丝蚴检验仍为阳性,可加大剂量到 13.2～15.4 毫克/千克体重,喂至微丝蚴阴性为止;左旋咪唑,狐每天 10 毫克/千克体重,口服,连用 15～20 天,治疗后第 6 天检验血液,当血液中微丝蚴检验为阴性时,则停止治疗;伊维菌素或阿维菌素,0.05～0.1 毫克/千克体重,一次皮下注射,隔 7 天可重复用药

一次。

(5)预防措施:预防的重点是消灭蚤和蚊。搞好环境卫生及狐体卫生,防蚊灭蚊,切断传染源。在蚊子出现的季节,可用伊维菌素和阿维菌素进行药物预防,按 0.05 毫克/千克体重口服或皮下注射,每月 1 次,能起到较好的预防作用。也可用海群生,按 6.6 毫克/千克体重,口服,在蚊虫季节开始到蚊虫活动季节结束 2 个月内用药。蚊虫常年活动的地方要常年给药。狐在用药开始后 3 个月时检查一次微丝蚴,以后每 6 个月检查一次,对已感染了心丝虫、在血液中检查出微丝蚴的狐禁用本品。

6. 弓形虫病

弓形虫病是弓浆虫引起的人、畜及野生动物共患的寄生虫病。

(1)致病因素:弓形虫病是一种分布广泛的人畜共患原虫病。狐吞食弓形虫的感染性卵囊或含有弓形虫速殖子或包囊的中间宿主的肉、内脏、渗出物、排泄物或乳汁而被感染,子孢子或滋养体在体内有核细胞内进行弓形虫发育,形成包囊,停留在一些组织中,怀孕母狐还可经过胎盘使胎儿遭受感染。本病潜伏期 7～10 天或数月,轻度感染一般不显症状;重度感染的急性病例 2～4 星期可致死,慢性病例可维持数月而长期带虫。

(2)临床症状:发病狐体温升高至 41～42℃、呈稽留热,精神沉郁、食欲不振或废绝,心跳快而弱,可视黏膜苍白或黄染、结膜发炎,流脓性眼屎,视觉障碍,鼻腔流浆液性鼻液。部分狐突发性急性胃肠炎,呕吐,腹痛和剧烈腹泻,初粪稀如水,继之转为黏液性。严重者发生出血性腹泻,体质迅速衰竭,最后因脱水、休克而死。有的呼吸迫促困难,有的表现极度兴奋,眼球突出,出现剧烈呕吐、运动失调、后肢不全麻痹或完全麻痹等神经症状。母狐妊娠早期发生流产,或后期早产。

(3)诊断方法:取死亡狐肺、肝、淋巴结等病料,用每毫升含有

1000国际单位青霉素和0.5毫克链霉素的生理盐水作10倍稀释，制成乳剂，进行小白鼠腹腔接种，每只0.5毫升，1周后采腹水涂片检查，可发现典型的弓形体。由此确定为弓形虫病感染。

(4)治疗方法

①发病狐舍用百毒杀消毒液进行消毒，1次/日，连用3～5天。

②隔离病狐，发病狐用磺胺嘧啶钠注射液0.03～0.08毫克/千克体重肌注，每天2次，连用3～5天；也可使用磺胺嘧啶60毫克/千克体重，加甲氧苄氨嘧啶12毫克/千克体重混合口服，每天2次，连用5～7天。同时应用维生素C注射液10毫克/千克体重，肌内注射，每天2次，并在饮水中加入电解多维和口服补液盐等，以减少应激，防止脱水，补充营养。

③取大蒜15克，捣成蒜泥后配制成大蒜酊后内服，每日3次，连用3天。

(5)预防措施

①加强饲养管理，对笼箱、小室、食具等经常清扫和定期消毒。

②严禁用病死动物、被污染的饲料和腐败变质的肉、蛋、奶喂狐，对动物性饲料如肉、蛋、奶等应煮熟后再喂。

③要注意灭鼠、灭蝇，提高管理水平。

7. 钩虫病

本病是由钩口科钩口属、弯口属的线虫寄生于狐的小肠、尤其是十二指肠中引起狐贫血、胃肠功能紊乱及营养不良的一种寄生虫病。本病主要发生于热带及亚热带地区；但我国北方地区均有本病流行。

(1)致病因素：钩虫是小型线虫，经口或皮肤黏膜感染，经口进入狐体内，在肠内发育成成虫，虫卵经粪便排出体外，在体外发育成感染性幼虫。感染性幼虫经皮肤黏膜侵入体内时，首先进入外周血管，随血液循环至肺部，并移行至肺泡、支气管和气管，随痰到口腔，再被哽咽到小肠，固着在小肠肠壁上发育至成虫。

(2)临床症状：主要症状是狐常拉稀，粪中混有血色黏液，贫血，伴发稀血症。患狐衰弱并消瘦，有时水肿，消化紊乱，食欲不振。幼犬患病后发育障碍，被毛干燥而粗乱。有时见皮肤发痒，俗称钩虫痒症，也可能引起皮炎风疹块。犬于死前显著衰弱，黏膜极为苍白。

(3)诊断方法：根据贫血、血便、消瘦、营养不良等均可考虑本病。取粪便进行饱和盐水浮集法，在显微镜下镜检，发现钩虫卵可确诊。

(4)治疗方法

①丙硫苯咪唑，20～25 毫克/千克体重。每天 1 次，连服 3 天。

②甲苯咪唑，20 毫克/千克体重，每天 1 次，连服 3 天。

③左旋咪唑，10 毫克/千克体重，每天 1 次，连服 3 天。

(5)预防措施：应保持狐舍清洁干燥，及时清理粪便。对笼舍或地面用喷灯喷烧。

8. 毛虱病

毛虱病是由毛虱引起的永久性外寄生虫病。病狐啃咬或用爪搔扒躯体局部，一般多见于颈部背侧颈后至肩前或摩擦胸腹侧及腕掌的背面，出现针毛和绒毛断折、缺损。

(1)致病因素：毛虱病是一种接触性外寄生虫病，通过直接接触或间接接触传播。由于运输或密集饲养而造成传染扩散，被污染的垫草及用具也可造成传染。

(2)临床症状：一般患狐骚扰不安，常呈犬坐姿势，用后爪蹬挠背部或啃咬胸腹侧乃至掌前部或腕部。被毛粗乱，针、绒毛断折，形成面积不等的针、绒毛残缺，多发生在颈后、肩前、胸腹侧、掌背腕前。轻者无明显的异常现象,重者除局部被毛缺损外,还有全身症状,即营养不良、消瘦、被毛蓬乱、脱落,局部变化多在冬季能看到,肢体某部出现脱毛或缺损。此病主要造成毛被缺损,影响毛皮质量或失去毛皮的经济价值。

(3)诊断方法:将患狐抓住,在被毛缺损部位的毛丛中检查,有黄白色似皮屑样小虫爬动,经显微镜检查可以确诊。

(4)治疗方法:为彻底消除狐体上的毛虱,可用0.5%~1%敌百虫或12.5毫克/千克溴氢菊酯进行药浴。药浴时要在温暖的室内或夏季进行,以防感冒。药浴时,一定要使躯体全部浸入药水中,但口鼻要露出水面以防误咽中毒。如果在严寒的冬季除虱,可用20%蝇毒磷乳粉,加白陶土配成0.5%蝇毒磷药粉(20%蝇毒磷粉25克+975克白陶土)用纱布袋往全身的毛丛中撒布,一周后重复用药一次很快痊愈。

(5)预防措施

①狐舍要经常打扫、消毒,保持通风、干燥,垫草要勤换、常晒,护理用具也应定期消毒。

②对新引进的种狐必须认真检查,确诊无毛虱后再合群。

9. 蚤

蚤是一种小的无翅的吸血昆虫,常寄生在狐的毛内。

(1)致病因素:成蚤以血液为食,在吸血时能引起强烈的瘙痒。

(2)临床症状:蚤大量寄生于狐身上时,由于刺咬、吸血,引起动物痛痒不安和营养消耗,重者消瘦,贫血,毛皮常被脚爪抓伤。

(3)诊断方法:对狐进行仔细检查,可在被毛间发现蚤或蚤的碎屑。在头部、臀部和尾尖部附近的蚤往往最多。

(4)治疗方法:杀灭狐身上的蚤,可用0.025%除虫菊酯或1%鱼藤酮粉剂,这些药物灭蚤效果快而安全。亦可局部涂擦0.5%皮蝇磷(防止污染食物、饲盆、饮水器等)。对狐舍地面和墙壁,可喷雾 0.5%马拉硫磷溶液或敌百虫液。

(5)预防措施:由于跳蚤不在宿主身体上进行发育,因此跳蚤比在毛上产卵的虱子易于灭杀。

①一旦发现有蚤,则将垫草焚毁,用来苏儿冲洗地板或用滴滴涕撒在地板缝隙中,皆可杀死。

②如在狐舍的地面浇上少许来苏儿,将其覆盖物经常置于日光暴晒,可以保持狐舍长期无蚤。

10. 旋毛虫病

旋毛虫病是由旋毛虫引起的疾病。

(1)致病因素:旋毛虫成虫寄生于宿主的小肠,幼虫寄生于同一宿主体的肌肉。当狐吃了含有旋毛虫幼虫包囊的肉后,包囊被消化,幼虫逸出钻入十二指肠和空肠的黏膜内,经 1.5~3.0 天即发育成成虫。

(2)临床症状:一般看不到特殊症状,机体消瘦,食欲不振,寄生在小肠里的成虫,吸取营养,分泌毒素,致使动物体消化紊乱,表现呕吐、下痢。寄生在肌肉里的幼虫,排出的代谢产物或毒素,刺激肌肉疼痛。所以动物不愿活动或呼吸短促,最后由于毒素的刺激,导致动物食欲不好,消瘦、营养不良,抗病力下降,一遇外界环境的变化就出现死亡,或丧失种用价值。

(3)诊断方法:由于旋毛虫自然感染的病狐无明显症状,所以生前诊断较困难,大多在宰后肉检中发现。生前诊断可采用酶联免疫吸附试验和间接血凝试验,可在感染后 17 天测得特异性抗体。

(4)治疗方法:对旋毛虫病患狐可用丙硫苯咪唑 300 毫克/千克混入饲料(每千克饲料加入 0.3 克丙硫苯咪唑),连续饲喂 10 天,能彻底杀死肌旋毛虫。

(5)预防措施:加强饲料卫生检查,可疑肉类一定要切成小块,经高温煮沸处理，彻底杀灭虫体后再喂。

11. 食管虫病

狐食管虫病又称血色食管虫，是旋尾科的食管线虫寄生于狐食管壁或大动脉壁形成肿瘤状的结节，引起患狐吞咽困难及呼吸困难的一种线虫病。

(1)致病因素：食管腺虫成虫通常定位于食道壁的结节内。狐因吞食中间宿主或转运宿主(如鸡)而被感染。

(2)临床症状：临床无任何症状者并不罕见。间或见到有的病狐食欲减退，呕吐，吞咽困难，空口咀嚼，干咳，胃扩张，结膜苍白，消瘦，鼻镜干而流鼻液，还可见到神经扰乱，后肢虚弱，甚至类似狂犬病行为但无麻痹症状。严重病例常以逐渐消瘦死亡而告终。也有个别病犬事先无任何症状，突然因主动脉破裂而死亡。特征性病变是胸主动脉的动脉瘤，虫体周围产生肉芽肿。

(3)诊断方法：根据狐的临床症状，并检查粪便中的虫卵，间或在痰液中找到成虫而确诊；也可用食道镜直接观察食道壁有无结节而定。

(4)治疗方法

①丙硫苯咪唑按 50 毫克/千克体重，一次口服。

②阿维菌素或伊维菌素按 0.2 毫克/千克体重，一次皮下注射。

③六氯对二甲苯(血防 846)口服，油剂每天按每千克体重 100～150 毫克给药，片剂每千克体重 120～200 毫克给药，连服 7～10 天。

(5)预防措施：搞好环境卫生，及时清除粪便，并对患狐的粪便进行无害处理，防止食管虫孳生。

(三)泌尿生殖系统疾病

1. 乳房炎

狐乳房创伤感染或者是乳汁集滞引起。

(1)致病因素:急性乳房炎发生于仔狐吮乳损伤或乳房外伤,也见于哺乳期突然断乳或仔狐全部死亡而导致乳汁积滞。慢性乳房炎多见于老龄狐,可能与体内激素变化有关。最常见感染的病原菌为链球菌或葡萄球菌。此外,肠杆菌科细菌及化脓性棒状杆菌等也是引起乳房炎的病原菌,但通常较少见。

(2)临床症状:患狐乳房基部形成纽扣大的结节,有的乳房有外伤,化脓。病重者表现精神不安,常在笼中徘徊,不愿进产仔箱喂仔狐,而且有的患狐常叼仔狐出入小室,而不安心护理。仔狐由于不能及时哺乳,发育迟缓,由于饥饿,常发出长时间的尖叫声,被毛蓬乱焦躁,重者饿死;母狐因长期乳腺发炎,体温升高,食欲减退或废绝,精神沉郁,体力衰弱。

(3)诊断方法:根据临床症状即可诊断。

(4)治疗方法:治疗期间仔狐可由其他母狐进行代养。

①用0.25%普鲁卡因5毫升、青霉素20万~40万国际单位,在患狐炎症位置周围的健康部位进行封闭注射。

②用青霉素40万国际单位、安痛定2毫升注射,每日2次,连续3天。

③0.25%普鲁卡因2毫升,青霉素30万单位混合,乳房周围分多点注射,连用3~5天。

④青霉素60万单位,0.25%奴氟卡因注射液30毫升,乳房周围分点封闭注射。

⑤青霉素50万单位,链霉素80万单位,注射用水6毫升,一次肌注,每天1~2次,连用3次。

(5)预防措施

①加强母狐的饲养管理,一旦发现外伤要及时处理,防止感染。

②母狐产后24小时内注射恩诺沙星,剂量按每千克体重0.1毫克使用,效果较好。

2. 子宫内膜炎

子宫内膜炎是细菌侵犯子宫内膜使之发炎。

(1)致病因素:狐在交配或人工授精过程中,由阴道或子宫带进异物或感染物而致病。特别是交配次数较多的狐,感染的几率高。近年来,我国一些大型养狐场中时有发生,影响繁殖,损失较大。

(2)临床症状:本病对成年或青年种狐均有感染,多发生在交配后的7～15天。病初表现食欲减退或不食,精神不振,外阴部流出少量脓性分泌物。严重时,流出大量带有脓血的黄褐色分泌物,并污染整个外阴部周围的被毛。患狐精神沉郁,体温升高,常卧于笼网一角。如不及时治疗,死亡率较高。

(3)诊断方法:根据临床表现应考虑子宫内膜炎。这时需要经腹壁触摸检查子宫,如果感觉子宫扩大,敏感,收缩缓慢,可以确诊。

(4)治疗方法

①可以向子宫内灌注防腐药液,肌内注射0.25%奴佛卡因溶解的链霉素,每次80万单位。

②0.02%的呋喃西林或者0.1%的高锰酸钾液或0.05%的新洁尔灭溶液冲洗子宫,每天1次,连用2～4天。

③垂体后叶激素2～15微克,青霉素50万～120万单位,一次肌内注射,每天2次,连用3～5天。

④使用喹诺酮类药物治疗:乳酸环丙沙星注射液狐每只2～

5 毫克或 2.5%的恩诺沙星 1～2 毫克。或者使用乳酸诺氟沙星注射液，每千克体重 1.0 毫升。

⑤先用 40℃3%硼砂溶液 300 毫升冲洗子宫和阴道，冲洗液导出后，再注入 40℃备用的净宫液，每日 1 剂。

(5)预防措施：预防本病要加强狐场的卫生管理，配种前要对笼舍用喷灯火焰消毒一次；对种公狐的包皮及母狐的外阴部，最好用 0.1%高锰酸钾或 0.3%利凡诺溶液擦洗一次，以消除感染源。

3. 流产

流产就是妊娠中断，随后胚胎完全或部分消散，或生出死亡的或早产的胎儿。由于原因较多，并且突然发生，往往很难治疗。

(1)致病因素

①遭受惊吓：狐胆小多疑，特别是孕狐性情温顺畏怯，对周围异声异物反应敏感，若有外人、车辆或其他种动物闯入，或意外跑狐、捕狐和粗暴抓狐，都可引起惊恐，导致流产。

②环境污浊：笼舍用具污浊、饮水不卫生、天气突变、寒流袭击，都可导致疾病发生，引起流产。

③营养不足：妊娠母狐由于胎儿迅速发育而新陈代谢旺盛，营养要求提高，采食量增大，如果营养不够，饲料缺少、不新鲜甚至变质发霉，饲料品种突变，冷藏时间过长，混有异味，或日粮单一，维生素 E、维生素 B 和矿物质缺乏，都可导致死胎、烂胎、胎儿被吸收以及流产的发生。

④配种不卫生：配种前对母狐外阴部和公狐包皮没有洗净消毒，或为了提高产仔率而复配次数太多，致使母狐阴道受感染而发生子宫炎、宫颈炎或阴道炎，给流产埋下了隐患。

⑤患某些疾病：如加德纳菌病、布氏杆菌病、大肠杆菌病以及子宫内膜炎等，都可诱发或导致流产。

(2)临床症状

①妊娠征候中止:妊娠期间出现腹围增大中止,食欲显著减少;触摸后腹部已摸不到胎儿,或虽摸到胎儿但不蠕动,就应认为狐狸已经流产,胎儿已死亡。

②出现流产征候:一般在笼内见不到产出的胎儿,但可看到母狐外阴部脏污,流出恶露,笼内见到血迹或血块,或有胎儿残块,或见到红黑色的膏状粪便,这就说明母狐已经流产。

(3)诊断方法:根据临床症状即可诊断。

(4)治疗方法:预防为主。对于有病史的可以采用安胎、保胎的药物。

①黄体酮,8 毫升,一次肌注,每天 1 次,连用 3~5 天。

②持续型孕酮制剂 25 毫克,一次肌注,每周 1 次,连用 4 周。

(5)预防措施

①防止狐受惊:狐场要远离交通要道,避免噪声异响,保持狐场安静。杜绝外人、车辆及其他种动物进入场舍。修好笼箱,细心看护,防止跑狐、捕狐和粗暴抓狐,严禁惊吓孕狐。

②保证营养:孕狐营养水平要适宜。特别要注意饲料品质,一定要保持饲料新鲜,霉烂变质饲料绝不可投喂。要求饲料多样化,但其品种要相对稳定,不可突变。保证全价日粮,供给充足的维生素 E、维生素 B 及微量元素。按有关养狐技术资料上的要求,科学饲养。

③搞好环境卫生:饮食用具、笼舍、场地要做到天天冲洗,每周消毒 1 次,灭蝇灭鼠。保证全天供给卫生充足的饮水。冬天还要注意防寒保温,防止寒流袭击,以免发生感冒,导致流产。

④注意配种卫生:配种前做好母狐外阴部和公狐包皮的洗净消毒工作。尽量减少复配次数。有条件的狐场可采用人工授精。

4. 尿湿症

尿湿症在狐等毛皮兽中比较多见,因腹部绒毛被尿液浸湿变黄而得名，是泌尿系统发生障碍的一种疾病，与遗传有关，多发生于8～9月份，一般成批或全窝发病。

(1)致病因素：一般认为，该病是由于日粮中脂肪含量过高(超过15%)，磷、钾比例失调而引起的。钾和脂肪过量时，能形成不易溶解的皂剂，并随尿液排出，覆盖在皮肤上，湿润皮肤而发炎，毛被染成黄色、橙黄色，甚至脱毛。此外，在日粮中缺乏维生素A、维生素E和胆碱，对本病的发生也有很大的影响。

(2)临床症状：病狐营养不良，排尿困难，会阴和腹部被毛高度浸湿，皮肤变红，浸泡处出现脓包、溃疡。病情继续恶化后，皮肤包皮上的坏死点可扩大延伸至后肢内侧及腹部皮肤。常伴有包皮炎，包皮深度水肿，病狐疼痛万分。

(3)诊断方法：根据临床症状即可诊断。

(4)治疗方法：发现狐患尿湿时，先查明饲料近期内有无问题，若饲料确实在质量等方面有问题，应立即改变或更换或调整饲料结构，保证新鲜，补充维生素B_1、维生素E、维生素A及氯化胆碱。重症者，可投喂乌洛托品解毒利尿，同时用青霉素10万单位和维生素E 1毫升、维生素B_1 0.5毫升分别1次性肌内注射，连用2～3天。

(5)预防措施：减少日粮中脂肪含量，绝对不喂含酸败脂肪的饲料；增加糖类饲料量，供给充足饮水。

5. 膀胱麻痹

膀胱麻痹是由膀胱括约肌高度紧张而引起的疾病，并伴有排尿不能。在哺乳期北极狐母狐中间常发现该病。

(1)致病因素：实践证明，本病为肌原性。主要发生于泌乳量高而且母性强的母狐中间，这种母狐往往拖延排尿时间，特别是在夜间睡眠时更是如此。如果狐场产仔期保持安静，本病的发生就大大减少。反之，使母狐经常处于惊扰状态，对排尿中枢产生抑制影响，由于膀胱解剖构造特点，长期过度充盈与括约肌持续性紧张不开，而导致膀胱颈出现比较牢固的闭锁，在一定阶段母狐不能单独完成排尿动作。

(2)临床症状：最初症状是母狐在给食时不出小室，其后腹围逐渐增大，触摸膀胱显著变大有波动。此时病狐呼吸困难，腹壁非常紧张。大多数病例为急性经过(1～2 天)，并发症常常是膀胱破裂。如能及时急救，则预后良好。

(3)诊断方法：根据特有临床症状建立诊断。

(4)治疗方法：如果病狐无窒息症状，可将母狐从小室内驱赶出来，让其在笼子内运动 20～40 分钟，使尿液从膀胱中排空。如还不能达到目的时，可将母狐放到养殖场院内 10～20 分钟，使其把尿充分排出。如上述方法无效时，可实行经膀胱壁把针头刺入膀胱内使其尿液排空。

(5)预防措施：哺乳期要合理饲养，保持狐场安静。饲养人员在喂饲时如母狐不从小室内出来，可把这样的母狐赶出小室，插上挡板，让母狐把尿在外面排出后，再打开挡板放回小室内。应用这种简单方法，即可有效预防膀胱麻痹病。

6. 尿路结石

尿中盐浓度增高或尿液胶体发生改变，都有利于尿中正常排出的盐类发生沉淀而形成结石。

(1)致病因素：一般认为，长期食用高蛋白质饲料，部分氨基酸不能被吸收利用是引起尿结石原因之一；饲料中酸碱不平衡，钙(骨粉等)含量太多，致使钙和尿中的酸根形成盐类不能被机体利用，而在肾脏、膀胱中发生沉淀也是致病的原因；食盐、维生素 A、维生素 D 长期不足，由于幼狐断奶后代偿性钙转移，钙的摄入突然减少而引起过度的骨盐消耗，并形成过多的钙磷排出而致病，膀胱炎症亦是本病的诱因。

(2)临床症状：厌食、尿频、滴尿、频频有排尿的动作，最后严重至无法排尿，个别狐出现一系列神经症状，甚至死亡。

(3)诊断方法：尿石症因无特征性的临床症状，若不导致尿道阻塞，则诊断较为困难。一般均根据尿频、尿痛等排尿障碍及血尿，提示有本病的可能。膀胱结石和尿道结石可经探诊和触诊发现结石部位。如有条件，可施行X线检查。

(4)治疗方法

①强饲养管理：应改善饲养，减少富含钙质的食物；大量饮水，以便形成大量稀释尿，借以冲淡尿液晶体浓度，减少析出并防止沉淀，起“冲洗”作用。

②手术疗法：肾结石，一般应切除肾脏。对体积较大的膀胱结石和尿道结石，特别是伴发尿路阻塞时，要施行膀胱或尿道切开取石术。术后每日肌内注射透明质酸酶10赖氏单位，连用1周，此后每周1次，连用4周，对结石症有治疗和防止复发的作用。

③疏通尿路、排除结石：对于肾结石和输尿管结石，为了促进尿结石的排出，对狐可试用中药。同时应用利尿剂，促进细砂粒结石的排除。亦可用生理盐水冲洗尿路，扩张尿道，使体积细小的尿道结石随冲洗液排出。

④膀胱减压：当尿液潴留时，应及时减压(导尿管导尿或膀胱穿刺导尿)，以防膀胱破裂引起尿毒症。

⑤防止和控制继发感染及对症治疗：应用抗生素等控制继发感染，实施尿路消毒(用乌洛托品)、止血等对症处理。为了缓解疼痛，可皮下注射盐酸吗啡1毫克/千克体重。

(5)预防措施：除采取措施排除病因外，自4月份开始到剥皮期可按饲料量的0.8%加喂75%的磷酸，使尿呈中性，防止尿结石的形成。或分窝后，按每只狐每天以0.3克左右的氯化铵混入饲料中投给，连喂3～5天，停药3～5天，如此反复投药1个月，可防止草酸盐和磷酸盐过多，有治疗和预防作用。

(四)呼吸系统疾病

1. 感冒

狐感冒是因气候变化,受寒或受热,使狐体内发生系列病理、生理变化而引起的呼吸道感染。

(1)致病因素:气温突然发生变化,容易导致发病。在饲养管理不良,机体抵抗力下降情况下笼舍漏雨,狐被淋湿;或引种时,长途运输拥挤疲劳,通风不良浊气太大,防风防雨保温不好等情况下,也容易发生感冒。

(2)临床症状:病狐精神沉郁,喜卧不活动,食欲减退,鼻镜干燥;有的病狐体温升高1～2℃,可视黏膜发绀、潮红,呼吸表浅,咳嗽流鼻涕。严重者拒食,易继发肺炎。

(3)诊断方法:根据临床症状即可诊断。

(4)治疗方法:用安痛定0.5～1.0毫升、青霉素5万～10万单位、复合维生素B 0.5～1.0毫升肌内注射,1日2次;必要时,可皮下多点注射5%～10%葡萄糖20毫升。如出现呕吐,可肌内注射爱茂尔2毫升。

(5)预防措施:改善饲养管理,注意防寒防风,笼舍上面遮盖物防止漏雨水。

2. 肺炎

狐肺炎多继发于感冒。

(1)致病因素:饲养管理不当,物理和化学因素的刺激都可引起肺炎。急性肺炎往往1～2天不吃食就很快死亡;慢性肺炎,治疗及时大多可痊愈。

(2)临床症状:精神沉郁,体温升高,鼻镜干燥,呼吸促迫,有时咳嗽,粪便干燥,喜饮不食,有时发生畏寒战栗。剖检可见上呼吸道黏膜充血水肿,肺出血、充血、气肿;慢性病畜剖检主要表现在化脓性胸膜炎，胸腔内有炎性分泌物，颈淋巴结、肾、肝脓肿，肺“肉芽肿性”实变，肺膨胀不全、表面有灰白色小结节等。

(3)诊断方法：根据发病情况、临床症状、剖检变化等可确诊。

(4)治疗方法

①青霉素、链霉素按每千克体重 5 万～10 万单位的剂量每天注射 2 次，连续数天。

②应用磺胺噻唑，每千克体重 0.05～0.1 克，每日 2 次，连用 3 天。另外，可根据实际情况对症治疗，如体温升高时，要注射安痛定。

(5)预防措施：预防本病的最佳方法是保持经常性的环境清洁卫生，及时扫除粪便和坚持定期笼舍消毒，提高狐狸机体的抵抗力。

(五)消化系统疾病

1. 口腔炎

口腔炎是指口腔黏膜非传染性的炎症。多因受到机械性外伤刺激所致，少有机能性或腐蚀性药物所致。

(1)致病因素：狐与狐互相啃咬，或因舔食笼内锐利物体，或因吃到尖锐骨片刺伤口腔等，而引起口腔或齿龈炎症。

(2)临床症状：患狐不愿吃食，围着食盆转，想吃又不想吃，或吃少时，流涎，黏膜发炎潮红。重者精神萎靡，体温升高。

(3)诊断方法：一般根据临床症状和口腔黏膜变化，可以做出诊断。

(4)治疗方法：用 0.1%高锰酸钾溶液冲洗口腔，或将高锰酸钾溶液放在饮水器中让患狐自饮，亦可用碘甘油涂擦口腔。重症而有感染者，可用青霉素或链霉素治疗，每天 2 次，每次 20 万～40 万单位即可。

(5)预防措施:饲养人员要随时观察狐群动态,注意保持笼舍完好,以防狐被咬伤或刺伤。

2. 胃肠炎

狐胃肠炎是一种常见病,是胃肠黏膜的深层组织发生炎症,以出血、胃肠黏膜脱落为特征,用药治疗症状就减轻,停药就复发的一种疾病。

(1)病因:狐胃肠炎病的病因主要是饲养管理不当,突然更换饲料或饲料腐败变质,饮水不清洁,采食量过大等。另外,也有因长途长时间运输,狐极度疲劳,引起机体抵抗能力下降造成此病发生;还有犬瘟热、巴氏杆菌、大肠杆菌等病可引起继发性胃肠炎。

(2)临床症状:病初食欲减退,有时呕吐,病后期食欲废绝,口腔黏膜充血、干燥发热,精神沉郁,不爱活动。腹部卷缩,弯腰弓背,肠音增强,下痢,排出蛋清样灰黄色或灰绿色稀便,也有排血便的,肛门及会阴部被毛附有稀便,污秽不洁。到后期严重脱水,眼球塌陷,被毛蓬乱,昏睡、抽搐而死亡。

(3)诊断方法:根据临床症状即可诊断。

(4)治疗方法

①当狐群大量患病时,要从日粮中排除不良因素。采取保护性食饵疗法,开始饲料量要少些,待有好转时再逐渐达到正常给量;有条件的可喂鲜牛奶或奶粉;必要时可在饲料中加喂四环素或氯霉素等,每日 2 次,每次 25 毫克。还可将链霉素或新霉素约 1 万～2 万单位溶于水中,倒入水盒让其自饮。

②对重症者可内服磺胺脒,每天 0.1～0.2 克。当脱水衰竭时,可皮下多点注射 5%葡萄糖 20～30 毫升、樟脑油 0.5～1 毫克。为使病狐尽快恢复食欲,可肌内注射复合维生素 B 注射液,还可肌内注射维生素 C 0.5～1 毫克,青霉素或链霉素每次 20 万单位,每天注射 2～3 次即可。

(5)预防措施:平时要注意饲料质量,不喂霉变和杂质较多的饲料,饮用清洁水。如发现此病大量发生,要迅速从日粮中查找出原因,调整饲料;注意饮食具和笼舍卫生。

3. 胃肠臌胀病

狐臌胀病是由狐胃肠臌气造成的一种消化障碍疾病。

(1)致病因素:饮食具不卫生,吃入腐败变质饲料或未经加热处理的活菌酵母;谷物饲料蒸煮不熟;刚断乳分窝的幼狐贪食过饱,或笼底间隙太大,幼狐吃饱后不敢活动,因而造成消化不良以及慢性胃肠炎等。此病多发于夏季,特别是幼狐断乳分窝的时候,常可见到。

(2)临床症状:患狐腹围增大,叩之有鼓音,压之有弹性,触感有多量气体,手压表现呼吸困难。患病狐大都头颈伸直,卧伏于笼内。如果治疗不及时,多因心脏衰竭、窒息而死亡。

(3)诊断方法:根据临床症状即可诊断。

(4)治疗方法:首先排除引起膨胀的原因,减少胃肠道发酵产气的过程。

①大蒜汁:促进胃肠蠕动,具有明显的抑菌作用。大蒜 6 克捣烂+10 毫升的醋+60 毫升冷开水灌服。

②姜酊 2 毫升、大黄酊 1 毫升加温水灌服,成狐用量加倍。

③胃复安:幼狐 2.0~2.5 毫克。

④口服 5%乳酸溶液(或食用醋)3~5 毫升,往往能缓解本病;或口服萨罗 0.2 克,乳酶生 1.2 克,人工盐 0.2 克之合剂,也能奏效。

⑤病危者,可采用穿刺放气法治疗,同时注入乳酸等防腐剂。

(5)预防措施

①仔、幼狐更换饲料时要逐渐更换。

②仔幼狐应饲喂新鲜品质优良的饲料。

③日粮调制要黏稠，过稀的饲料易诱发本病。

④发生臌胀后立即停止饲喂。

4. 腹泻

腹泻是一种对狐危害严重的病症，发病率和死亡率极高。

(1)病因

①病毒性肠炎是由狐细小病毒引起的。本病具有流行的固定性，如不采取防疫措施，次年 8～10 月份还可能重复发生，这与病狐长期带毒有关。

②大肠杆菌是狐肠道内的正常寄生菌，在健康狐的肠内数量并不多，机体抵抗力下降是促进本病发生的诱因。如饲养管理失调，卫生制度被破坏，以及在长途运输等应激因素作用下，均可使体内大肠杆菌引起致病性。

③引起腹泻寄生虫主要有球虫、旋毛虫、蛔虫、弓形虫等，可导致狐肠道功能紊乱，肠道黏膜发炎，从而引起腹泻。

④食饵性腹泻是由于饲料变质，食物过冷或过热，喂食不定时定量，暴食暴饮，异食癖或骤然改变食料而引起的。

(2)临床症状

①病毒性肠炎：患狐精神沉郁，不愿活动，拱背卷缩于笼内，食欲减退，直至完全废绝。病初排出呈粉白色、浅红色胶冻样管型粪便，病程稍长者，粪便逐渐变为黄褐色黏稠状、番茄汁状或煤焦油状，后期则全为血样、粉红色黏膜样或烂肉样，几乎没有真正的粪便成分。

②大肠杆菌病：出现本病症后 1～2 天，仔狐变为精神萎靡，常躲在小室内不愿活动，生长发育缓慢。日龄大的患病狐食欲不降，表现为消瘦，活动减少，发生持续性腹泻，其粪便颜色为黄色、灰白色或暗灰色，混有黏液状粪块。病狐虚弱，背弓起，后肢不稳，步履摇摆，被毛蓬乱无光泽。母狐患本病时，发生大批流产或死胎，病

狐精神沉郁或不安，食欲减退。

③寄生虫病：主要为眼结膜苍白，贫血，缓慢消瘦。从粪便中可以查到虫卵。

④饲料原因引起腹泻：伴有下痢，体温正常或稍高，腹部蜷缩，口腔有臭味，舌苔发白，常有呕吐和渴欲。如改善饲料及饲养管理条件腹泻就停止或好转。

(3)诊断方法：根据临床症状即可诊断。

(4)治疗方法

①病毒性肠炎治疗：隔离病狐，用狐貂洁对场地环境消毒，全群注射一次病毒灭活苗，同时可采取方法进行治疗：肌内注射(任选一种)金狐、银貂、狐貂快好、狐貂快壮、狐貂快康、宠爱特号、宠爱2号；口服(任选一种)狐利高、狐貂肠炎灵、狐貂毒灭、狐貂痢刻停、狐貂快康、狐貂快好粉；日粮中补喂狐貂快壮1、2号营养强化补充剂或狐貂金维，有助于疾病恢复；脱水严重病狐，必须口服补液盐。

②大肠杆菌病：发病时，在饲料中加入狐貂快壮2号(或1号)和狐利高、狐貂肠炎灵、狐貂毒灭、狐貂痢刻停、狐貂快康、狐貂快好粉(任选一种)，再给一些牛奶，葡萄糖粉，同时用金狐、银貂、狐貂快好、狐貂快壮、狐貂快康、宠威宝肌内注射(任选一种)。

③寄生虫病：球虫、弓形虫引起的腹泻可口服狐貂快好粉，同时用兔貂通抗注射；蛔虫引起的腹泻可注射狐貂快好2号或狐貂虫灭或伊维菌素、左旋咪唑。

④饲料原因引起腹泻：食饵性腹泻病应着眼于大群防治，改善饲养管理，从饲料中排除不良因素的影响及采用对症疗法。可先停食1天，在饲料中加入一些葡萄糖粉、狐貂金维，或加入1.5倍量的狐貂快壮2号(或1号)，在饲料中或饮水中加入狐貂肠炎灵或狐利高等控制感染。

(5)预防措施：若平时饲料中添加了狐貂快壮1、2号营养强化补充剂或狐利高、狐貂肠炎灵、狐貂毒灭、狐貂痢刻停、狐貂快康、狐貂快好粉（任选一种），则很少会发生此类疾病。

（六）营养代谢性疾病

1. 维生素 A 缺乏症

本病是由于狐狸体内缺乏维生素 A 而引起的营养代谢病。维生素 A 的主要功能是维持上皮细胞和黏膜的生理机能，保证视觉、呼吸、消化和生殖系统的黏膜健康，维持正常视力，促进仔狐生长发育，提高抗病力和繁殖功能。

（1）致病因素：饲料中维生素 A 达不到狐的需要量，或日粮由于储存过久、氧化、腐败变质及调配不当等使日粮中维生素 A 遭到破坏，或因消化道疾病影响维生素 A 的吸收，是引起本病的主要原因。

（2）临床症状：本病主要表现在皮肤和黏膜角质化。狐患此病时，发生神经纤维髓鞘磷脂变性，母狐发生滤泡变性，公狐曲细精管上皮变性，从而导致狐的繁殖机能下降。

幼狐和成狐临床表现基本相同，一般当维生素 A 不足时，经过 2～3 个月出现临床症状。其早期症状是神经失调，抽搐，头向后仰，病狐失去平衡而倒下。病狐的应激反应增强，受到微小的刺激便高度兴奋，沿笼转圈，步履摇晃。仔狐肠道机能受到不同程度的破坏，出现腹泻症状，粪便中混有大量黏液和血液；有时出现肺炎症状，生长迟缓，换牙缓慢。

（3）诊断方法：对病狐血液和死亡动物的肝脏进行维生 A 含量测定，亦可在日粮中加喂维生素 A 进行治疗性诊断来确诊。

（4）治疗方法：治疗本病可在饲料中添加维生素 A，治疗量是需要量的 5～10 倍，北极狐每日每只 3000～5000 单位。

（5）预防措施：预防本病的发生首先应保证日粮中维生素 A

的供给量，注意饲料中蔬菜、鱼和肝的供给。

2. 维生素 B_1 缺乏症

维生素 B_1 又称硫胺素或抗神经炎维生素，在狐体内不能合成，全靠日粮供给；若缺乏时，可引起营养代谢病。

(1)致病因素：饲料变质不新鲜或冷藏时间过长（尤其是鱼类），维生素 B_1 和维生素 E 遭到破坏；饲料长期单一，而日粮中维生素 B_1 补给不足；狐狸患有慢性胃肠疾病，维生素 B_1 不能充分吸收利用等，均能发生维生素 B_1 缺乏症。

(2)临床症状：通常维生素 B_1 不足只要超过 20 天，就会引起狐的食欲减退、消化不良，乃至废绝饮食，生长发育受阻。继而出现神经症状，如步履不稳，运动共济失调，颈部强直震颤等。严重时出现抽搐、痉挛，后躯麻痹，瘫痪或死亡。怀孕母狐妊娠中断，后期出现死亡，幸存的母狐出现死胎、弱仔，成活率降低。

(3)诊断方法：主要根据发病日龄、流行病学特点、临床上多发性外周神经炎的特征症状即可做出诊断。

(4)治疗方法：病狐投喂维生素 B_1 片，每天 10～15 毫克，连喂 2 周左右；重症者，要肌注维生素 B_1 或复合维生素 B 注射液 1～2 毫升；同时，还应肌注青霉素 10 万～20 万单位。

(5)预防措施：饲喂富含维生素 B_1 的饲料，在繁殖期添加维生素 B_1。另外，应在饲料中添加酵母。淡水鱼煮熟后喂，不喂发霉变质饲料。

3. 维生素 B_2 缺乏症

维生素 B_2 又名核黄素，是 B 族维生素中最重要，又是饲料中最容易缺乏的一种维生素。在狐狸体内起着氧化、还原，调节细胞呼吸等重要作用。维生素 B_2 不足时，常引起皮炎、脱毛症或生长迟缓。

(1)致病因素：维生素 B_2 不能在狐体内贮存，需要在日粮中经常供给。如果饲料单一，或缺乏富含维生素 B_2 的饲料，或饲料经过碱处理，或经过长期日光暴晒（维生素 B_2 就会被破坏），均易发生本病。

（2）临床症状：维生素 B_2 缺乏，常出现后肢全麻痹、痉挛及昏迷。病狐行走摇摆，被毛脱落，毛色变浅。母狐发情期推迟、不妊。新生仔狐畸形，同时会发生脱毛症，运动肌肉衰弱，眼呈白内障。

（3）诊断方法：通过对发病经过、日粮分析、足趾向内蜷缩、两腿瘫痪等特征症状，以及病理变化等情况的综合分析，即可做出诊断。

（4）治疗方法：对于病狐应该补给核黄素进行治疗，每天每只3～4.5毫克。

（5）预防措施：在狐狸的日粮中，要有一定数量的麦麸、酵母等富含维生素 B_2 的饲料；在母狐妊娠期和哺乳期补饲含维生素 B_2 丰富的新鲜的动物肝脏，如牛肝、猪肝等。

4. 维生素 B_6 缺乏症

本病多在狐繁殖期发生，当维生素 B_6 不足时，公狐出现无精子，而母狐引起空怀或胎儿死亡，仔狐生长发育迟缓。因此，一旦饲料中缺少维生素 B_6，会给养狐生产造成很大的损失。

（1）致病因素：维生素 B_6 又称吡哆醇，是狐体重要辅酶，狐不能合成维生素 B_6，必须从饲料中摄取。但维生素 B_6 是一种水溶性维生素，遇光或碱易破坏，不耐高温，狐的饲料高温处理后易导致缺乏。

（2）临床症状：患狐食欲减退，上皮细胞角化，发生棘皮症者后肢出现麻痹，小细胞性低色性贫血。妊娠母狐空怀率增高，产出的仔狐死亡率增高。公狐性机能消失或无性或无性反射，无精子。公狐睾丸明显缩小，睾丸内变性，检查无精子。仔狐表现生长发育迟缓。母狐现在发病还必须和妊娠推迟。据报道，健康公狐出现

尿结石缺乏维生素 B_6 有关。

(3)诊断方法：根据病史、症状、体征和必要的实验室检查。

(4)治疗方法：及时用维生素 B_6 制剂进行治疗。发情期用 1.2 毫克，每日 1 次，被毛生长周期 0.9 毫克；生长期用 0.6 毫克，可拌在饲料中给予。如果是针剂，可按比例计算进行注射。

(5)预防措施：为了避免狐发生维生素 B_6 缺乏症，要求日粮中维生素 B_6 的量 100 克干物质中不少于 0.9 毫克。

5. 维生素 C 缺乏症

维生素 C 又名抗坏血酸，具有解毒作用，有抗坏血病的功能。缺乏时，影响胎儿发育和生长，引起仔狐的“红爪病”；主要危害 10 日龄以内仔狐，且多数整窝发病，如不及时治疗，大都于 5 日内死亡。

(1)致病因素：维生素 C 含于新鲜蔬菜、果类、动物的肝、肾等食物中，狐自身也能合成所需要的维生素 C，故一般情况下不会发生缺乏。但由于妊娠、泌乳对维生素 C 需要量增加；慢性消耗性疾病时，对维生素 C 消耗增多；胃肠疾病和肝脏疾病时对维生素 C 吸收和合成减少；烹煮过久以致维生素 C 破坏过多等因素，都可造成维生素 C 缺乏。

(2)临床症状：新生仔狐四肢、趾爪、足垫红肿，趾间破溃、出血、糜烂，呈紫红色；吮吸乳汁能力弱，常发出尖叫或微弱的吱吱叫声，在窝内乱爬；有的关节变粗，尾部水肿潮红，有的烂掉尾尖。

(3)诊断方法：根据毛细血管脆弱和骨骼变形，可建立初步诊断。尿液中维生素 C 减少，可作为诊断依据。用维生素 C 做诊断性治疗，如迅速见效，就可确诊。

(4)治疗方法：对发病仔狐可滴服维生素 C 液，每日 2 次，每次 10 滴左右；同时还应该给母狐肌注维生素 C 注射液，每日 2 次，每次 0.5～1.0 毫升；母狐日粮中还应有足量的鱼肝油，有利于缩短病程,促进疗效。

(5)预防措施:饲喂全价饲料,多喂新鲜的蔬菜,妊娠母狐每日还应添加维生素C25毫克以上,可防止本病的发生。

6. 维生素E缺乏症

维生素E是狐狸体内的抗氧化剂和营养代谢调节剂,参与脂肪代谢,对维生素A有保护作用;能使细胞正常发育,提高繁殖机能。狐从日粮中摄入的维生素E满足不了自身需要,时间一长就会引起白肌病的发生。

(1)致病因素:维生素E在植物油中含量较高。若在狐狸准备配种期和发情配种期饲料中供给不足,则容易发生本病。

(2)临床症状:公狐精子数量少、品质差,甚至丧失配种能力。母狐不发情或不孕,或孕后胎儿被吸收、或流产、或死胎。有些病狐出现脂肪代谢障碍,导致尿湿症或腹下鼠蹊部脂肪硬结,缺乏弹性,呈片状或条块状,如不及时治疗,多数死亡。

(3)诊断方法:血液和肝脏维生素E含量的测定,有助于确诊。

(4)治疗方法:治疗本病时,首先要补充维生素E,每千克体重5～10毫克,并可选加下列药物:

①维生素B_{12},每千克体重50～100毫克。

②青霉素,每千克体重10万～20万单位;磺胺嘧啶每千克体重0.05～0.1克。

③乳酶生每千克体重0.2克,拌入饲料中;土霉素每千克体重5万单位,肌内注射。

(5)预防措施:预防本病,要在准备配种期、配种期、妊娠期和哺乳期的饲料中给予足量的维生素E。在饲料不新鲜的情况下,还要加量补给维生素E。试验表明,饲料中维生素E的水平在12.5～15毫克/日,可缩短妊娠期,提高产仔数。

7. 酮病

狐是食肉动物，胃肠容积较小，肠道长度仅为体长的4～5倍，因此，只适于以动物性饲料为主的日粮，生产中如不注意科学饲养管理，容易引发酮病，应引起高度重视。

(1)病因

①7～8月正是幼狐生长发育旺期，为满足其快速生长发育的需要，饲养上通常采用高脂肪、中等蛋白质和低碳水化合物类型的饲料，造成了狐代谢失调。由于碳水化合物水平过低，使得狐体单独依靠碳水化合物已不能满足其对能量的需要，需要一定的脂肪和蛋白质提供能量；然而，脂肪和蛋白质在体内分解代谢，不像碳水化合物那样完全生成二氧化碳和水，而会产生大量的丙酮酸等中间产物——酮体，酮体的产生与酮体的转化利用失去平衡，严重时便可引发酮病。在饲料配比不科学的情况下，饮水不足可诱发和加重酮病病情。

②狐是长毛型毛皮动物，皮肤汗腺不发达，十分怕热。7～8月天气炎热，狐体内水分损失较大，因而，特别容易在其他因素协同作用下促进酮体症的发生。夏季遮阳效果较差、通风不良的养狐场更容易发生。

③维生素B_1为羧化辅酶成分之一，羧化辅酶能使组织内代谢的中间产物丙酮酸脱羧解毒，因而，在维生素B_1缺乏的情况下羧化辅酶的合成就会受到影响，脑组织和血液中的丙酮酸会大量蓄积发生酮病。在狐的饲养中，喂饲未经熟制处理的淡水鱼时，其体内的硫胺素酶及饲料的氧化酸败都会大量地破坏维生素B_1，导致酮体在狐体内的蓄积。

(2)临床症状：病狐食欲下降或废绝，鼻镜干燥，精神沉郁，活动减少；大多病狐体温、呼吸、心跳均基本正常；尿液呈酸性。本病的发生还表现为幼狐重于成狐，食欲旺盛的个体病情大多较重。

(3)诊断方法：该病发病过程一般较长，往往大群发病，且很少出现突然病死现象，一个狐群发病不波及临近狐场。根据临床症状和发病特点可做出初步诊断。

(4)治疗方法

①发病狐群应普遍采取饲料疗法。减少动物性饲料比例，特别要减少富含脂肪的饲料比例，加大富含碳水化合物的谷物类饲料比例和蔬菜在日粮中的配比。在饲料中加入适量的白糖，有利于迅速提高狐体血糖水平，减少酮体产生。每日在饲料中加维生素 B_1 2～3 毫克，可提高动物体的脱羧解毒能力。经过 7～15 天的调整，待狐群恢复正常后，便可恢复正常饲养。

②对病情严重的病狐，为减少脂肪分解产生更多酮体和促进酮体排除，静脉输入 20%葡萄糖；为确保羧化辅酶的正常合成，促进酮体转化，输液时每日加入维生素 B_1 0.5 毫克；为纠正酸碱平衡，静脉注射碳酸氢钠注射液；根据病情临床表现，为防止继发感染，可在输液时加入抗生素类药物。饲养上要进行饲料调整，加大饮水量。

(5)预防措施

①在 7～8 月幼狐的生长旺期，应采用高脂肪、中等蛋白质和低碳水化合物类型饲料饲养。在处理三大营养关系时，要以蛋白质为核心，首先确定蛋白质的给量处于一年中中等水平(冬毛生长期最高)，然后再在三大营养关系列表中选择相应的脂肪和碳水化合物水平，并在浮动范围内，脂肪选择上限，而碳水化合物选择较低的水平。

②千万不能错把脂肪水平选择不同时期的最高水平，造成脂肪水平过高；也不能选择不同时期碳水化合物的最低水平，造成碳水化合物水平过低，这样由于营养供应失调而导致狐体营养代谢失调，从而引发酮病。

③狐系肉食动物，饲料中要注重蔬菜的添加，以满足狐体对维

生素的需要及促进消化道的正常蠕动；注重各种维生素添加剂的添加，满足不同时期维生素的需要。为使狐体保持正常代谢，预防酮病的发生，日粮中应添加维生素 $B_1$0.5 毫克。

④在炎热的季节应让狐群自由饮水，早饲应适当提前，晚饲要适当后延，中午补饲要快，以减少饲料的氧化酸败；以淡水鱼养狐，要注意熟喂。注意养狐场的通风，在地面上经常洒水降温，避免狐体受到直射阳光照射。

8. 食毛症

食毛症是一种主要发生于成年狐的以嗜食被毛成癖为特征的营养缺乏性疾病，多散发或呈地方性流行。

(1)致病因素：食毛症是一种矿物质代谢性疾病，即与某些微量元素缺乏或不平衡有关。如铜、钴、硫、锌、铁、锰等，或钙、磷比例失调引起的。也有人认为与含硫氨基酸缺乏有关。

(2)临床症状：主要症状是被毛的尖部被食掉，针毛秃尖，绒毛变粗，多发生在尾、臀及体侧等部位。食掉被毛部位，其状如剪完毛的一样。

(3)诊断方法：根据临床症状即可诊断。

(4)治疗方法：在临床上，对已发生食毛的狐，可以在饲料中添加微量元素制剂、羽毛粉、骨粉及蛋氨酸等。若疗效不显著，可实行戴枷。

(5)预防措施：预防食毛症的发生，关键保证饲料的多样化搭配，防止营养不平衡，育成狐需在日粮中补充矿物质添加剂，冬毛生长期可按饲料的1%～2%加蛋氨酸。

9. 食仔症

食仔症是母狐产后的食仔行为。

(1)致病因素：食仔症是由于多种营养物质缺乏或饲养管理不当而引起母狐的食仔现象。

(2)临床症状:表现为母狐在产后或产后不久将自己亲生的仔狐部分或全部吃掉。

(3)诊断方法:根据仔狐无其他意外原因引起的减少即可诊断。

(4)治疗方法:加强食仔母狐的驯养,必要时对食仔病母狐淘汰处理。

(5)预防措施:防治要根据日粮组成和狐的营养需要,搞好日粮配合。一般应在饲料中添加食盐、骨粉、人工盐、鱼粉、维生素等,同时加强饲养管理、尤其保证母畜的饲料中含有足够的蛋白质和水分。在母狐产仔时应提前做好准备工作,加强护理,保持环境安静,避免惊扰,不要过早移动仔狐,防止母狐过度舔仔狐。需要代养时宜选取同种同龄仔狐,且越早越好,同时给代养仔狐涂擦代养母狐的羊水或尿液。发现有咬死或吃仔现象时,对仔狐妥善处理。

10. 仔狐消化不良

仔狐消化不良,主要是指胃肠机能紊乱引起的综合征,发病主要为 35～40 日龄断奶前后的幼狐。

(1)致病因素:仔狐的消化不良症主要是由于哺乳期母狐的肠道或乳腺疾病,母狐采食了劣质饲料,小室潮湿不卫生、缺乏垫草,母乳被病原菌感染等引起,出生一周内的仔狐易发本病。

(2)临床症状:临床表现为仔狐发育迟缓,肛门周围被粪便污染,粪便稀薄、呈灰黄、有气泡,口腔有臭味,舌苔灰黄,腹部膨胀,下痢,呕吐。本病有局部发生的特点,持续 4～7 天后,转归痊愈。

(3)诊断方法:根据临床症状即可诊断。

(4)治疗方法

①饲料中可加入适量促消化的药物。病情较重者可用土霉素,每次 5～10 毫克,链霉素每次 500～1000 单位。

②颈部皮下多点注射10%葡萄糖6毫升或生理溶液50毫升,4～7天即可痊愈。同时肌内注射维生素B_1、维生素B_6、维生素B_{12},维生素B_1注射量0.5毫升,维生素B_6 0.2毫升,维生素B_{12} 5毫克。

(5)预防措施

①仔狐补饲时,要坚持定时、定量,保证饲料质量,搞好环境卫生;冰冻饲料(鱼、肉)在绞碎前,先要用水泡,将冰渣去掉而后再绞制。

②加强母狐泌乳期管理,保证饲料质量。

③发现母狐有乳房炎时,应将仔狐转给健康母狐代养。

11. 肠梗阻

狐的肠梗阻是肠管内腔被异物阻塞变狭窄或阻塞。常见于成年母北极狐。

(1)致病因素:由于吞食了带有泥土、绒毛球、绒毛辫条及橡皮的饲料,母狐产仔准备期不可避免地吞下一些绒毛,大多情况下,吞下的绒毛可由粪便中排出,有的则不排出而滞留于肠管或胃内。

(2)临床症状:临床表现为病狐拒食,排粪减少,口腔内排出污白色泡沫、流涎,常发生呕吐,常常发现想呕吐或想排便的动作。严重时腹痛,用手触摸患部,可摸到硬结块。

(3)诊断方法:根据临床症状再加以触摸检查即可诊断。

(4)治疗方法:用食道控子投给病狐加温至与体温相同并混有消炎药的凡士林油,剂量150毫升,每天1次,连续3～4天,常可见效。当病狐有食欲,并在笼子下面发现覆有黏液的结实粗硬的被毛形成物,为治愈征象。严重者可实行剖腹术。

(5)预防措施

①保证产仔准备期母狐不拒绝饲料,保持良好的食欲,保证温暖的饮水。

②饲料要严加检查，除去夹杂物如橡皮块、包装用纸等。

12. 黄脂肪病

黄脂肪病是皮毛动物较为常见的慢性的营养代谢性疾病。

(1)致病因素：狐的黄脂肪病主要是由于长时间饲喂变质的动物性饲料特别是贮存过久的鱼引起的。鱼类体内所含脂肪为不饱和脂肪酸，贮存过久或贮存温度偏高，极易氧化而发黄并产生一些有害物质，如用其连续饲喂狐一段时间后，便可导致黄脂肪病而死亡。

(2)临床症状：本病一年四季均可发生，但以炎热季节多见，多发生于生长迅速、体质过胖的幼狐，成年狐也时有发生。发病后食欲大减，生长停滞，体重减轻，皮毛蓬乱无光泽。病至后期，出现腹泻，粪便黑褐色并混有血液，步态不稳。妊娠狐常妊娠中止，胎儿被吸收。死亡率为10%～70%。

(3)诊断方法：诊断根据饲料中不饱和脂肪量过大、体躯肥胖的动物极度消瘦、可视黏膜发黄、拉黏液性煤焦油样粪便，并伴有血尿和后肢麻痹等症状，再通过剖解查验脂肪黄染可确诊本病。但要注意与黄疸病相区别。

(4)治疗方法：本病无特殊治疗方法。为预防继发感染，可肌注青霉素10万～20万国际单位。应用亚硒酸钠，按每千克体重0.1毫克混入饲料内服用，喂药1个月即可见明显效果。同时用维生素E配合效果更好。氯化胆碱对黄脂肪病疗效较好，每次投给60～80毫克，并配合肌内注射复合维生素B 2～5毫升，有一定的疗效。

(5)预防措施

①做好平时饲料营养配比中的预防工作，考虑日粮中能量与其他营养物质之间的合理配比并注意饲料原料的多样性，防止饲料原料过于单一，适当控制含大量不饱和脂肪酸原料(如鱼以及副

产品、大豆以及副产品等)的用量。

②一旦确诊是本病后,应立即调整所使用的饲料。将饲料中的油脂、鱼(以及副产品)用量尽快的逐步减少,适当增加原料的种类。

③注意往饲料中添加抗氧化剂(种类很多,最常见的是维生素E),增加体内剩余脂肪氧化清除的能力。

④添加维生素 B_4(氯化胆碱),以提高肝脏利用脂肪酸的能力;防止脂肪在肝脏过多沉积而引发、并发肝炎和胆囊炎。

13. 急性胃扩张

急性胃扩张病是一种急性不消化病,可分为原发性和继发性。

(1)致病因素:急性胃扩张是由于饲料质量不良或采食过量,使胃的收缩和分泌功能减弱,微生物大量繁殖,产生气体,导致胃容积扩大,胃壁极度扩张,根据病因可分为原发性胃扩张与继发性胃扩张。前者多因采食过量的适口、干燥、难以消化或容易发酵的食物,继而剧烈运动或饮用大量冷水,从而引起急性胃扩张。继发胃扩张主要继发于胃扭转,幽门阻塞及小肠狭窄、便秘、肠梗阻等病症。

(2)临床症状:常于采食后数小时腹围增大,腹壁紧张,运动减少或运动无力。胃部叩诊发鼓音。气喘,呼吸困难,心跳加快,可视黏膜潮红或发绀。后期精神萎靡,丧失活动能力,常因窒息或胃破裂而死亡。

(3)诊断方法:胃容积增大,剖检可见内有大量气体及酸臭的内容物。胃壁变薄,胃黏膜充血、出血,表面附有黏液。肠黏膜出现卡他性炎症。肺充血或水肿。当胃破裂时,腹腔内有饲料残渣和大量气体。

(4)治疗方法:发现该病后,应以最快速度抢救,拖延时间即可发生胃破裂或窒息死亡。治疗使用鱼石脂酒精加石蜡油(也可用食油代替)，再加普鲁卡因及稀盐酸胃内注射。鱼石脂、95%的酒精、水、石蜡油、普鲁卡因和10%的稀盐酸的用量比例分为1克∶5毫升∶15毫升∶10毫升∶50毫克∶5毫升。待狐症状缓解后，应禁食24小时，之后给予流食并控制饮水。由食物和幽门痉挛引起的胃扩张容易治疗，而由其他原因和肠道疾患引起的胃扩张几乎无治愈的可能。有的可用大蒜塞入直肠促其排气、排便，重症可用针头放气，插入1厘米，用全针插入然后除去针管留针头，用右手拇指堵住，慢慢放至正常。

(5)预防措施：严格执行饲喂制度，改变饲喂次数时要注意饲料质量，初期适当减少喂量，逐渐增至正常日粮标准。仔狐适时分窝单养，不要将体弱和食欲旺盛的养在同一笼内。母狐泌乳期应在饲料中加入适量抗生素。

14. 佝偻病

佝偻病常发生在1.5～4个月的幼狐。

(1)致病因素：是仔狐由于维生素D缺乏导致钙磷吸收障碍而引起的一种代谢病。

(2)临床症状：最明显表现是肢体变形，两前肢肘外向呈O形腿，有的病狐肘关节着地。最先发生于前肢骨，接着是后肢骨和躯干变形。在肋骨和软骨结合处变形肿大呈念珠状。仔狐佝偻病形态特征表现为头大，腿短弯曲，腹部增大下垂。有的仔狐不能用脚掌走路和站立，而用肘关节移行，由于肌肉松弛，关节疼痛，步态拘紧，多用后肢负重，呈现跛行。病狐抵抗力下降，易感冒或感染传染病。患佝偻病的幼龄狐发育迟缓，体型矮小。

(3)诊断方法：病狐和同龄狐相同生长发育十分缓慢，甚至生长停止，头大，身体畸形发育，背突，站立或者行走困难。

(4)治疗方法：治疗必须给予维生素D，常用维生素D油剂或鱼肝油，每日剂量为1500～2000国际单位，持续2周，以后转为预防量。

(5)预防措施

①在母狐妊娠期和哺乳期及仔狐开始采食时,必须保证日粮中含有丰富的钙、磷饲料,同时还应适量补充维生素 A、维生素 D、鱼肝油、骨粉或磷酸氢钙。

②晴暖天气要令狐狸在运动场多运动,这是积极防寒的重要手段,让狐狸在运动场内自由活动并进行日光浴,可预防狐狸的佝偻病。

15. 白肌病

白肌病是指全身肌肉由原来的红色变为灰白色到带黄的白色疾病,俗语为瘫痪。

(1)致病因素:主要是狐进入休情期,饲养户往往认为维生素 E 的添加已没有必要,由于日粮中摄入的量满足不了自身需要,天长日久造成白肌病的发生。

(2)临床症状:患病狐双后腿拖地,有时也会前双腿不能站立。

本病发病快,往往一夜之间狐就双腿拖地不能动,但照常吃食,这时如再补硒,为时已晚,治疗效果不佳,几天后慢慢死去。也有的表现慢性,发病前精神萎靡不振,病后双腿或四腿不能站立,不思食而死亡,3～5 个月的幼狐易患,成狐患病较少。

(3)诊断方法:解剖有骨骼肌干燥、肌肉发淡或白色现象,肌肉萎缩,心肌干燥、粗糙,有坏死灶。颈、胸、腹部及皮下稍有水肿,有水样或奶样渗出液,心、肝、肾脏、肠膜明显发白,若并发其他维生素缺乏时,各组织器官、皮下呈数量不等的出血点。

(4)治疗方法:治疗可肌注维生素 E 针剂,每头每次 2 毫升,每天 2 次,连续 2 天,也可用维生素 E 粉剂,每头每次 10 毫克,待病情得到控制后,继续添加维生素 E 粉剂,每头每次 5 毫克,同时配合一定量的“合成粉”效果更好。

(5)预防措施：预防可在日粮中添加适量维生素 E 或大麦芽，也可用适量棉籽油，效果都很好。

(七)中毒性疾病

1. 食盐中毒

食盐(氯化钠)是狐营养中不可缺少的成分，适量的食盐能增进狐的食欲，改善消化；但过量的食盐，就会引起呕吐及中毒。

(1)致病因素：主要是喂盐过量，或饲料内含盐过多(如日粮中用咸鱼粉，另外又加喂了食盐)所致。此外，调拌饲料时食盐未搅拌均匀或未充分溶解，也可造成部分狐发生食盐中毒。

(2)临床症状：患狐干渴、呕吐、流涎，有的呈胃肠炎症状。外观病狐呼吸促迫、瞳孔散大，全身无力，可视黏膜呈青紫色；重症者往往口吐带血丝的泡沫或表现为癫痫性发作，运动失调，撕哑尖叫，尾根翘起，腹痛下痢，体温多低下，死前四肢痉挛，麻痹昏迷。

(3)诊断方法：根据临床症状及采食含食盐多的食物即可诊断。

(4)治疗方法

①病狐要立即饮水，同时喂给牛奶。

②晚食减半，停喂食盐；同时在饲料中每只病狐添加矽炭银 0.2 克，碳酸氢钠 0.1 克，鞣酸蛋白 0.1 克。

③重症狐要口服牛奶、多次饮水；患病狐高度兴奋不安者，可给溴化钾等镇静药品；精神沉郁、心力衰竭者，皮下注射维他康复 0.2～0.3 毫升，用 5%～10%葡萄糖溶液 10～20 毫升皮下多点注射或深部灌肠。

(5)预防措施：要了解日粮中食盐的含量，特别是喂鱼粉时，一定要检查清楚鱼粉的含盐情况，切不可贸然投喂食盐。

2. 肉毒梭菌中毒病

本病是人畜共患的一种急性致死性中毒症，其特征是活动中枢神经或延脑发生麻痹。毛皮兽的肉毒梭菌中毒多系C型毒素所致，毒素能耐高热，100℃煮沸30分钟方能破坏，肉类饲料中的毒素则需要2小时才能破坏。

(1)致病因素：本病的发生，主要是由于饲喂了带有肉毒梭菌毒素（或被肉毒梭菌污染）的鱼类、肉类饲料。鱼、肉类饲料冷藏不好，致使细菌生长繁殖，产生大量毒素，饲喂后则会发病。此病多为群发，而且越是健康食欲好的幼狐发病越重，此病多发生在温暖季节。潜伏期为几小时或几天不等，多突然发病，很快死亡。

(2)临床症状：此病的典型症状是肌肉进行性麻痹。开始时是后肢麻痹，患狐拖拉向前爬行，进而向前躯发展，出现呼吸困难和前肢麻痹，以致全瘫，卧地不起；眼球突出或斜视，瞳孔散大；咽部肌肉麻痹，采食、吞咽困难，流涎；颈部肌肉麻痹，头下垂，不能抬起。将要死时，口吐白沫，大小便失禁，腹泻便血，血尿，昏迷，最后窒息而死，死亡率可达100%。

(3)诊断方法：根据流行病学特点和病狐的临床特征就可以做出诊断。必要时，可采取可疑饲料或病死狐的胃容物作动物毒性试验，进一步确诊。

(4)治疗方法：发病狐，首先更换饲料，然后用抗毒素治疗，静脉或肌内注射，4～6小时可再注射一次。

(5)预防措施：要保证饲料新鲜、不变质；坚决不喂中毒病死的畜禽产品。非安全区，每年在发病季节，皮下注射兽用C型肉毒梭菌明矾菌苗0.5～1毫升，可获得可靠的免疫力。

3. 鱼中毒

鱼中毒是狐食用的鱼腐败变质或含有毒素而引起中毒。

(1)致病因素：鱼类饲料腐败变质后产生组胺，可引起中毒，某些鱼及鱼卵有毒，如繁殖期的青海湟鱼、台巴鱼、鲭鱼肝脏、鲈鱼卵等能引起狐中毒。

(2)临床症状：中毒症状主要表现为神经机能障碍，呼吸中枢和运动中枢麻痹，行动不稳，后躯瘫痪，精神沉郁，昏迷，呼吸困难，可视黏膜发干，并有肠炎症状，排黑色血便或血尿，最后呼吸麻痹而死。

(3)诊断方法：根据临床症状和食用鱼史即可诊断。

(4)治疗方法：首先要立即更换新鲜饲料，治疗要先消炎，然后补充维生素C和葡萄糖，有利于维持机体正常糖代谢功能和电解质平衡，促进食欲与消化，解毒，增强动物的抗病能力和维持机体神经功能正常作用。中毒严重的可用50%葡萄糖20毫升，皮下注射，青霉素60万单位、维生素C 5毫升、硫酸阿托品0.5毫克，每日2次，肌内注射。

(5)预防措施：平时的饲喂中可适当投喂土霉素，可以抑制细菌繁殖，能预防肠炎等消化系统疾病发生。由于海鱼是狐动物性饲料的重要来源，在购买时，一定要了解产品的来源，确保产品的质量，严禁饲喂劣质动物源饲料。

4. 敌百虫中毒

敌百虫对北极狐有不同程度的毒性，可通过消化道、呼吸道、皮肤和黏膜进入狐体。

(1)致病因素：用敌百虫驱除狐狸体内外寄生虫时，由于用药剂量和给药方法使用不当，引起狐狸中毒。

(2)临床症状：流涎流泪，精神委顿，卧地不起，呼吸迫促，眼结膜、口腔黏膜苍白，呕吐，伴有水样腹泻，按压腹部敏感，并发出痛苦呻吟声。心跳加快，脉搏有力，瞳孔缩小，肠蠕动音增强，体温下降。

(3)诊断方法：根据用药情况、临床症状呈现毒蕈碱样症状等，可怀疑为饮用敌百虫制剂而导致中毒。用实验室检验方法，将呕吐物氧化后，再氨化，与还原剂作用结果呈现蓝色，证明有机磷的存在。

(4)治疗方法

①防止毒物继续吸收：经皮肤吸收中毒者应用肥皂水冲洗皮肤，经口摄入者可用催吐、活性炭溶液洗胃等措施。

②支持和对症疗法：目的在于维持机体的生命活动，直到毒物由于适当的解毒剂或机体本身的解毒机能被排除体外，以及由于治疗使出现的症状得到缓解为止。包括防止惊厥，维持呼吸机能，维持体温，防止休克，调节体内电解质的平衡，增强心脏机能，减轻疼痛。

③特效的解毒疗法：用 50%葡萄糖 30 毫升、维生素 C 5 毫升、0.5%强尔心注射液 1 毫升混合后一次腹腔注射。再配合硫酸阿托品 1 毫升，用 10 毫升温水稀释，灌注直肠深部，幼狐药量酌减，经过治疗一般可以痊愈。

(5)预防措施：敌百虫溶液用量若超过 1%～3%，会造成中毒。无论是内服给药还是外用涂擦，一定要注意掌握好剂量。局部涂擦时，最好不要超过体表面积的 1/3，以防引起中毒。

(八)神经系统疾病

1. 母狐瘫痪症

饲养管理粗放、饲料条件较差和气候寒冷的情况下，母狐瘫痪极易发生。该病发生后，不但影响母狐的利用价值，而且也影响小狐的质量，甚至引起死亡，给生产造成很大的损失。

(1)致病因素

①母狐日粮中精料比例过高：据观察，在饲喂粗饲料较多的养殖场，母狐产仔前后很少发生瘫痪，这说明母狐发生瘫痪与日粮中

粗饲料所占比例的大小有密切的关系。据专家分析，可能是因为粗饲料在日粮中的比例较高或毛皮动物的生产力较低，使母狐日粮中的钙磷比例得到了调整。

②母狐日粮中钙磷不足：当日粮中钙磷不足时，母狐产仔前后就会挪用骨骼中的钙磷，时间一长，就会导致母狐体内钙磷缺乏，特别是高产母狐，更容易发生该病。产仔 10 天后，母狐泌乳量达到高峰时，病情大多趋于严重。

③海杂鱼、羊羔肉等高钙饲料比例过大：由于狐饲料中，大部分都是以肉食为主，饲料中的钙含量很高，但普遍缺磷，使母狐体组织中磷严重不足，导致瘫痪。

(2)临床症状：母狐瘫痪一般发生在产前数天和产后 20 天左右，个别母狐在产后几天内就会出现腰部麻痹、瘸腿及瘫痪的现象。瘫痪之前，母狐食欲减退或不食，行动迟缓，粪便干硬成算盘珠状，喜欢清水，有拱食盘、水盘、吃自己的粪便、舔铁丝笼等异食现象，但体温正常。瘫痪发生后，起立困难，站立不能持久，行走时后躯摇摆、无力。驱赶时后肢拖地行走，并有尖叫声，最后瘫卧不动。

(3)诊断方法：根据临床症状即可诊断。

(4)治疗方法：对发病的母狐应尽早进行对症治疗。可使用饲料级磷酸氢钙按照干饲料 0.3%的比率，或者是鲜饲料 0.06%的比例添加入饲料中喂母狐，狐狸每天每只可喂 0.5 克左右，直接加在食盘中，搅拌均匀后饲喂，效果比较显著。

在抓紧治疗的同时，应进一步加强饲养管理，注意防寒保暖，产子较晚的要注意防暑降温。同时要喂给易消化的饲料，注意保持笼舍干净卫生，增加垫草厚度，经常帮助母狐翻身，以防发生褥疮；此外，还要尽量减少环境中的应激因素，以利母狐康复。

(5)预防措施：合理搭配饲料，力求日粮营养均衡。根据母狐饲养标准，要充分利用本地的自然资源，尽量多喂蔬菜类饲料（不可一次喂得太多，以防母狐拉稀）或优质干草粉，并补喂矿物饲料及添加剂等，可有效提高母狐生产力和预防母狐瘫痪。对处于怀孕后期和哺乳期的母狐，每只狐每日可喂饲料级磷酸氢钙 0.2 克，对预防母狐瘫痪有良好效果。

2. 中暑

中暑又称日射病或热射病，通常是由于周围环境的高温、高湿和通风不良所致。

（1）致病因素：该病的发生是在盛夏季节，气温过高，通风不良的情况下，动物受阳光直接照射引起脑过热（日射病）或全身受热的刺激（热射病）而引起的疾病，通常发生迅速，死亡率甚高。

（2）临床症状：狐汗腺极不发达，体温散发慢，极易引起体温升高，精神沉郁，步伐摇摆，呈晕厥状态，呕吐，呼吸困难，张口伸舌，气喘不止，可视黏膜发绀，最后昏迷、痉挛而死亡。死后多为脑充血、肺出血。

（3）诊断方法：根据临床症状及天气、通风、温度情况可进行综合诊断。

（4）治疗方法：发生该病时，狐场要当即采取降温措施，如往地面浇水，加强通风设施等。对病狐要转移到凉爽、通风的背阴地方；头部进行冷敷，心肌功能不全时可肌内注射强尔心 1～2 毫升；对向阳处的狐笼要采取遮光、通风和往地面或笼舍上洒凉水等措施。

（5）预防措施：防暑降温是育成期幼狐的重要管理工作，一是要保障饮水盒内经常有清洁的饮水，让狐自由饮用；二是当气温太高时，用水龙头喷于狐体表和地面，让水分蒸发带走部分热量，造成较适宜生活的小环境气温，保障育成狐安全度夏。

(九)外科病

1. 破伤风

破伤风又叫强直症，是一种经创伤感染的中毒性传染病。此病的典型特征是病狐对外界刺激的兴奋性增高和全身或局部骨骼肌的强直性痉挛。

(1)致病因素：此病的病原体是破伤风梭菌。破伤风梭菌的芽孢常存在于人畜粪便和施过粪肥的土壤中，病狐主要经过创伤感染，如钉伤、划伤、刺伤、阉割伤口等。当健康狐接触到被污染的土壤、饲料、垫草等，该菌侵入外伤口；不久创口愈合，而病菌仍在创口内生长发育因而致病，即发生破伤风病。如果肠壁有外伤，也能引起本病。

破伤风菌有较强的抵抗能力，在干燥的情况下能维持活力 10 年以上。用 5%石炭酸需 15 分钟、0.1%的升汞及 0.3%的盐酸需 30 分钟才能杀死破伤风菌的芽孢。该毒素是一种蛋白质，毒性很不稳定，容易被酸、碱、日光及高温所破坏。

(2)临床症状：潜伏期 1～2 周。发病初期，病狐精神沉郁，运动受阻，咀嚼缓慢。以后出现全身性肌肉痉挛性收缩，吞咽困难，口内含残食并发臭，舌的边缘常有咬伤和齿压痕。两耳直立不能转动，眼球凹陷。背肌强拘，尾根偏向一侧，四肢强直，动作困难。对外界刺激敏感，表现出惊恐不安。后期常因饥饿和中毒而死亡。

(3)诊断方法：此病根据外伤史及临床症状不难做出诊断。

(4)治疗方法

①发现狐狸有外伤时，应立即处理伤口。可用 1%的高锰酸钾溶液冲洗，或用 5%的碘酊处理创面，破坏其厌氧环境。

②病情较轻的狐狸可对症治疗，病情严重者没有治疗价值。

(5)预防措施：尽量减少或杜绝外伤的发生，对产仔箱内壁用喷灯火焰消毒;箱内垫草要用洁净的干草,或将干草用碱水洗涤、晒干后再用。用破伤风血清及类毒素治疗和预防本病效果较好,每年做一次预防接种。

2. 脱肛

仔狐的直肠壁部分或全层脱出肛门外,称脱肛,是刚分窝后仔狐常见的多发病之一。

(1)致病因素:仔狐发育不全,多因消化不良或腹泻等原因引起肛门括约肌功能松弛失禁,而造成直肠向外脱出。

(2)临床症状:仔狐常在腹泻后,从肛门脱出鲜红略有水肿的圆柱形或弯曲肠管,轻者便后能自行回复,重者脱出的直肠因红肿复回缓慢,经常在笼网上摩擦或受到同笼仔狐吸吮时咬伤。治疗不及时,可导致部分直肠脱出后不能回复。脱出的直肠受伤后感染发生红肿,很容易造成仔狐死亡。

(3)诊断方法:根据临床症状即可诊断。

(4)治疗方法:发病初期可用2%高锰酸钾溶液清洗脱出的直肠,青霉素、链霉素各40万~60万单位肌内注射,每日2次。然后用活蚯蚓30~50克放在清水中浸泡30分钟,让蚯蚓自行吐出腹中残留物,再把洗净的活蚯蚓放入250毫升烧杯中,加上白糖50克,溶化的糖汁慢慢被活蚯蚓吸入腹中,并将蚯蚓溶化成溶液后,取出蚯蚓的残皮。用棉球蘸鲜蚯蚓溶液轻轻擦洗患部,可见到脱出的直肠缓慢自行回复,每日擦洗3~4次,直到治愈为止,直肠恢复正常后,再擦洗1次,用药同时要加强饲养管理,喂适量的精饲料,控制腹泻,用此方治愈后不再复发。也可用粗线将肛门1/3处横向缝合,不影响排便。

(5)预防措施:在仔狐吃食后,足期在饲料中加入土霉素粉0.15克,及时治疗仔狐的胃肠炎,可预防脱肛病的发生。

3. 秃毛癣

北极狐秃毛癣是由真菌引起的皮肤性顽固性传染病。该病相互传播快，破坏毛皮质量，造成商品皮质量下降。

(1)致病因素：狐易感染的真菌主要有两属，即发癣菌属与小孢子菌属，这两种皮肤真菌主要寄生在皮肤和被毛上。北极狐对秃毛癣易感，主要传染源为患秃毛癣病的饲养员及病狐，通过接触将病原体传染给健康狐。老鼠和吸血昆虫也能将病原体传染给狐。该病多发生于夏秋季节。在直射阳光下几小时真菌便丧失致病作用，2%～3%甲醛溶液经 20～30 分钟可杀死皮霉菌类真菌。

(2)临床症状：潜伏期为 10～20 天。患狐在头颈、四肢皮肤上出现浅红色，灰色近圆形斑块，大小似核桃。上面无毛，或有少许折断的被毛，覆盖以鳞片状或麸皮样外壳，裸露出充血的皮肤，压迫时，从毛囊中流出脓样物，干涸后形成痂皮。若不及时治疗，可在患狐背腹两侧形成大小不等的秃毛区。

(3)诊断方法：根据临床症状即可诊断。

(4)治疗方法：用 5%碘酊或 10%酒精，反复涂擦患部连同周围健康部位，每日涂 2 次，连涂 3～5 日便可治愈。或用土槿皮酊反复擦洗患部，除掉外壳，涂上皮炎平软膏，隔日 1 次反复治疗，直至痊愈为止。采用强力碘涂擦患处，也能收到满意的效果。除局部治疗方法外，内服灰黄霉素，每只每次 2 片，每日 2 次，连续服药 10～20 天，直至治愈为止。患有秃毛癣病的狐一般不能做种狐，防止经年相互传染。

(5)预防措施：狐场不要将狐长期放在阴暗潮湿的地方，要让每只狐狸都能见到阳光，经常用生石灰粉撒在狐笼下面灭菌，能有效防治狐秃毛癣病的发生。

4. 咬伤

北极狐咬伤是种狐发情期和仔狐分窝时常见的外科病之一。

(1)致病因素:刚成年狐的咬伤多发生在配种期,主要是对母狐发情鉴定不准,母狐拒配。公狐有恶癖,放对后,公狐扑、咬伤母狐。仔狐咬伤多发生在分窝后,互相争食或狐笼相隔距离过近,都会造成咬伤。严重者可将后肢或舌咬断。

(2)临床症状:咬伤部位不一样,配种时多在头部、耳、嘴、爪;仔狐争食多咬头部和四肢。咬伤面积不等,轻重不等,新咬伤处绒毛湿润,出血。陈旧的咬伤,绒毛多黏结一起,有的结痂,有的化脓,严重时化脓感染,有精神不振,食欲不好,体温升高等症状。

(3)诊断方法:根据临床症状即可诊断。

(4)治疗方法:轻微咬伤的伤口,先用3%过氧化氢溶液清洗、再用强力碘消毒后,在伤口上涂上红霉素软膏或撒上消炎粉。皮肤、肌肉已撕裂的病狐,除伤口消毒外,必要时可进行缝合手术。伤口化脓的狐,要用强力碘彻底清洗伤部,清除坏死组织,之后注射抗生素或磺胺类药物。体温升高时肌内注射青霉素60万单位,维生素 B_1 2毫升。或肌内注射磺胺嘧啶钠液2毫升。

(5)预防措施:对母狐发情鉴定要准确,不能强行配种,防止公、母狐相互咬伤。未分窝的狐喂食时,要有足够的食具,防止仔狐争食时咬伤。狐笼要修整好,预防狐笼有漏洞使狐窜出笼外,相互咬伤。

5. 骨折

北极狐的骨折是常见病之一,骨折可分全骨折、骨裂、闭锁性及开放性骨折。

(1)致病因素:由于笼网眼的大小不适当,被邻笼狐咬住肢体或检查捕捉时发生骨折;同窝仔狐过多,饲料不足,互相抢食而发生撕咬,也能把四肢骨咬伤,而造成骨折。

(2)临床症状:四肢骨折的特征是行走姿势异常,如三条腿走路、跳跃等情况就应认真观察和触摸不能着地的腿,看腿是否有明显的折断现象和局部剧烈疼痛反应。开放性骨折表现为皮肤撕裂，骨茬露出，流血。临床上很容易发现。

(3)诊断方法：根据临床症状即可诊断。

(4)治疗方法：一般的骨折不用治疗，经过一段饲养可以自愈。但如发生在后肢影响配种时，应给予淘汰。骨折部位皮肤有伤的，应先消毒，再进行皮肤缝合，伤口滴入青霉素油 1 毫升，青霉素 40 万～60 万单位，每日 2 次，肌内注射，饲喂磺胺嘧啶钠或复方新诺明每日 2 次，每次 1～2 片。

(5)预防措施：捉狐检查时，要防止后肢卡到笼网眼上，把狐腿折断。平时应注意检查狐笼，预防狐笼有漏洞，使狐窜出笼外，咬伤其他笼子里的狐腿。

6. 脓肿

北极狐脓肿是在组织器官内或皮下形成的空洞，内部有脓汁积存，是北极狐常见外伤疾病之一。

(1)致病因素：肌体外伤，由于维生素 B_2 的缺乏，致使肌体失去对链球菌和化脓性葡萄球菌的抵抗力，各种铁钉、鱼骨刺、玻璃片、刺伤都会引起感染化脓性脓肿。

(2)临床症状：脓肿多发生在头额、耳壳、口腔、后腿等，病狐精神不振、病重者拒食，触诊时初期患部稍肿硬，发热、有疼痛感，以后逐渐变软，有动感，破溃流脓时，出现全身症状。骨刺、鱼刺所致的脓肿，发生在口腔中齿龈、颈部，炎症由口腔内向外发生，化脓后形成瘘管，与鼻孔相通，向外流脓。从外部看不易发现。

(3)诊断方法：根据临床症状即可诊断。

(4)治疗方法：脓肿初期，在患部涂上鱼石脂软膏或红霉素软膏，可用消炎药物止痛及促进炎症产物消散吸收的方法。脓肿变软后可进行手术，用刀片在脓肿最软部切开排脓。尔后注入强力碘清洗患部。用氨苄青霉素 60 万单位和维生素 B_2 1 毫升进行肌内注射，并饲喂复方新诺明，每日 2 次，每次 1 片。

(5)预防措施：消除外伤的病因，加强饲养管理，保证饲料内 B 族维生素供给，可预防该病的发生。

7. 阴茎脱出

种公狐阴茎炎是种公狐在配种期，由于交配频繁或交配不当而引起的阴茎炎症。该病多见于发情早、交配次数多的种公狐。

(1)致病因素：在整个配种期间，种公狐性欲亢进，频繁与发情的母狐进行交配，因交配时间长，或母狐还没进入发情旺期公狐强行交配，都能引起种公狐阴茎外伤而发炎。如果发现病情晚，治疗不及时，患部受到病菌的广泛侵袭而发炎红肿，使阴茎脱出，不能回缩到包皮中。

(2)临床症状：病狐痒痛不安，时常坐在笼底用嘴舔阴茎，尿道四周潮湿，阴茎红肿，表面有渗出物流出。阴茎炎易观察到，不用其他辅助检查，便可确诊。

(3)诊断方法：根据临床症状即可诊断。

(4)治疗方法：阴茎炎可用消炎止痛方法进行治疗，先用 3% 过氧化氢溶液或洗必太液清洗患部，尔后涂上红霉素软膏。用氨苄青霉素 50 万单位、地塞米松 2 毫升，每日 2 次肌内注射，并在饲料中拌入诺氟沙星胶囊或土霉素 2 片，经 3～4 天的治疗，阴茎便能恢复正常。

(5)预防措施：在发情配种期要合理利用公狐，对性欲旺盛、交配能力强的公狐要经常检查，发现病情，及时治疗。并在公狐配种期间的饲料中加入适量的土霉素粉，能有效地预防种公狐阴茎炎的发生。

8. 眼角膜炎

北极狐眼角膜炎通常是因异物擦破角膜上皮，治疗不及时，继发细菌性感染而引起的，多为慢性疾病，是常见的北极狐眼病之一。

(1)致病因素：北极狐角膜炎有的是仔狐分窝前后因抢食打架抓伤或咬伤的，有的是被笼子上铁丝头刺伤的，有的是鼻泪管阻塞，都能引起继发性的细菌感染所致。

(2)临床症状：病狐眼睑边缘湿润，有脓性黏液聚集于眼角内，因初期治疗不及时，角膜发生溃疡，常使上下眼睑粘连在一起，打开眼睑检查时，可见到角膜红肿，因溃疡而发生化脓。

(3)诊断方法：根据临床症状即可诊断。

(4)治疗方法：发现病狐眼角潮红时，先用 2%盐水洗净眼睛，再用氯霉素眼药水反复清洗眼角膜，尔后用红霉素眼膏涂敷，或青霉素油剂 3 滴滴敷，连续治疗 7 天，常能取得较好疗效。

(5)预防措施：仔狐分窝前后，加强饲养管理，发现有眼睑受伤的仔狐，应及时用药物治疗，并将受伤的仔狐单笼饲养，能防止北极狐角膜炎的发生。

第四节　发生疫病时的急救措施

1. 疫情的报告和围歼

依据国务院《重大动物疫情应急条例》认真执行。

(1)立即将疫情(发病时间、地点、数量、临床症状、病理剖检变化、初步诊断以及采取的措施等)向有关部门报告；同时把病理材料送检，争取尽快诊断，及时确诊。

(2)迅速隔离、严格封锁。在查明和消灭传染源的同时，必须全力切断传播的途径，将患病狐、可疑病狐与健康狐狸分开，隔离饲养。并固定饲养人员和用具，不得串动和混用。

(3)紧急接种,及时治疗。紧急接种是迅速控制和扑灭某些疫病的有力措施。尽管疫(菌)苗紧急接种并不十分安全,但在实际工作中,如犬瘟热及肠炎疫苗的应用,却能收到良好的效果。

在紧急预防接种的同时,应改善日粮,加强营养,提高狐狸机体的抵抗力;对某些传染病的并发症和有治疗办法的疫病应及时治疗。

(4)彻底消毒。消毒的目的是为了消灭被传染的环境中的病原体,以切断传播途径,阻止疫病的蔓延和发展。进出养殖场的饲养管理人员的工作服,以及狐场笼舍、地面、排泄物、饮食具等都必须严格消毒。

患传染病无法医治的狐狸必须淘汰杀死,并将尸体深埋或焚烧。病狐的粪便应堆放在远离养殖场的指定场所进行生物发酵。

2. 尸体、病料、可疑性传染源的无公害处理

依据中华人民共和国国家标准《畜禽病害肉尸及其产品无害化处理规程》(GB 16548—1996)认真执行。

病死狐的尸体,严禁在养狐场内露天地解剖。采集的病料,剩余的疫苗、药剂,狐的排泄物、饮食具等被传染源污染的物品,不允许随意丢放,应焚烧或深埋做无害化处理。

(1)焚烧法:焚烧也是一种较完善的方法,但不能利用产品,且成本高,故不常用。但对一些危害人、畜健康极为严重的传染病病畜的尸体,仍有必要采用此法。焚烧时,先在地上挖一十字形沟(沟长约 2.6 米,宽 0.6 米,深 0.5 米),在沟的底部放木柴和干草作引火用,于十字沟交叉处铺上横木,其上放置狐尸,狐尸四周用木柴围上,然后洒上煤油焚烧,尸体烧成黑炭为止。或用专门的焚烧炉焚烧。

(2)土埋法:是利用土壤的自净作用使其无害化。此法虽简单但不理想,因其无害化过程缓慢,某些病原微生物能长期生存,从而污染土壤和地下水，并会造成二次污染，所以不是最彻底的无害化处理方法。采用土埋法，必须遵守卫生要求，埋尸坑远离畜舍、放牧地、居民点和水源，地势高燥，尸体掩埋深度不小于2米。掩埋前在坑底铺上2～5厘米厚的石灰，尸体投入后，再撒上石灰或洒上消毒药剂，埋尸坑四周最好设栅栏并做上标记。

(3)发酵法：将尸体抛入尸坑内，利用生物热的方法进行发酵，从而起到消毒灭菌的作用。尸坑一般为井式，深达9～10米，直径2～3米，坑口有一个木盖，坑口高出地面30厘米左右。将尸体投入坑内，堆到距坑口1.5米处，盖封木盖，经3～5个月发酵处理后，尸体即可完全腐败分解。

在处理畜尸时，不论采用哪种方法，都必须将病畜的排泄物、各种废弃物等一并进行处理，以免造成环境污染。

第八章 狐狸产品的加工

作为商品狐养殖者，获得优质的皮毛产品是毛皮动物养殖的最终目的，其他附属产品只是增加附加值的手段而已。狐皮质量的好坏与平时饲养管理的水平有很大关系。饲养管理水平的高低，直接影响养狐者的经济效益。但狐皮初加工、贮藏等各环节处理不得当，也会影响狐皮质量，所以在北极狐成熟取皮之前，先了解狐皮的结构、被毛的脱换与其在不同季节中的变化形态，以及季节对狐皮品质的影响是很有必要的。

第一节 北极狐皮的构造

北极狐皮是由皮板和被毛两大部分所组成的，它把整个狐体同外界环境隔离开，同时还保持与外界的联系，各自执行着不同性质的保护功能。

一、皮肤的结构

皮肤由表皮层、真皮层和皮下组织三部分所构成，它们各有不同的生理功能，皮肤一般厚度为 1.5～2.5 毫米，皮肤的厚度随季节变化而发生变化，狐体各部位皮肤厚度也各不相同。

1. 表皮层

皮肤表皮最薄的一层,可分为角化层和生发层两层,角化层位于皮肤表面是由复层状和完全角化的扁平上皮细胞组成,对于水、酸、碱和有害气体有较强的抵抗能力,起保护狐体的作用。角化层细胞往上升移,就形成较薄的皮屑脱落。生发层是一层扁平形活细胞及含有色素的细胞组成,它具有分裂能力,增生功能旺盛,使细胞不断老化,移到表面的角化层。表皮内有神经末梢,但无血管。

2. 真皮层

在皮肤中间层,也是皮肤最厚的一层,由胶原纤维、弹性纤维和网状纤维交错编织而成。它能使皮肤具有一定的弹性和韧性。真皮层可分为乳头层和网状层,乳头层与表皮层相连,网状层与皮下组织相接,真皮中有毛根、血管、淋巴、神经、汗腺、皮脂腺等。此外,还有色素细胞、脂肪细胞和肌肉组织。

真皮层厚度随着被毛脱换而变化。在被毛成熟期,乳头层薄、网状层厚,皮肤薄而紧密、结实耐用;在毛绒脱换期,乳头层厚、网状层薄,皮肤厚而疏松、不耐用。

3. 皮下组织

皮下组织把真皮层与狐的肌体连接起来。皮下组织含有脂肪结缔组织层,起保温和贮存营养的作用。该层在裘皮中无用,在刮油时都被清除掉。

二、被毛的结构

被毛是由触毛、针毛、绒毛三种类型的毛所组成,被毛是皮肤上的角质衍生物。毛来自表皮的生发层,是一种坚韧而富有弹性的角质丝状物，被覆在皮肤的外表。被毛中形成空气不易流通的保温层，具有良好的保暖作用。

1. 触毛

触毛位于狐唇部两边，是狐的感觉器官之一，有弹性，毛干直而光滑，起导热、防水、降温作用，其根部有神经末梢，不影响毛皮质量，起测距、定向作用。触毛数量极少。

2. 针毛

针毛位于绒毛中间，比绒毛长，呈纺锤形和披针形，针毛长于绒毛有弹性，数量约占被毛的3%左右，起导热和保护绒毛不缠结等作用。

3. 绒毛

绒毛比针毛短而细，是最柔软、最细的毛，颜色较浅，毛形变曲，毛色一样，数量最多，约占被毛的98%左右，冬季起护体防寒作用。

三、被毛的脱换

北极狐是季节性换毛的动物，它能随着外界环境的季节性变化而发生换毛。换毛是北极狐为适应自然环境和伪装自己，使自己更好地生存下来。

1. 春季换毛规律

北极狐每年换两次毛。第一次在春季3月底开始，需用3个月时间，完成脱去丰厚的冬毛、长出稀短夏毛的全过程，春季脱换的特点是先从头部、前肢开始脱换毛，其次为背臀部、尾根部，接着为颈肩，体侧部，最后是腹部和尾尖。先是失去光泽，干枯的毛被一片一片脱落，后脱针毛，新夏毛生长的次序与脱换次序相同，

8月初冬毛基本脱净。从春天长出的夏毛，在夏初便停止生长，夏季北极狐毛绒稀疏，皮肤厚、硬呈黑色，利于散温，毛色由白色变成深蓝色。

2. 秋季换毛规律

进入8月底开始脱夏毛，也叫第二次脱换毛，脱换毛顺序是先从后向前，先从尾部、臀部开始，然后向腹部和肋部，逐渐向背部、颈部，最后为头部和四肢。脱出夏毛的同时，冬绒毛和针毛亦按次序同时长出。10月底夏毛脱净，冬毛基本长齐，第二次脱换毛结束，皮肤细腻、洁白，有油性，颜色由深蓝色转变为浅蓝色。11月下旬被毛基本成熟，形成毛绒灵活、丰厚，皮肤薄韧的成熟冬皮，皮肤呈洁白色。北极狐为皮底晚期成熟类型。

3. 温度与光照对换毛的影响

每日光照的长短对北极狐换毛影响很大，因为自然界光照周期的变化最有规律，所以光照周期的季节性变化也成为北极狐脱换毛的信号。近年来对广泛饲养的北极狐，利用人工缩短光照技术，使毛皮提早成熟，大大地降低了饲养成本。

四、狐皮成熟的鉴定

在取皮时，除了掌握上述一般规律外，还要进行个体的毛皮成熟情况的鉴定。

(1)观察毛绒：将毛绒分开去掉皮肤上的皮屑观察。从外观上看，全身毛锋长齐，尤其是背部、尾部和臀部，毛长绒厚，被毛丰满具有光泽，灵活，尾毛蓬松。北极狐来回走动时，毛绒出现明显的毛裂。

(2)观察皮肤：将狐捉住，用嘴吹开毛绒，观察皮肤颜色。当皮肤为蓝色，皮板为浅蓝，说明毛皮未成熟；当皮肤为浅蓝或玫瑰色时，皮板洁白是毛皮成熟的标志。

(3)试剥检查：正式取皮前先在同一类的狐群中选出 1～2 只，进行试剥检查。试剥的皮板经过刮油后，如整张的板面都呈白色，仅爪尖和尾尖颜色略深，即可将此一类狐狸整群处死剥皮。达不到标准时，则不要盲目取皮。

第二节　取皮与初加工

一、取皮时间及取皮的准备工作

1. 取皮时间

(1)季节性取皮时间：人工饲养的狐狸，一般在“小雪”至“冬至”即 11 月下旬左右。这是常规大致时间，由于各个养狐场所处的地理位置及气候条件不一，饲养水平不同而有差异，要根据各自的毛皮成熟程度来决定取皮时间。

狐狸在毛皮成熟期一般毛绒整齐，有光泽，板质好。但是，取皮时应以个体的具体情况而定，成熟一只剥取一只，过早或过晚都会影响毛皮质量和经济价值。一般来说，成年狐比当年的幼狐成熟早些；健康的要比瘦弱的成熟早些；患病或营养不良的毛绒成熟晚些。

(2)埋植褪黑激素取皮时间：埋植褪黑激素的皮狐一般在埋植后 3～4 个月的时间内及时取皮，超过 4 个月的时间不取皮，会出现脱毛现象。

2. 取皮前的准备

(1)在取皮前要备好楦板。狐皮楦板规格是统一确定的，公母一致，一般由松木制成。楦板总长度为180厘米和200厘米长的两种，板厚为2厘米的软杂木板，要求表面光滑，无棱或毛刺。由于标准的狐皮楦板做工比较复杂，建议养殖户到正规的生产厂家去购买。

(2)准备好剥皮用的尖刀、剪子、刮油刀、楦棒等工具。目前我国多采用剔骨刀开裆，剪刀修理爪、头部及各部位难以处理的残肉等，用电工刀剥、割皮、筋、骨相连接处，用竹刀或钝铲，也可用特制的刮油刀刮掉皮下组织及脂肪。

(3)准备好粗、细杂树锯末(或粉碎的玉米芯)。粗的锯末用来洗毛面，细的锯末用来洗皮里。洗皮用的锯末或玉米芯一律要用筛子筛过。否则，过细的粉末和灰尘会沾在毛绒上影响质量。

二、处死及剥皮方法

根据国际和国内市场要求，狐皮是耳、鼻、尾和四肢完整的筒皮，所以屠宰时不能直接用刀屠杀，必须用不破坏皮板完整的处死方法来取得筒皮。

1. 处死方法

处死的方法很多，本着处死迅速，毛皮质量不受损坏和污染，而且经济实用的原则，以药物处死法、心脏注空气法和电击法等较为实用。处死后应趁热进行剥皮，不得长时间存放，如果存放时间过久，会使毛皮受热捂掉毛，影响毛皮质量；再者，冷凉的狐身不易剥皮。

(1)药物处死法：所用药物为氯化琥珀胆碱，商品名叫司可林。用药剂量0.5～0.75毫升/只，任何部位皮下或肌内注射均有效。

注射药物后，狐 3～5 分钟即安静地死亡，死亡前不尖叫挣扎，不污染被毛，不损伤毛皮。残存体内的药物无毒性，不影响肉体的利用。

(2)心脏注射空气法：采用本方法须两人操作，一人抓狐，使之保定，胸部向外，另一人右手持注射器，左手捏住心脏跳动最明显的部位，将注射针刺入心脏，见有血流入针管内，立即推动注射器，将针管内的空气推入 10～20 毫升至狐心脏内，放于笼内。狐因心脏瓣膜受损坏而很快死亡，不损坏毛皮，被毛不污染。但要求操作人具备熟练的操作技能，当狐保定后，能迅速准确地把针头刺入心脏。

(3)普通电击处死法：狐用电击致死器较为简单，可以自制。使用时，致死器的电源插头插在民用 220 伏的电源插座上即可。选择时机，待狐两前掌触地时，将致死器前端的金属线(可用 8 号铜线或铁线)，插入狐肛门，迅速接通电源，电流穿过心脏，狐呈强直状态，经 5～10 秒即死亡，操作简便，速度相当快，亦不损伤毛皮和不污染被毛。目前，较大的狐场多采用电击法处死商品皮用狐，效果很好。

2. 剥皮方法

处死后，趁狐狸尸体还温热，应尽快进行剥皮，僵硬或冷冻后的尸体剥皮十分困难。剥皮前可用无脂锯末或粉碎的玉米芯把尸体上沾污的粪便、泥土、血液等脏物刷洗净。剥皮时要求下刀准确，不要将皮板划破。

剥皮时将狐狸的后肢和尾部挑开剥离(图 8-1)，然后从后向前继续剥离，最后剥离前肢、眼、耳、鼻、嘴，剥成一个完整的皮筒，要求皮型完整，头、耳、须、尾、脚齐全，前爪去掉，尾、脚骨抽出，油脂除净。

(1)挑裆：在一后肢的肘关节(脚掌上部)处下刀，沿股内侧长、

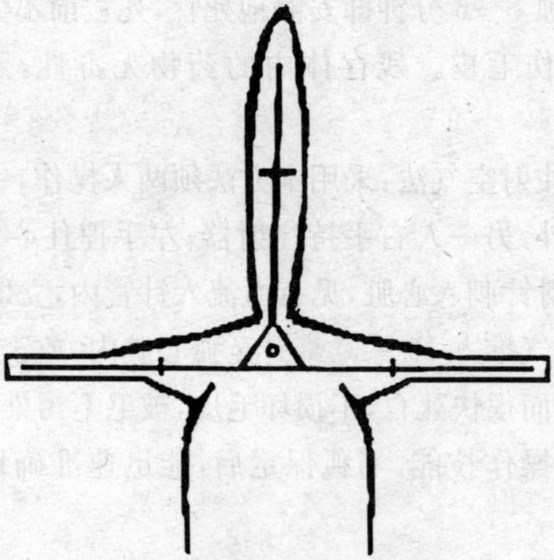

图 8-1　后肢和尾部挑开剥离

短毛交界处挑(不要剪开,以防断毛)至肛门前缘。另一后肢也同样在肘关节处下刀,挑至肛门前缘。

挑裆时一定要挑正。必须严格按照长短毛交界线挑,否则皮张背腹两面不齐,外形不美,影响毛皮幅度和皮张的质量。

(2)挑尾:从肛门后缘沿尾的腹面正中线挑到尾尖的 1/3 处。去掉肛门周围无毛的部分。

(3)剥皮:剥皮必须在挑裆、挑尾之后进行。用刀先剥离后肢,并将足趾剥出,剪断趾骨,使后肢完整而带爪。然后剥离狐尾,当剥至距尾尖 1/3 处时,用筷子夹住尾骨,将尾骨抽出(用力不要过猛,防止拉断尾巴),并沿尾部中线将皮挑至尾尖。

将剥掉皮的两个后肢吊起(头朝下,悬空倒挂),两手往下翻拉皮板,作筒状向下剥离。手劲要轻、匀,不要强拉硬扯,如皮板上带有肌肉,则用竹刀将其分离。当剥离到尿道口(公狐生殖器)时,可将尿道口靠近皮肤处剪断。在剥离过程中,为防止血液、油脂污染毛绒,则撒锯末或玉米芯粉。

在剥离前肢时，也应像后肢那样，从肘关节处下刀，切开并剥离至足趾部。在前肢趾骨端（趾的第一关节处）剪断，让爪留在狐皮上。再于腋下顺前肢内侧分别挑开3～4厘米，将前足完全由开口处翻出。

继续向下剥离至耳根及眼睛，要保持耳、眼、鼻完整无损地保留在皮板上。用刀一定要小心，逐渐剥离，轻轻划断皮与肉、结缔组织的连接，不要硬拉。要注意把眼皮、鼻子、上下唇都完好地留在皮张上。这样，才能得到完整无缺的皮筒。

三、鲜皮的初加工

为了使鲜皮达到商品规定要求，必须正确及时地进行初步加工。初步加工包括刮油、洗皮、上楦和干燥等工序。

1. 刮油

鲜皮的皮板上附着油脂、血迹和残肉等，影响鞣制和染色，所以必须除掉，这就是刮油。刮油应在皮板干燥之前进行（干皮必需经过水充分浸后方可刮油）。手工刮油的工具一般采用竹刀或钝铲，也可用特制的刮油刀。

将皮板毛绒向里套在胶管或光滑的圆形木楦上，将鼻端挂在上面的钉子上。用竹刮刀（或刮油刀）先刮尾部和后肢上的脂肪和结缔组织；然后将后肢和尾拉平，用左手抓住皮板，右手持刮刀，由臀部向头部方向逐渐推进。当刮到母狐乳房和公狐尿道口时，用力要轻些，严防刮破，一直刮到耳根为止。

刮油时用力要均匀，持刀要平稳，即要刮净残肉、结缔组织和脂肪，又要以不损坏毛囊为原则。头部、四肢和尾部等周围难以刮净的部位，以及刮不下来的筋膜或残肉，可用剪刀剪掉，千万不要撕拉，防止真皮层受损而脱毛。

刮油时，为防止脂肪污染毛绒，应边刮油边用锯末或玉米芯粉末搓洗皮板和手指。皮板上油脂必须刮干净。如刮的不净，上楦板干燥时，会出现浸油现象，轻者皮板变黄，重者油脂浸入毛髓，影响毛绒色泽，同时在毛皮保存期也容易霉烂掉毛。

2. 洗皮

刮过油的皮板，还要用细杂树锯末（或粉碎的玉米芯）反复搓洗，以去掉上面的浮油、血渍等污物（切记勿用麸皮或松木锯末洗皮）。然后，将皮筒翻过来再用粗锯末洗被毛，到毛绒洁净、蓬松、显示出其固有的颜色和光泽即可。

大型养殖场洗皮数量多时，可采用转鼓洗皮。先将皮板朝外放进装有锯末（半湿状）的转鼓内，转几分钟后，将皮取出，翻转皮筒，使毛朝外再放入转鼓内洗毛被。为了脱掉毛被上的锯末，从转鼓中取出毛皮放入转笼中运转 5～10 分钟（转鼓和转笼的速度为每分钟 18～20 转），以甩掉毛被上的锯末。

3. 上楦干燥

洗好的狐皮必须及时上楦干燥。上楦干燥的目的是使原皮符合商品要求，防止干燥时收缩和折皱，以及出现发霉掉毛等现象。上楦干燥一般可分为一次性上楦干燥和二次性上楦干燥两种方法。

(1)一次性上楦干燥法：将狐皮毛绒朝外套在楦板上。楦板尖端顶于皮筒的鼻端，将皮筒的两侧、前后均匀地向后拉直绷紧，并将眼、鼻、耳、四肢、尾等部位摆正；然后，用小钉（或图钉）依次将其固定在楦板上，进行一次性干燥。一次性上楦干燥要注意防止腋下、四肢等部位闷板脱毛。如果有条件采用风干机经风干燥，则一次性上楦干燥法不但效果好，而且省工、省时。

(2)二次性上楦干燥法：第一次上楦时，将皮筒毛朝里、板朝外套在楦板上。楦板的尖端顶于皮筒的鼻端，并将头部摆正，用手拉紧两耳和颈使头部尽量伸长，用钉子将头部固定在楦板上。然后，将两个前肢从开口处翻到外面，自然下垂摆正。用力拉臀部，使其尽量延伸；两后肢平直靠在楦板上；最后拉后裆和尾部，使整个皮板绷紧，并用小钉将后肢、臀部、后裆和尾部固定在楦板上。待干燥到6～7成时，将皮筒卸下进行第二次上楦，即将皮筒翻转，使毛绒朝外套在楦板上，至全干为止。

这种两次上楦的方法干燥快，比较安全，即使不用风干机干燥，也不易闷板脱毛和腐烂变质。缺点是费工，而且干燥程度掌握不好，容易出现折板。

4. 干燥

小型养殖场、专业户可采取因地制宜的烘干方法，如利用日光、土暖气、电热器、火墙、火炕等热源进行皮张干燥。

较大规模的养殖场，皮张多采用风干机给风干燥。方法是，将上好楦板的皮张分层放置于风干机的吹风烘干架上，将狐皮嘴套入风气嘴，让风吹入皮筒。干燥室的温度在20～25℃，相对湿度55％～60％，每分钟每个气嘴出的空气为0.28～0.36立方米的条件下，24～36小时即可风干。

当皮张的四肢、足垫、腋下等部位基本干硬时，要及时下楦。下楦后的干皮要悬挂在常温室内进一步干燥一段时间，以防闷板。

皮张的干燥切忌在高温下烘烤或强烈日光照射，更不能靠近强热源如火炉等，以免皮板胶化而影响鞣制和利用价值。

5. 整理

在风干后还要对干燥的毛皮进行整理和包装。即再用锯末清洗一次，先逆毛搓洗，再顺毛洗，遇上缠结毛或大的油污，要反复洗，并用排针做的梳子梳开，用新鲜锯末反复多次搓洗，最后脱掉锯末从而使狐毛皮的毛被蓬松、光亮、灵活、美观。

四、防腐与保管

1. 防腐的方法

经过初加工的狐皮如不能及时出卖或加工成商品出售，就需要很好地进行防腐保管，即保证皮张的质量和商品价值，做好鲜皮的防腐工作。

造成皮张腐败的原因是细菌和酶的作用，而且常常是它们共同作用的结果。在狐狸的鲜皮上，常存在多种细菌。当温度在25～30℃，pH值（酸碱度）为7.0左右时，细菌很快繁殖，鲜皮会出现细菌所致的腐败。另外，当pH值为4.0～4.5，温度为40℃左右时，酶的作用能引起皮张的自身发酵，使鲜皮质量受到损害。

根据鲜皮腐败的原因，通常采取以下防腐方法：

（1）干燥防腐法：此法实质是除去皮中的水分，使细菌无繁殖条件，从而达到防腐的目的。用这种方法干燥处理的皮张称为甜干皮或淡干皮。具体方法见前述。

（2）盐干防腐法：把经过刮油、洗皮后的鲜皮毛朝下、板朝上放在平整的板面上，并把皱褶拉平。在皮板上均匀布撒食盐的细粉末，放盐量为皮重的25%左右。然后在上面放第二张狐皮，同样毛朝下板朝上均匀布撒盐粉末。第三张、第四张……码成一垛。大约经过2周左右，将皮张取下来再用同样的方法重新撒盐码垛，放盐量为皮张原来重量的10%左右。再腌制10天左右即可。经过盐腌2次后，将皮张放在阴凉处，直到皮张干燥为止。此种方法防腐能力强，适用于气温较高的南方。

（3）药物防腐法

①晾晒：储存前需将全部皮张进行晾晒。选择背阴且通风的地方，悬空晾晒2～3天后，用手触摸针毛，干凉硬挺、裆部内侧无

潮湿和沁油即可。切记不可在阳光下暴晒，否则皮张沁油后容易霉变。

②撒药：人们大多使用驱虫、驱蚊的散剂，实践证明，效果不错。这种散剂市场上随处可购，同时清除比较容易。撒药的顺序应先外后里，将晾晒后的皮张平放，把药剂均匀撒于毛皮表层，之后用手逆毛刮动，使药物渗至毛皮里面至皮板，用量可自行掌握，一般为渗至毛皮内后，针毛外有明显附着为好。毛皮的外面撒播完毕后，倒拎起皮张，两手分开裆部，然后，将药面往皮张内板喷洒，感觉已差不多时，再从头部向里面喷洒。如果怕散剂涂不匀的话，也可使用雾剂杀虫药。

③装袋：药物处理完毕后，即可装袋。为了达到密封的目的，装皮的袋子应选择较厚的塑料袋(农资经销部门一般有售，其制式均为桶状)。将塑料袋一端系紧后，从另一端按头先尾后、背部朝上的顺序，把皮张依次装入袋中，紧压一些并无大碍。装满后，将袋口系紧，存放于闲置房屋内即可，最好平放于板桌上或架子上。一般情况下，45 天以后，药效已渗透至皮内，如需出售可随时打开。

2. 保管的方法

入库的毛皮应按不同等级，分别保存，并在其上标明等级和数量。

圆筒状皮张适于悬挂保存，方法是将皮张装入不透气的塑料袋内(最好两层)，同时放入几个卫生球。装好后，用手挤压塑料袋排除空气，封住袋口。封口时要一个袋一个袋地封，要封严实，不能进空气。然后悬挂在库房的阴凉处。

每袋装几张狐皮，可根据袋的大小而定。如果塑料袋不漏气，里面的皮张一般不用经常查验，不会出现质量问题。

3. 保管注意事项

(1)做好入库前检查。对要入库皮张,首先检查生皮含水量;其次检查皮张上有无害虫或虫卵,对于食盐防腐的皮张检查防腐程度,如果发现湿皮,要及时晾晒,生虫皮须经药品处理,食盐过低或腐败皮从新防腐。

如果存放量小,皮面较大的狐皮用绳子或铁丝钩住鼻尖,将其吊挂在横拉在空中的铁丝上,距离地面 1 米左右;存放在木架上也可。皮张上面要用白布遮盖。

如果存皮数量大,要到专用库房存放,在地面上放置 20 厘米高的木垫架,库房内同种皮张必须按等级分别堆码,垛与垛(0.3 米)、垛与墙、垛与地面之间保持一定距离(15 厘米),留有人行道宽约 1.5 米。在存放时,毛被对毛被、皮板对皮板放在木架上,高度不超过 2.5 米,用白布盖在皮垛上,以防灰尘污染。每个货垛都应放置适量的防虫、防鼠药物。如果同一库房内保管不同品种的皮,货位之间必须隔开,不能混杂在一起。

(2)做好通风工作,防止皮张潮湿发霉。进入盛夏高温多雨季节时,由于天气炎热、湿度大,皮张最易出现霉烂变质的现象。原料皮返潮、发霉的表现是皮板和毛被上产生白色或绿色的膜,轻则有霉味,局部变色,重则皮板呈紫黑色,为此,要经常查看。温度过高时,要通风排气降温;库房湿度大时,要加强空气流通,或在库房内放置一些吸湿剂,如生石灰粉等。如果发现皮板发霉,应该及时放在阴凉通风处风干,并把皮板上的灰绿膜刷掉,切忌放在强阳光下暴晒。

(3)做好防虫、防鼠工作。在入库前,每张皮张上要撒一些樟脑粉,存放后库房内最好喷洒些防虫药物,以防止害虫繁殖;为了防止老鼠啃咬皮张,在库房内放上老鼠药,也可在墙角、存放皮张木架的立柱上和底部捆绑上黏鼠胶板。

五、包装与运输

1. 包装

包装时应按等级分别包装，每 20 张捆成一捆，每捆两道绳，装入木箱或洁净的麻袋中，喷撒适量的防虫剂；在包装物上注明品种、等级和数量。

2. 运输

公路运输时，应备有防雨、防雪设备，长途运输的皮张，应检疫、消毒后发送。

六、影响毛皮质量的因素与等级规格标准

1. 种狐品质对毛皮质量的影响

人工饲养毛皮兽的皮张质量首先取决于种兽的品质，与毛皮质量直接相关的种兽品质，主要表现在如下几个方面：

(1)毛色：要求有本品种或类型固有的典型毛色和光泽，人工培育的新色型要求新颖而靓丽。

(2)毛质：毛质即毛被的质地，是由针、绒毛的长度、密度、细度等性状综合决定。人工养殖的毛皮兽无论大毛细皮、小毛细皮均要求绒毛向短平齐的方向选育，针绒毛长度比适宜，背腹毛长度比趋于一致(尤其水貂要求严格)；针、绒毛的密度则应向高的方向选育，毛粗度宜向细而挺直的方向选育。

(3)毛皮张幅：毛皮的张幅是按标准值及上楦后的皮长尺码来衡量的。决定皮张尺码的大小因素主要是皮兽的体长及其鲜皮的延伸率。体长及鲜皮延伸率越大，其皮张尺码亦越高。因此种兽

的选育宜向大体型和疏松型体质的方向选育。为发挥和挖掘种兽品质对提高毛皮质量的作用和潜力，应率先饲养毛皮品质优良的种兽，亦可采用引进良种和改良原有毛皮品质较差种群的办法提高毛皮质量。

2. 地理位置对毛皮质量的影响

珍贵毛皮动物貂、狐、貉均为季节性换毛的动物。其对日照周期的明显变化有很大的依赖性。这是其野生分布长期局限在高纬度地区的结果。因此，越高纬度地区其毛皮品质亦越优良。人工饲养条件下亦不例外，越往北方地区毛皮品质也越优良。人工养殖毛皮动物一定要在适宜的地理纬度内，即北纬 30°以北区域。在适宜地理区域内，也应选择在饲料条件好的地区集中养殖，以生产质量一致的优质毛皮。

3. 局部饲养环境对毛皮质量的影响

局部饲养环境主要指人工提供的棚舍、笼箱、场地等小气候条件。有棚舍、笼箱条件的皮兽比无棚舍、笼箱条件的毛皮质量要优良；暗环境饲养的皮兽较明亮环境下的毛皮质量优良；较湿润的环境比较干燥和潮湿条件下的毛皮品质优良。

4. 饲养管理对毛皮质量的影响

饲养管理对毛皮质量的影响，主要体现在饲料与营养、冬毛生长期皮兽管理和疾病防治三个方面。

(1)饲料与营养：毛皮兽遗传上所固有的优良毛皮品质的一些性状是先天决定的，但这些优良性状必须在后天的生长发育中，通过科学的饲养配方和均衡的营养供给，才能很好地表现和发挥出来。毛被的生长发育主要依赖于动物性蛋白质，故饲料营养应保证蛋白质尤其是皮兽冬毛生长期蛋白质的需要。毛被蛋白质中含硫氨基酸较多，冬毛生长期补加含硫氨基酸对提高毛皮质量有益。

(2)冬毛生长期皮兽的管理:主要是创造有利于冬毛生长的环境条件,增强短日照刺激、减少毛绒的污损,遇有换毛不佳或毛绒缠结,应及早活体梳毛处理。

(3)疾病防治:疾病有损皮兽健康和生长发育,间接影响毛皮的品质,某些疾病还会直接造成皮肤、毛被损伤而降低毛皮质量。加强疾病防治,尤其是代谢病和寄生虫病的防治,也是提高毛皮质量的重要措施。

5. 加工质量对毛皮质量的影响

毛皮初加工和深加工对其质量亦有很大影响。初加工中特别应注意下列几个问题:

(1)毛皮成熟鉴定和适时取皮:应准确进行皮兽个体的毛绒成熟鉴定,成熟一只取一只,成熟一批取一批。尤其埋植褪黑激素的皮兽更要注意。过早取皮易使皮张等级降低,过晚取皮则影响毛绒的灵活和光泽。

(2)开裆要正:否则影响皮形的规范、也降低皮张尺码。

(3)刮油要净:尤其颈部要刮净,否则影响皮张的延伸率或干燥后出现塌脖的缺陷。

(4)上楦:上楦要使用标准楦板,上正并规范商品皮形。

(5)干燥:干燥的温湿度适宜最好采用吹风干燥,如果用热源干燥时,温度和湿度均勿超高,否则闷板而掉毛,将严重降低皮张的质量。

(6)正确的整理和包装:干好的皮张及时下楦、洗皮、整理和包装。洗皮不仅除去毛绒上的尘埃污物,而且明显增加美观度。整理包装切勿折叠和乱放,保持皮张呈舒展状,勿用软袋类包装。

七、收购等级标准鉴定

1. 拿皮方法

首先将狐皮放在检验台上，先用右手拿头部的鼻镜部，拇指在上，四指在下，再用左手轻轻握住狐的尾根部及两后肢，右手拿狐皮头部稍低些，左手拿狐皮尾根部稍高些。这样便于观察狐皮全部位，也可反复地进行正反面检查。尔后轻轻上下抖动，使狐皮各部位毛绒伸展开，竖立蓬松。

2. 检查毛皮的品质

狐皮在手中轻轻抖动后，毛绒全部伸展开来，即可开始进行检查，检查中先看毛绒的稠密度和灵活度，毛绒的颜色和光泽，毛面是否平齐。再看皮板的成熟程度，一般冬皮柔韧细致，有油性，皮面白色或灰青色。通过看，对毛皮有所了解，思想上基本形成确定等级。然后再用手触摸，拉扯摸捻毛皮，深入检验皮质是否足壮，以及瘦弱程度和毛绒的疏密柔软程度，探明伤残具体部位。对看不清楚部位，要用嘴吹开毛绒检查毛皮质量。检查毛绒分散或还原程度，细致检查底绒生长情况及其色泽。尔后用鼻子闻一闻皮板，是否因贮存不当，使皮板上产生腐烂变质的臭味。掌握以上几个方面情况后，再结合具体规格要求，便可适当灵活地确定狐皮等级规格。

3. 北极狐皮收购规格

(1)加工要求：刮皮适当，皮形完整。头、耳、须、腿、爪齐全，抽出尾骨、腿骨，除净油脂后开裆，毛朝外，圆筒按标准楦板晾干。

(2)等级规格

特级皮：如一级皮，毛质、皮质、板质相同，皮板面积在 2200 平方厘米以上。

一等皮：毛色光润，绒毛丰足，细软稠密，针毛齐全，皮张完整，板质优良，无伤残，面积在 2111 平方厘米以上。

二等皮：绒毛略空疏或略短薄，针毛齐全。具有一等皮的毛质、板质，可有臀部针毛摩擦；两肋针毛擦尖；轻微塌脊。有伤残破洞 2 处，长度以不超过 10 厘米，面积不超过 4.44 平方厘米，皮张面积在 1888 平方厘米以上。

三等皮：毛色灰褐，绒毛空疏，短薄，针毛齐全，皮张完整，具有一、二级皮质、板质，可带伤残 3 处，伤残长度不超过 15 厘米，伤残面积不超过 6.67 平方厘米，皮张面积在 1500 平方厘米以上。

不符合要求的为等外皮，应根据实用价值，酌情定价。

(3)说明

①皮形标准指国家统一楦板而言。

②色泽变异、绒毛过粗、缺针毛、除油脂不净、受闷掉毛、皮形不标准及非季节皮，均酌情降价。

③量皮方法：从鼻尖量至尾根部，计算皮张长度要减少 15 厘米；从耳根量至尾根，计算皮张长度时不减少，计算方法一样，有多少算多少。用其长度和腰部适当部位的宽相乘再除 2，求出皮张面积。裆间差就下不就上。

④等级比差，特级 120%，一级 100%，二级 80%，三级 60%，等外 40%以下按质计价。

⑤尺码长度和尺码比差，见表 8-1。

4. 彩色狐皮收购规格

彩色狐皮等级标准、尺码规格参见北极狐皮相应规格。彩色狐皮要求毛皮颜色要符合类型要求，毛色不正的杂花皮按等外皮论价。

表 8-1　尺码长度和尺码比差

尺码长度	尺码比差
00 号皮为 106 厘米以上	00 号皮为 120%
0 号皮为 97 厘米以上	0 号皮为 110%
1 号皮为 88 厘米以上	1 号皮为 100%
2 号皮为 79 厘米以上	2 号皮为 90%
3 号皮为 70 厘米以上	3 号皮为 80%
4 号皮为 61 厘米以上	4 号皮为 70%
5 号皮为 52 厘米以上	5 号皮为 55%～60%

第三节　狐狸胴体处理及加工食谱

狐狸肉含有蛋白质、脂肪、多种矿物质等营养成分，具有补虚暖中，解疮毒，治虚劳、健忘、惊悸、水气黄肿、疥疮等功效，近年来其食用价值得到了开发，已成为宾馆、饭店山珍野味的高档菜肴。

一、胴体处理

北极狐取皮后的胴体除去内脏后，将两条大腿内侧到尾巴基部骚腺剔掉（和血管一样，但是白色的，千万不能弄破）后用水清洗干净，可整体或切开贮藏。

食用时把狐狸肉切成 500 克一块左右的肉块，再把狐狸肉用水泡 24 小时，而且水要勤换或者用自来水冲，再用白酒、醋、生姜、蒜、大葱、香菜、五香粉、草果、桂皮、八角、豆蔻、花椒、辣椒、白糖腌制24～48小时即可进行食用加工。

二、加工食谱

1. 锅炖狐狸肉

原料：去骨狐狸腿肉(先焯一下，去掉血污)1000克，两颗大洋葱(粗切)，6只中等大小胡萝卜，6只中等大小的小南瓜，1量杯植物油，2片月桂叶，4～6只整胡椒，2～3只香辣椒，2～3只柠檬，2枚大鸡蛋(打碎)，适量盐和黑胡椒，白酒适量。

做法：

(1)在炖锅加入植物油，随后加入洋葱，加入狐狸肉。加入月桂叶、香辣椒、胡椒、盐、黑胡椒、一只柠檬榨出的果汁、胡萝卜、白酒和一些水。

(2)加盖温火慢煮30分钟。加入小南瓜，再以小火煮30分钟。

(3)把打碎的鸡蛋与另外一只柠檬榨得的果汁和从锅中取出的汤汁搅拌，搅拌好后倒入锅中，即可。

2. 酸辣狐狸肉

原料：味精1.5克，醋15克，胡椒粉1克，湿淀粉25克，桂皮10克，芝麻油15克，熟猪油100克，姜15克，葱15克，鲜狐狸肉1500克，泡菜100克，香菜200克，冬笋50克，干红椒5只，小红辣椒15克，绍酒50克，青蒜50克，酱油25克。

做法：

(1)将狐狸肉去骨，用温水浸泡并刮洗干净，下入冷水锅内煮过捞出，用清水洗2遍，放入沙锅内，加入拍破的葱、姜、桂皮、干红椒、绍酒25克和清水，煮至五成烂时，切成5厘米长、2厘米宽的条。将泡菜、冬笋、小红辣椒切末，青蒜切花，香菜洗净。

(2)炒锅置旺火上,放入熟油 50 克,烧至八成热时入狐狸肉爆出香味,烹绍酒,加入酱油、精盐和原汤,烧开后倒在砂锅内,用小火煨至酥烂,收干汁,盛入盘内。

(3)炒锅内放入熟猪油,烧至八成热,下入冬笋、泡菜和红辣椒煸几下,倒入狐狸肉原汤烧开,放入味精、青蒜,用温淀粉调汁勾芡,淋入芝麻油和醋,浇盖在狐狸肉上,周围拼上香菜即成。

3. 红烧狐肉

原料:狐肉 500 克,口蘑 100 克,料酒、精盐、味精、胡椒粉、酱油、葱花、姜丝各适量。

做法:

(1)将狐肉洗净,放入沸水锅内焯一下,捞出洗去血污切块。水发口蘑去杂洗净。

(2)锅烧热,投入狐肉煸炒,烹入料酒、酱油,加入口蘑煸炒,加入精盐、葱、姜和适量水,烧至肉熟烂,加入味精、胡椒粉,推匀出锅即成。

4. 狐肉汤

原料:狐肉 1000 克,鸡肉 500 克,蘑菇 100 克,味精、精盐、料酒、麻油、胡椒粉、姜片、清鸡汤、猪油各适量。

做法:

(1)将狐肉洗净,去筋膜切块,放沸水锅中焯一下,捞出洗净。烧热锅,放入少量猪油、姜片煸香,烹入料酒,放入狐肉块,煮沸后,捞出洗净,切片。

(2)将鸡肉洗净,放沸水锅中氽一会儿,捞出洗净,切条。

(3)烧热锅,放少量猪油,将姜片、狐肉片、鸡肉条放入同煸炒,烹入料酒,煸至水干,注入鸡清汤,加入磨菇、盐、味精、胡椒粉、料酒,同煮至肉熟烂,淋上麻油,装盆即成。

第四节　其他副产品的加工

1. 狐油

(1)狐油的利用价值:狐脂肪可在剥皮刮油时搜集,也可从胴体上采集。狐油浸透力强、熔点低是作高级化妆品的优质原料,而且对皮肤病治疗有效。狐油也可以作为高能量饲料饲喂毛皮动物。

(2)狐油加工:狐皮加工中的原料生脂肪,去除杂质可直接销售,也可以加热炼制成熟油保管。

2. 狐心

(1)狐心的利用价值:公、母狐心均可入药,有强心、镇静、安神等功效。

(2)狐心加工:剥皮后及时采集狐心脏,置烘干箱中烘干或穿成串在室外冻干。干好后及时保管或销售。

3. 狐粪

饲养人员要注意个人卫生,兽舍、笼具、场地及用具应保持清洁干燥,每天清除舍、笼的粪便和污物,将粪便和污物集中到一个离狐舍 100 米以外的地方进行处理,通常采用掩埋法和生物热消毒法处理。

(1)掩埋法:将污染的粪便与漂白粉或新鲜的生石灰混合,然后深埋于地下,埋的深度应达 2 米左右,此种方法简便易行,但病原微生物经地下水散布以及损失肥料是其缺点。

(2)生物热消毒法:这是一种最常用的粪便消毒法,应用这种方法，能使非芽孢病原微生物污染的粪便变为无害，且不丧失肥料的应用价值。粪便的生物热消毒通常有两种：一种是发酵池法，另一种为堆粪法。

①发酵池法：此法适用于大量饲养狐的养殖场。设备为距养殖场200～250米以外无居民、河流、水井的地方挖2个或2个以上的发酵池（池的数量和大小决定于每天运出的粪便数量）。池可筑成方形或圆形，池的边缘与池底用砖砌后再抹以水泥，使其不透水。如果土质干枯、地下水位低，可以不用砖和水泥。使用时先在池底倒一层粪，然后将每天清除出的粪便垫草等倒入池内，直到快满时，在粪便表面铺一层干粪或杂草，上面盖一层泥土封好。如条件许可，可用木板盖上，以利于发酵和保持卫生。粪便经上述方法处理后，经过1～3个月即可掏出作为肥料。在此期间，每天所积的粪便可倒入另外的发酵池，如此轮换使用。

②堆粪法：在距养殖场100～200米或以外的地方设一个堆粪场。堆粪的方法是在地面挖一浅沟，深约20厘米，宽1.5～2米，长度不限，随粪便多少确定。先将粪便或垫草等堆至厚25厘米，摆其上堆放欲消毒的粪便、垫草等，高达1.5～2米，然后在粪堆外再铺上厚10厘米的粪便或垫草，如此堆放3周～3个月，即可用以肥田。当粪便较稀时，应加些杂草，太干时倒入稀粪或加水，使其不稀不干，以促进迅速发酵。

4. 污水的处理

被病原体污染的污水，可用沉淀法、过滤法、化学药品处理法等进行消毒，比较实用的是化学药品消毒法。方法是先将污水处理池的出水管用一闸门关闭，将污水引入污水池后，加入化学药品（如漂白粉或生石灰）进行消毒。消毒药的用量视污水量而定（一般1升污水用2～5克漂白粉）。消毒后，将闸门打开，使污水流出。

5. 脱落的毛绒

(1)毛绒的利用价值:狐的毛绒纤细而柔软,保温性能好,是制作毛纺织品的优质原料。

(2)毛绒的加工:狐每年春末夏初集中脱毛 1 次,可将脱落于笼底的毛绒拾起,也可直接从狐身体上采集,拣净泥土杂物即可销售。每只狐可收集毛绒 50～80 克。

附录 中华人民共和国林业行业标准——蓝狐饲养技术规程

(LY/T 1290—2005)

前言

本标准由黑龙江省野生动物研究所提出。

本标准由国家林业局科技司标准处归口。

本标准由黑龙江省野生动物研究所负责起草。

本标准主要起草人:葛东宁、孙红瑜、张明海、靳玉文、朱立夫。

1 范围

本标准规定了蓝狐饲养场的建设与设备、饲料加工与配制、饲养管理、繁殖、卫生防疫、毛皮初步加工、贮存、包装及运输以及蓝狐各生物学时期的营养需要指标。

本标准适用于国内蓝狐养殖场。

2 规范性引用文件

下列文件中的条款通过本标准的引用而成为本标准的条款。凡是注明日期的引用文件,其随后所有的修改单(不包括勘误的内容)或修订版均不适用于本标准,然而,鼓励根据本标准达成协议的各方研究是否可使用这些文件的最新版本。凡是不注明日期的引用文件,其最新版本适用于本标准。

GB 2708　牛肉、羊肉、兔肉卫生标准

GB 5749　生活饮用水卫生标准

GB/T 6914　生鲜牛乳收购标准

GB 13078　饲料卫生标准

HJ/T 81—2001　畜禽养殖业污染防治技术规范

3　饲养场的建设及设备

3.1　场址选择

3.1.1　环境

应远离居民点1000m以上，僻静无噪音，无其他人为干扰，不污染居民生活环境和水源；应远离屠宰场、牲畜市场、畜牧产品加工厂等污染源。

3.1.2　地势

应背风向阳，平坦干燥，地下水位低，排水良好。

3.1.3　交通、水电

交通便利，有良好的水源和可靠的电力、燃料供应。

3.1.4　饲料来源

饲养场应建在饲料来源充足、方便的地方，配置与饲养场的养殖规模相适应的冷冻或冷藏设备。

3.2　饲养场区建设

3.2.1　饲养区

3.2.1.1　面积

按饲养规模为300只基础母狐计算，占地面积不小于$5000m^2$。

3.2.1.2　围栏

在饲养区四周设1.6～2m高的围栏，材料宜选用木板、石头、砖、瓦等。

3.2.1.3　饲养棚

支柱可使用木、砖、角铁等，可不设四壁，仅设棚柱梁和顶盖，顶盖加盖石棉瓦或油毡纸；棚脊高 3m，棚檐高 1.7m；饲养棚宽4～5m，放立两排笼箱，中间为通道，通道宽度 1.2～1.5m；饲养棚长度不限，因地势而定，间距 3～4m；饲养棚的方向为东北至西南走向，北方高寒地区在北侧设风障。

3.2.2　隔离饲养区

占地面积不小于 $500m^2$。

3.2.3　加工区

3.2.3.1　处死室、剥皮室

房舍面积为 30～$40m^2$。

3.2.3.2　风干室

面积为 30～$40m^2$。

3.2.4　服务区

3.2.4.1　办公室

房舍面积为 $20m^2$。

3.2.4.2　兽医室

房舍面积为 $20m^2$，内设药品室、处置室。

3.2.4.3　饲料加工间

面积为 30～$40m^2$。

3.2.4.4　贮藏室

面积为 30～$40m^2$。

3.2.4.5　冷库

容量为 30～40t。

3.3　笼舍和设备

3.3.1　笼舍

3.3.1.1　狐笼

(1)种狐笼规格长×宽×高为(100～150)cm×(70～80)cm×(60～70)cm；皮狐笼的规格长×宽×高为 70cm×70cm×50cm；

狐笼距地面高 40～50cm；

(2)制做狐笼的材料为 14 号铁线做成的点焊网，网孔 2.5～3cm；点焊网片固定在钢筋或木质框架上。

3.3.1.2 小室和产仔箱

小室和产仔箱用厚 2.5cm 的木板制成。小室内径长×宽×高为 60cm×50cm×45cm，产仔箱内径长×宽×高为 70cm×40cm×40cm，在小室和产仔箱靠狐笼的一侧应留 35cm×35cm 的出入孔与狐笼相联通，顶面设一活动盖板。

3.3.1.3 工具

主要有食盒、水槽、饲料容器及运送工具、脖铗子、运输笼、消毒用器具、清扫工具等。

3.3.2 **设备**

3.3.2.1 饲料加工设备

主要有谷物饲料膨化机、粉碎机、绞肉机、搅拌机、高压气罐或蒸锅等。

3.3.2.2 屠宰设备

主要有电处死器、剥皮、刮油、洗皮设备和器具等。

3.3.2.3 毛皮烘干设备

主要有干燥机、国际标准楦板、加温和通风机及风干箱等。

3.3.2.4 人工授精设备

主要有显微镜、水浴恒温箱、阴道开膣器、输精枪、套管、注射器、采精设备、消毒设备等。

3.3.2.5 兽医医疗防疫设备

主要有灭菌器、消毒喷雾器及常规手术医疗器具等。

4 饲料加工与配制

4.1 饲料的加工

4.1.1 动物性饲料

4.1.1.1 鱼类饲料

(1)新鲜、无污染的海鱼应去泥土和杂质，用绞肉机粉碎后生喂；

(2)淡水鱼应锅蒸2h或水煮15～20min后熟喂；

(3)表面带有大量黏液的鱼应用热水浸烫或加2.5%食盐搅拌，除去黏液后进行加工；

(4)含盐量高的咸鱼在加工前应切成小块，再用淡水浸泡24h，换水3～4次，待盐浸出后再加工处理；

(5)自然晾晒的干鱼应用清水充分浸泡，软化后绞碎处理，与其他饲料混合调制生喂；

(6)冷冻后的鱼应彻底解冻后再进行加工处理；

(7)鱼粉应经锅蒸20min后熟喂；

(8)变质腐败的鱼或有毒鱼类不能饲喂。

4.1.1.2 肉类饲料

(1)经过检疫的畜、禽肉、头、蹄、内脏、骨架等应洗去泥土和杂质，粉碎后生喂；

(2)痘猪肉、肉类加工废弃的碎肉以及血、肝、肺等应经高温或高压蒸煮后，再进行绞碎处理；

(3)冷冻的肉类彻底解冻后，再进行加工处理；

(4)蚕蛹或蚕蛹粉可代替部分肉类饲料，应进行细菌学、霉菌学和毒物检查，去除几丁质，并经蒸煮处理；

(5)死因不明或来源不明的畜、禽肉类饲料不能饲喂。

4.1.1.3 乳类和蛋类饲料

(1)健康牛或羊产的奶可直接生喂；

(2)腐败的乳类不能饲喂；

(3)正常蛋类应用开水冲开后饲喂。

4.1.2 植物性饲料

4.1.2.1 谷物饲料

(1)籽实饲料应去掉粗糙的皮壳,经粉碎、膨化处理;

(2)豆类可粉碎成豆粉或制成豆汁;

(3)油饼类饲料要浸泡或粉碎成粉状,并不含棉籽酚。

4.1.2.2　果蔬饲料

(1)蔬菜应去掉泥土、削去根和腐烂部分,洗净后切碎;

(2)水果应洗净,去掉果核,捣碎后或挤出液汁后加入混合饲料中。

4.1.3　维生素饲料

4.1.3.1　酵母

(1)面包酵母、啤酒酵母等酵母饲料应先放入冷水中搅匀,然后加热至70～80℃,保持10～15min后加入混合饲料;

(2)药用酵母和饲料酵母可直接加入混合饲料中;

(3)受潮或发霉变质的酵母不能饲喂。

4.1.3.2　麦芽

麦芽应用绞肉机粉碎2遍后,拌入混合饲料中。

4.1.3.3　维生素制剂

(1)高浓度的鱼肝油和维生素E油应用植物油稀释后加入混合饲料中;

(2)胶丸鱼肝油需用植物油加热溶解后加入混合饲料中;

(3)水溶性维生素用水稀释后加入混合饲料中。

4.1.4　食盐

食盐用水稀释后加入混合饲料中。

4.2　日粮的配合

4.2.1　日粮配合的要求

(1)根据蓝狐各生物学时期的营养需要量,按规定的供给量进行配制,同时应视狐群的状况和饲喂效果,进行适当调整;

(2)尽量选用营养价值较高而价格较低的饲料,并注意多种饲料搭配;

(3)注意饲料的适口性，尽量限制适口性差的饲料用量。

4.2.2 日粮配合的方法

蓝狐日粮配合的方法参见附录 A、附录 B，计算结果填入饲料单(参见附录 C 中表 C.8)。

4.3 饲料的调制

(1)按饲料单准备好各种饲料，分别对鱼肉类、果蔬类饲料进行粉碎，对谷物类饲料进行膨化，然后依次加入维生素、抗生素和食盐水等，进行充分搅拌。调制后的混合饲料应迅速按量分发到各狐群；

(2)维生素、抗生素不应加入温度较高的熟制饲料中；骨粉、肉骨粉、鱼粉、蚕蛹粉不应与水溶性维生素同时添加；

(3)在调制过程中，不应将温差大的饲料混合在一起；水的添加量要适当，应先加少许水，视其调制程度逐渐增添。

5 饲养管理

各生物学时期的划分见表 1。

表 1 蓝狐各生物学时期的划分

群别	1月	2月	3月	4月	5月	6月	7月	8月	9月	10月	11月	12月
成年公狐	准备配种后期		配种期		恢复期				准备配种前期			
成年母狐	准备配种后期		配种期		妊娠哺乳期		恢复期		准备配种前期			
幼龄狐					哺乳期		育成期					取皮

5.1 哺乳期母狐饲养管理

5.1.1 营养需要

日粮代谢能 3.95～4.55MJ，可消化蛋白 95～107g，脂肪 36～48g，碳水化合物 55～69g(参见附录 A 中表 A.2)。

5.1.2　日粮配合

哺乳期母狐日粮配合见表2(参见附录B)。

表2　哺乳期母狐日粮配合

饲料种类	日粮量
鱼肉类	410～550g
谷物	100～150g
乳类	50g
果蔬类	60～80g
食盐	1.5～2g
鲜碎骨	30g
维生素A	800IU
维生素D	100IU
维生素E	10～20mg
维生素B_1	20mg
维生素C	30～100mg

5.1.3　饲喂

5.1.3.1　时间与次数

每日饲喂3次,8:00时饲喂一次,12:00时饲喂一次,17:00时饲喂一次。

5.1.3.2　饲喂量

早喂饲量占日粮总量的30%,午喂饲量占日粮总量的20%,晚喂饲量占日粮总量的50%。

5.1.4　饲养管理

哺乳期母狐饲养管理:

(1)应补加营养丰富的奶制品、鸡蛋等,饲料种类应多样化,并根据仔狐的多少增加饲料量;产后20日龄仔狐开始舔食母狐饲料，此时应保证饲料的精细、新鲜、优质，且易于消化和吸收；

(2)缺硒地区在日粮中加亚硒酸钠维生素 E 粉 0.2～0.4g；

(3)哺乳期内每天应开箱检查仔狐的哺乳情况，发现母狐无乳和患乳腺炎等异常问题及时解决；

(4)保持产仔箱、笼内地面及环境清洁。

5.2 幼狐的饲养管理

5.2.1 营养需要

幼狐的营养需要见表 3(参见附录 A 中表 A.1)。

表 3 幼狐营养需要

日龄/d	日粮代谢能/MJ	可消化蛋白/g
40～50	1.88	40.4
50～60	2.65	53.8
60～90	3.40	60.9
90～120	4.22	81.0
120～150	5.02	100.6
150～210	5.19	94.8～102.4
210～240	5.12	92.6～100.5

5.2.2 日粮配合

幼狐日粮配合见表 4(参见附录 B)

表 4 幼狐日粮配合

日龄/d	鱼肉类/g	乳类/g	谷物/g	果蔬类/g	食盐/g	骨粉/g	维生素A/IU	维生素D/IU	维生素B_1/mg
40～50	140～160	40	50～70	25	0.5	4.8	717	72	48
50～60	170～230	40	60～80	25	0.5	4.8	956	96	48
60～90	280～370	50	80～100	36	0.5	4.8	956	96	72
90～120	300～400	50	80～100	40	0.5	4.8	956	96	72

续表

日龄/d	鱼肉类/g	乳类/g	谷物/g	果蔬类/g	食盐/g	骨粉/g	维生素A/IU	维生素D/IU	维生素B_1/mg
120～150	350～450	50	100～150	50	0.5	4.8	956	120	48
150～210	320～420	40	120～200	60	0.5	4.8	956	120	48
210～240	300～400	30	120～200	60	0.5	4.8	717	120	48

5.2.3　饲喂

5.2.3.1　时间与次数

(1)6月至9月每日饲喂3次,8:00时饲喂一次,12:00时饲喂一次,17:00时饲喂一次;

(2)10月至11月每日饲喂2次,7:00时饲喂一次,17:00时饲喂一次;

(3)12月每日16:00饲喂一次。

5.2.3.2　饲喂量

日饲3次的,早喂饲量占日粮总量的30%,午喂饲量占日粮总量的20%,晚喂饲量占日粮总量的50%;日饲2次的,早喂饲量占日粮总量的40%,晚喂饲量占日粮总量的60%。

5.2.4　幼狐的饲养管理

(1)幼狐45日龄至50日龄时应断乳。断乳后2～3周内,先在一个笼内饲养2～3只仔狐,75日龄至90日龄后,逐渐分窝单笼饲养;

(2)断乳后到9月底为幼狐育成期;

(3)天气炎热时,不间断地供给清洁饮水,并注意防止中暑;

(4)开食后仔狐每日应饲喂3次;

(5)缺硒地区在日粮中加亚硒酸钠维生素E粉0.1～0.3g。

(6)注意观察幼狐生长发育,定期测量体长和体重(参见附录C中表C.6)。

5.3 成年狐的饲养管理

5.3.1 准备配种期的饲养管理

5.3.1.1 营养需要

日粮代谢能 3.88～4.30MJ，可消化蛋白 89～102g(参见附录 A 中表 A.2)。

5.3.1.2 日粮配合

准备配种期日粮配合见表 5(参见附录 B)。

表 5 准备配种期日粮配合

饲料种类	日粮量
鱼肉类/g	350～500
谷物/g	80～120
乳类/g	50
果蔬菜/g	60～80
食盐/g	1.5～2
鲜碎骨/g	30
维生素 A/IU	800
维生素 D/IU	100
维生素 E/mg	20～30
维生素 B_1/mg	20
维生素 C/mg	30～100

5.3.1.3 饲喂

5.3.1.3.1 时间与次数

每日饲喂两次，7:00 时饲喂一次，17:00 时饲喂一次。

5.3.1.3.2 饲喂量

早喂饲量占日粮总量的 40%，晚喂饲量占日粮总量的 60%。

5.3.1.4 饲养管理

(1)应调整体况,防止过胖或过瘦。2月中旬时,公狐体况应保持中上等水平(9.5～11.5kg),母狐体况应保持中等水平(7.0～8.5kg);

(2)增加肉、肝、乳、脑的供给量;

(3)冬季北方地区小室内应加足够垫草防寒,在小室外底部可安装电加温防寒设施,保持小室清洁、干燥,防止潮湿、污染;

(4)每年年末进行一次狐群状况统计(参见附录C中表C.7)。

5.3.2　配种期的饲养管理

5.3.2.1　营养需要

配种期营养需要按5.3.1.1的规定。

5.3.2.2　日粮配合

日粮配合按5.3.1.2的规定。

5.3.2.3　饲喂

5.3.2.3.1　时间与次数

每日饲喂3次,8:00时饲喂一次,12:00时饲喂一次,17:00时饲喂一次。

5.3.2.3.2　饲喂量

早喂饲量占日粮总量的30%,午喂饲量占日粮总量的20%,晚喂饲量占日粮总量的50%。

5.3.2.4　饲养管理

(1)保证饲料种类多样化,增加肉、肝、乳、脑的供给量;

(2)配种2h后应给公狐加饲一次,饲喂量占日粮的20%;

(3)保持安静的环境。

5.3.3　妊娠期的饲养繁理

5.3.3.1　营养需要

日粮代谢能:前期为3.82～4.32MJ,后期为3.93～4.51MJ,可消化蛋白95～110g,脂肪33.4～35.6g,碳水化合物56～61.6g(参见附录A中表A.2)。

5.3.3.2 日粮配合

妊娠期日粮配合见表 6(参见附录 B)。

表 6 妊娠期日粮配合

饲料种类	妊娠前期	妊娠后期
鱼肉类/g	360～480	410～520
谷物/g	60～70	70～80
乳类/g	90～98	105～113
蔬菜类/g	60～65	70～75
酵母/g	9.0～9.7	10.5～11.3
骨粉/g	9.0～9.7	10.5～11
食盐/g	1.5～2	1.5～2
维生素 A/IU	800～1000	1000～1200
维生素 D/IU	80～100	100～120
维生素 E/mg	10～20	10～20
维生素 B_1/mg	10	10
维生素 B_2/mg	1～3	1～3
维生素 C/mg	30～50	40～60

5.3.3.3 饲喂

5.3.3.3.1 时间与次数

按 5.3.2.3.1 的规定。

5.3.3.3.2 饲喂量

按 5.3.2.3.2 的规定。

5.3.3.4 饲养管理

(1)保证饲料质量，供给品质新鲜的饲料；

(2)保证饲料种类多样化；

(3)缺硒地区在日粮中加亚硒酸钠维生素 E 粉 0.2g；

(4)前期体况不应过胖，饲料量从前期到后期逐渐增加；

(5)在北方寒冷地区应对母狐产仔箱进行保温、增温防寒；

(6)进行妊娠诊断和观察，夜间常用手电照射并打开产仔箱箱盖检查，使母狐得到驯化；

(7)临近产仔期应做好产仔前准备，产仔时做好产仔记录(参见附录C中表C.6)。

5.3.4　产仔期饲养管理

5.3.4.1　营养需要

日粮代谢能3.93～4.51MJ，可消化蛋白95～110g，脂肪33.4～35.6g，碳水化合物56～61.6g(参见附录A中表A.2)。

5.3.4.2　日粮配合

按5.3.3.2中妊娠后期日粮配合的规定。

5.3.4.3　饲喂

5.3.4.3.1　时间与次数

按5.3.2.3.1的规定。

5.3.4.3.2　饲喂量。

按5.3.2.3.2的规定。

5.3.4.4　饲养管理

(1)蓝狐的妊娠期为52天左右，健康母狐一般在2小时内可完成产仔；产仔期内应进行监护并经常打开产仔箱箱盖检查产仔情况，发现母狐难产可注射催产素10～20IU催产，催产失败应实施剖腹产；

(2)母狐无乳汁应进行催乳治疗；对患乳腺炎或子宫内膜炎的母狐应注射或口服抗生素，药物剂量为治疗量；

(3)产仔后可给母狐注射或口服抗生素，预防乳腺炎和子宫内膜炎，药物剂量为预防量；

(4)产仔后应给母狐充足的饮水，保持安静环境。

5.3.5　恢复期饲养管理

5.3.5.1　营养需要

恢复期第一个月的日粮营养需要按5.3.4.1的规定，以后逐渐降低。

5.3.5.2 日粮配合

快复期第一个月的日粮配合按5.3.4.2中妊娠前期日粮配合的规定,以后可降低饲料中蛋白质含量;日粮中肉类占30%,谷物占40%,蔬菜占30%;供给足量维生素C,入秋后逐渐提高蛋白质水平。

5.3.5.3 饲喂

5.3.5.3.1 时间与次数

按5.3.1.3.1的规定。

5.3.5.3.2 饲喂量

按5.3.1.3.2的规定。

5.3.5.4 饲养管理

公狐从配种结束到性器官再次发育(4月下旬至9月初)的时期为恢复期;母狐从断乳分窝到性器官再次发育(6月至9月初)的时期为恢复期;恢复期应经常观察狐群状况,定期称量。

6 繁殖

6.1 选种与选配

6.1.1 选种

6.1.1.1 选种指标

6.1.1.1.1 体重、体长

(1)幼狐出生早(在5月20日前出生),生长发育快,体型大的个体。

(2)体重要求:四月龄幼狐体重4.5～5.5kg;成年公狐体重10.0kg以上;成年母狐体重7.5kg以上;

(3)体长要求:四月龄幼狐体长60cm以上;成年公狐体长72cm以上;成年母狐体长67cm以上。

6.1.1.1.2 年龄

种公狐年龄不超过6年,种母狐年龄不超过5年。凡年龄大、繁殖力下降、患慢性疾病、营养不良及有恶癖者均应淘汰。

6.1.1.1.3 毛被毛皮

毛被应密集而富有弹性,尾呈圆柱形;背腹毛色一致,无杂毛;银色强度大,针毛稠密而有光泽。

6.1.1.1.4 遗传

(1)幼狐具有清楚、完整谱系;双亲具有优良的遗传性状,遗传性稳定;

(2)成年种狐应具有优良的遗传性状,可根据后裔的生产性能和遗传性状鉴定其遗传性状。

6.1.1.1.5 繁殖

(1)公狐性欲旺盛,具有较强的配种能力,在整个配种期交配次数达15次以上,交配成功率80%以上;精子密度8亿/ml以上,精子活力0.8以上,年有效精子数30亿以上;

(2)母狐产仔率高,胎产7只以上;母性强,泌乳力高,无恶癖;仔狐成活率80%以上(参见附录D)。

6.1.1.2 选种方法

(1)初选:在断乳分窝时根据谱系、双亲性状、生产性能以及出生日期、发育情况等进行选择;

(2)复选:在120日龄至135日龄时(9月中旬至10月上旬)根据其生长发育情况进行选择;复选时种狐数量比年末留种计划多留25%~30%,为下一步的精选打好基础;

(3)精选:在取皮前(12月上中旬)根据毛被品质和近半年的实际观察、记录严格选种,并对选种的狐进行登记(参见附录C中表C.1和表C.2)。

6.1.2 选配

6.1.2.1 选配原则

(1)公、母狐的选配比例:自然交配时,公∶母=1∶3.5,其最

大比例不宜超过 1∶5;人工授精时,公∶母=1∶30 以上;

(2)根据公、母狐谱系登记卡选配,不应近亲交配;

(3)公狐的各项性状指标应优于母狐,母狐应用同一级或高一级的公狐交配,即优公配优母,或优公配中母,或中公配中母;

(4)性状有相同缺陷的公、母狐不应交配;

(5)在选配过程中,应考虑狐的毛色遗传。

6.2　发情监定

6.2.1　公狐发情鉴定

(1)情绪不安、食欲减退,时常发出"嗷嗷"高亢的叫声;

(2)睾丸下垂增大、有弹性:尿频,颜色呈深黄或黄绿色。

6.2.2　母狐发情鉴定

(1)情绪不安:常发出"嗷嗷"高亢叫声;

(2)外阴检查:外阴肿大、由硬变软、有分泌物、近似"O"型为发情旺期;

(3)阴道涂片镜检:阴道涂片检查角化无核细胞超过 70%为发情旺期;

(4)放对试情:将母狐放入公狐笼中试情检查,如母狐兴奋摇尾,无敌意,发出"咕咕"叫声为母狐发情旺期;

(5)发情测试仪试情:发情期内每天用母狐发情测试仪进行测试,记录母狐阴道内电阻抗值,没有发情的母狐阴道内电阻抗值在基础值以下,发情后逐渐升高,当电阻抗值达到最高值时为母狐发情旺期,当电阻抗值开始回落的次日即可放对交配或实施人工输精。

6.2.3　发情记录

做好种公、母狐发情记录(参见附录 C 中表 C.3)。

6.3　配种方式

6.3.1　自然交配

(1)每日的清晨和傍晚(日落前)放对配种;

(2)将母狐放入公狐笼中交配，观察人员在远处监护并观察记录；

(3)公狐一天内最多交配一次；

(4)生产商品狐时，一只母狐可与数只公狐交配；生产种狐时，一只母狐应与同一优良种公狐交配；

(5)一只母狐连续交配3天，每天交配一次，或连续交配2天，第一天交配1次，第二天交配2次。

6.3.2　人工授精

6.3.2.1　人工采精

采用人工按摩采精法采精，采精后进行精液品质检查。

6.3.2.2　精液稀释

对品质检查合格的精液用蓝狐精液稀释液进行稀释，可稀释成5份，每份约0.7ml，最低含有效精子数量7000万以上，精子活力0.7以上，经稀释的精液在常温下保存时间不应超过3小时。

6.3.2.3　人工输精

用阴道开膣器套管插入母狐的阴道，将输精枪沿阴道开膣器套管插入母狐的子宫后注射精液，第二天重复人工输精一次。

6.4　精液检查

在配种开始或进行中，对每只种公狐的精液应进行镜检和记录，检查有无精子、精子密度、精子活力、精子形态，进行综合评价，合理选用种公狐。

6.5　配种记录

做好配种记录(参见附录C中表C.4)。

7　卫生防疫

7.1　卫生要求

7.1.1　环境

(1)饲养场每年春、秋季应各进行一次大规模清扫、消毒；长年保持清洁，定期灭菌，消灭老鼠、苍蝇，处理好粪便，清除腐败污物；

(2)饲养场门口及饲养区入口设消毒槽；

(3)对有传染性疾病的狐应进行隔离；

(4)定期对种狐及仔狐的粪便进行镜检，发现有棘、球、绦虫等寄生虫或虫卵时，应立即进行驱虫，并严格处理好粪便；

(5)外来人员经消毒后准入；

(6)工作人员工作服、鞋、靴应定期消毒；

(7)死后的动物尸体经解剖后按 HJ/T81—2001 中第 9 章执行。

7.1.2　饲养笼、小室及产仔箱

(1)产前、分窝前应对准备使用的饲养笼进行火焰消毒；

(2)小室和产仔箱使用前应用强碱、火焰等消毒。

7.1.3　饲具

夏季每顿刷洗，每 3 天用新洁尔灭或百毒杀消毒一次。

7.1.4　饲料加工间

(1)所有用具每天清洗干净，夏季每 3 天用新洁尔灭或过氧乙酸消毒一次；

(2)无鼠、无蝇、无污物。

7.2　免疫接种

7.2.1　种类

犬瘟热、病毒性肠炎、狐脑炎、沙门菌病、狂犬病等。

7.2.2　方法

(1)大批接种前，先进行小群接种试验，确认安全后再大群接种；

(2)按生物制品使用说明进行接种；

(3)每年 1 月份(种狐)、7 月份(全群)进行犬瘟热、病毒性肠炎、狐脑炎接种预防。

8　毛皮的初步加工、贮存、包装及运输

8.1　初步加工

8.1.1　取皮时间

每年12月下旬至翌年1月中旬。

8.1.2　加工要求

(1)开后裆，剥成筒皮，皮型完整，头、耳、须、尾、脚齐全；

(2)前爪去掉，尾、脚骨抽出，油脂除净；

(3)毛朝外，按国际标准楦板风干。

8.2　贮存

8.2.1　毛皮贮存库条件

(1)建筑坚固，房基较高，房顶不漏雨；

(2)地面为水泥抹面或辅以地板块；墙根、墙角无鼠洞和蚁穴，墙壁能隔热、防潮；

(3)库内通风良好，亮度偏暗，避免阳光直射皮张；门窗玻璃以磨砂玻璃或有色玻璃为宜；

(4)库内装有温度计、湿度计和通风器，根据实际情况增设吸湿器和空调器等。

8.2.2　毛皮贮存要求

(1)贮存库内温度应在5～25℃，相对湿度应在60%～70%；

(2)毛皮入库前应经过严格检查，湿皮和生虫毛皮不应入库，发现湿皮应及时晾晒，发现生虫皮应经杀虫处理后入库；

(3)毛皮应按不同等级，分别放入木架或箱柜内，并在其上标明等级和数量；

(4)经常观察库内温度和湿度变化情况，经常检查毛皮是否生毒或发生虫害、鼠害等情况。

8.2.3　毛皮虫害、鼠害防治方法

8.2.3.1　虫害

将生虫皮张拿到库外，在远离库房处用竹杆或藤条敲打皮张，使虫落地，然后逐张喷洒杀虫剂。

8.2.3.2 鼠害

发现鼠害和鼠洞，应用水泥拌玻璃片将鼠洞封堵，用毒饵、灭鼠药或鼠铗等器具灭鼠。

8.3 包装与运输

8.3.1 包装

包装时应按等级分别包装，每20张捆成一捆，每捆两道绳，装入木箱或洁净的麻袋中，喷撒适量的防虫剂；在包装物上注明品种、等级和数量。

8.3.2 运输

公路运输时，应备有防雨、防雪设备，长途运输的皮张，应检疫、消毒后发送。

附录A 蓝狐日代谢能

（资料性附录）

A.1 幼狐生长期日代谢能、粗蛋白需要量见表A.1。

表A.1 幼狐生长期日代谢能、粗蛋白需要量

周龄	体重/kg	日代谢能需要量/MJ	每千克体重需要量/MJ	日粗蛋白需要量/g
7～11	1.5～2.4	1.88～3.11	1.25～1.30	40.4～60.9
11～15	2.4～3.5	3.11～4.16	1.30～1.19	60.9～80.1
15～19	3.5～5.0	4.16～4.87	1.19～0.97	80.1～100.6
19～23	5.0～7.3	4.87～5.09	0.97～0.70	100.6～102.4

A. 2　成年狐日代谢能需要量见表 A. 2。

表 A. 2　成年狐日代谢能需要量

月份	母狐			公狐		
	活体重/kg	日代谢能需要量/MJ		活体重/kg	日代谢能需要量/MJ	
		每只需要量	每千克体重需要量		每只需要量	每千克体重需要量
1～2	7.84	4.05	0.517	11.08	4.64	0.419
3～4	7.69	4.24	0.551	10.64	4.71	0.442
5～7	7.44	4.32	0.521	10.01	4.07	0.407
7～8	7.25	3.68	0.508	9.55	4.03	0.422
9～10	7.70	3.94	0.512	10.83	4.88	0.451
11～12	8.02	4.11	0.512	11.12	4.92	0.442

A. 3　不同周龄狐对维生素的需要量见表 A. 3。

表 A. 3　幼狐对维生素、钙、磷的需要量

营养成分	需要量
维生素 A/IU	2440
维生素 D/IU	240
维生素 B_1/mg	1.0
维生素 B_2/mg	3.7
泛酸/mg	7.4
维生素 B_6/mg	1.8
叶酸/mg	0.2
烟酸/mg	9.6
钙(Ca)/(%)	0.6
磷(P)/(%)	0.6

附录B　热量法日粮计算方法

（资料性附录）

以配制妊娠期成年母狐的日粮为例，计算步骤如下：

（1）根据蓝狐各生物学时期的营养需要量，确定其日代谢能。妊娠期日代谢能：前期为3.82～4.32MJ，后期为3.93～4.51MJ，故确定每头母狐代谢能为4.2MJ。

（2）根据饲养场现有饲料的库存情况，确定其热量比。假定某饲养场现有饲料种类和库存情况：大量的海杂鱼、碎牛肉、玉米面、大白菜；一定量的鸡蛋、大豆面、小麦粉以及少量的猪肝和鸡头。故拟定日粮中各种饲料的组成比例为：海杂鱼25%；碎牛肉15%；猪肝5%；鸡头5%；牛奶10%；玉米面20%；大豆面5%；小麦粉5%，大白菜5%。各种饲料相应的代谢能（热量）为：

海杂鱼　4.2MJ×28%＝1.18MJ

碎牛肉　4.2MJ×15%＝0.63MJ

猪　肝　4.2MJ×5%＝0.21MJ

鸡　蛋　4.2MJ×5%＝0.21MJ

鸡　头　4.2MJ×5%＝0.21MJ

牛　奶　4.2MJ×7%＝0.29MJ

玉米面　4.2MJ×20%＝0.84MJ

大豆面　4.2MJ×5%＝0.21MJ

小麦粉　4.2MJ×5%＝0.21MJ

胡萝卜　4.2MJ×5%＝0.21MJ

合计：4.20MJ。

（3）查找饲料成分表，计算各种饲料相应的需要量：

海杂鱼　4.2MJ×0.28×1000g/4.1＝286.8g

碎牛肉　4.2MJ×0.15×1000g/6.4＝98.4g

猪　肝　4.2MJ×0.05×1000g/5.4＝38.9g

鸡　蛋　4.2MJ×0.05×1000g/7.3＝28.8g

鸡　头　4.2MJ×0.05×1000g/5.0＝42.0g

牛　奶　4.2MJ×0.07×1000g/2.9＝101.4g

玉米面　4.2MJ×0.2×1000g/14.8＝56.8g

大豆面　4.2MJ×0.05×1000g/20.6＝10.2g

小麦粉　4.2MJ×0.05×1000g/14.9＝14.1g

胡萝卜　4.2MJ×0.05×1000g/1.5＝140.0g

合计:817.4g

注:实际工作中应查找最新版本饲料手册进行计算。

(4)计算各种饲料中可消化蛋白质的量:

海杂鱼　0.162×286.8g＝46.5g

碎牛肉　0.190×98.4g＝18.7g

猪　肝　0.201×38.9g＝7.8g

鸡　蛋　0.119×28.8g＝3.4g

鸡　头　0.121×42.0g＝5.1g

牛　奶　0.100×101.4g＝10.1g

玉米面　0.084×56.8g＝4.8g

大豆面　0.324×10.2g＝3.3g

小麦粉　0.090×14.1g＝1.3g

胡萝卜　0.010×140.0g＝1.4g

合计:102.4g

(5)对照该期蓝狐营养需要量,核查所配合的日粮中的可消化蛋白质是否达到所规定的标准。若未达到或超过其标准,应调整各种饲料的热量比,并重作计算,直至达到标准为止。在本例中,该期每只母狐的可消化蛋白质为95～110g。故认为上述的日粮配合符合标准要求。

(6)每种饲料按早饲喂40%,晚饲喂60%(日饲3次的,按早饲喂 30%，午饲喂 20%，晚饲喂 50%)，计算出全群每顿的量。如该场饲养 1000 只狐则上述每种饲料的相应量乘以 1000 即为全群的饲喂量(参见附录 C 中表 C. 8)。

附录 C　狐场常用记录表

（资料性附录）

表 C. 1 至表 C. 8 为狐场常用记录表格样式：

表 C. 1　种公狐登记卡

<table>
<tr><td>狐号</td><td></td><td>等级</td><td></td><td>入场时间</td><td></td><td>来源</td><td></td></tr>
<tr><td rowspan="4">出生日期</td><td rowspan="4"></td><td rowspan="4">父本</td><td rowspan="4"></td><td colspan="2" rowspan="2">祖父</td><td colspan="2"></td></tr>
<tr><td colspan="2"></td></tr>
<tr><td colspan="2" rowspan="2">祖母</td><td colspan="2"></td></tr>
<tr><td colspan="2"></td></tr>
<tr><td rowspan="4">产仔数量</td><td rowspan="4"></td><td rowspan="4">母本</td><td rowspan="4"></td><td colspan="2" rowspan="2">外祖父</td><td colspan="2"></td></tr>
<tr><td colspan="2"></td></tr>
<tr><td colspan="2" rowspan="2">外祖母</td><td colspan="2"></td></tr>
<tr><td colspan="2"></td></tr>
<tr><td>年度</td><td></td><td>年度</td><td></td><td>年度</td><td></td><td>年度</td><td></td></tr>
<tr><td colspan="3">受配母狐</td><td colspan="3">配种日期</td><td colspan="2">产仔数量</td></tr>
<tr><td colspan="3"></td><td colspan="3"></td><td colspan="2"></td></tr>
<tr><td colspan="3"></td><td colspan="3"></td><td colspan="2"></td></tr>
<tr><td colspan="3"></td><td colspan="3"></td><td colspan="2"></td></tr>
<tr><td colspan="3"></td><td colspan="3"></td><td colspan="2"></td></tr>
<tr><td colspan="3"></td><td colspan="3"></td><td colspan="2"></td></tr>
<tr><td colspan="3"></td><td colspan="3"></td><td colspan="2"></td></tr>
</table>

表 C.2 种母狐登记卡

<table>
<tr><td>狐号</td><td></td><td>等级</td><td></td><td>入场时间</td><td></td><td>来源</td><td></td></tr>
<tr><td rowspan="4">出生日期</td><td rowspan="4"></td><td rowspan="4">父本</td><td rowspan="4"></td><td colspan="2" rowspan="2">祖父</td><td colspan="2"></td></tr>
<tr><td colspan="2"></td></tr>
<tr><td colspan="2" rowspan="2">祖母</td><td colspan="2"></td></tr>
<tr><td colspan="2"></td></tr>
<tr><td rowspan="4">产仔数量</td><td rowspan="4"></td><td rowspan="4">母本</td><td rowspan="4"></td><td colspan="2" rowspan="2">外祖父</td><td colspan="2"></td></tr>
<tr><td colspan="2"></td></tr>
<tr><td colspan="2" rowspan="2">外祖母</td><td colspan="2"></td></tr>
<tr><td colspan="2"></td></tr>
<tr><td>年度</td><td>配种日期</td><td>产仔日期</td><td>产仔数量</td><td>哺乳数</td><td>断乳数</td><td colspan="2">哺乳日期</td></tr>
<tr><td></td><td></td><td></td><td></td><td></td><td></td><td colspan="2"></td></tr>
<tr><td></td><td></td><td></td><td></td><td></td><td></td><td colspan="2"></td></tr>
<tr><td></td><td></td><td></td><td></td><td></td><td></td><td colspan="2"></td></tr>
<tr><td></td><td></td><td></td><td></td><td></td><td></td><td colspan="2"></td></tr>
<tr><td></td><td></td><td></td><td></td><td></td><td></td><td colspan="2"></td></tr>
</table>

表 C.3 种公、母狐发情记录表

狐号	2月				3月				4月			
	1	2	3	……	1	2	3	……	1	2	3	……
……												
注:用“+”号表示发情程度,“+++”表示发情高潮期,用“V”号表示交配成功。												

表 C.4　配种记录

母狐号	第一次		第二次		第三次	
	公狐号		公狐号		公狐号	
	时间		时间		时间	
	公狐号		公狐号		公狐号	
	时间		时间		时间	
……						

表 C.5　产仔记录表

序号	母狐号	产仔日期	产仔数量				备注
			公	母	死亡	成活	
……							

表 C.6　仔、幼狐体长和体重测量记录表

日龄	初生	10	20	30	45	60	90	120	150
狐号									
性别									
体重/g									
体长/cm									

表 C.7　种狐群年度统计表

年平均数			配种情况					产仔情况					年末存栏数量								
公狐	母狐	合计	参配公狐	公狐利用率	受配母狐	母狐受配率	母狐发情数	产胎次数	产胎率	产仔数	胎平均产仔数	群平均产仔数	合计			成狐			幼狐		
													公狐	母狐	合计	公狐	母狐	合计	公狐	母狐	合计
…																					

表 C.8　饲料单

饲料种类	重量配比/(%)	标准/(g/只)		全群量/kg			
		日量	蛋白质	早饲	中饲	晚饲	总计
合计							
备注							

附录D 狐场常用统计公式

（资料性附录）

D.1 受配率

$$受配率(\%)=\frac{受配母狐数}{参加配种母狐数}\times 100$$

D.2 产仔率

$$产仔率(\%)=\frac{产仔母狐数}{受配母狐数}\times 100$$

D.3 胎平均产仔数

$$胎平均产仔数(\%)=\frac{仔狐总数}{产仔母狐数}\times 100$$

D.4 群平均产仔数

$$群平均产仔数(\%)=\frac{仔狐总数}{配种期母狐存栏总数}\times 100$$

D.5 成活率

$$成活率(\%)=\frac{成活仔数}{产仔总数}\times 100$$

D.6 年增殖率

$$年增殖率(\%)=\frac{年末只数-年初只数}{年初只数}\times 100$$

D.7 死亡率

$$死亡率(\%)=\frac{年死亡只数}{年初种狐只数+产仔只数}\times 100$$